森林认证理论与实践

赵 劼 主编

中国林业出版社

图书在版编目（CIP）数据

森林认证理论与实践／赵劼主编. －北京：中国林业出版社，2015. 11
ISBN 978－7－5038－8195－4

Ⅰ. ①森… Ⅱ. ①赵… Ⅲ. ①森林经营－认证－研究 Ⅳ. ①S75

中国版本图书馆 CIP 数据核字（2015）第 246737 号

出版　中国林业出版社（100009　北京西城区德内大街刘海胡同 7 号）
电话　（010）83143564
发行　中国林业出版社
印刷　北京雅昌艺术印刷有限公司
版次　2015 年 11 月第 1 版
印次　2015 年 11 月第 1 次
开本　787mm × 1092mm　1/16
印张　14. 75
印数　1 ~ 1000 册
字数　320 千字

定价　45. 00 元

森林认证理论与实践

编 委 会

主　编： 赵　劼

副主编： 徐　斌

编著者： 何友均　张新欣　陈　洁
刘小丽　贾燕南

前 言

森林认证起源于国际环保组织对全球森林问题的关注，旨在从政府政策之外的角度寻找通过市场机制改善森林经营的新途径。在1992年环境与发展大会之后，环境非政府组织正式发起了森林认证，希望通过贴标签的方式证明木材的来源，使购买者知道木材和木材产品的原料来自于良好经营的森林，鼓励消费者购买森林认证产品，促进森林的可持续经营。

近十年来，森林认证在全球范围内取得了快速的发展。目前世界上有30多个森林认证体系：全球性体系有森林管理委员会体系（FSC）、森林认证认可计划体系（PEFC）；其他均为各国自己建立的国家森林认证体系，如美国可持续林业倡议（SFI）、中国森林认证体系（CFCC）、马来西亚木材认证委员会体系（MTCC）等。截至2013年12月，全球有80多个国家的约4.5亿公顷森林获得了各种森林认证体系的认证，约占世界森林总面积的10%。全球认证森林的木材供给量估计约为每年5亿立方米，约相当于全球工业原木产量的25%。

森林认证通过独立的第三方开展森林可持续经营的审核和评估，其实质是一种非政府-市场驱动的管理体系。森林认证融入了政府、私营部门及非政府组织的参与。在应用这样一种新型的管理体系时，我国应考虑将认证作为一种“软政策工具”，使政策、法规与认证标准相协调，使森林认证成为林业部门政策之外有益的补充。

森林认证在我国起步较晚，但发展很快。目前我国自己的森林认证体系

CFCC 已经建立，并且获得了两大国际森林认证体系之一 PEFC 的认可。市场认可度较高的国际森林认证体系 FSC 在中国开展森林认证活动也已经超过 15 年的时间。截至 2014 年 12 月，我国有 299 万公顷森林通过了 FSC 森林经营认证，并有 3700 多家木材加工、制造、贸易企业通过了 FSC 的产销监管链认证。

作为森林认证理念在中国的主要推动者，世界自然基金会和中国林业科学研究院密切合作，在过去十多年来开展了森林认证领域的一系列研究、能力建设和试点示范项目，极大地促进了森林认证理念在中国的传播和推广。作为对过去十多年来相关工作的回顾与总结，在世界自然基金会北京代表处的出版项目支持下，本书主编根据多年来项目的成果和产出，充实了相关内容，编写了本书，旨在系统化地介绍森林认证的有关理论，分享森林认证在中国的实践经验。

本书的前半部分（第 1 ~3 章）侧重介绍森林认证的主要理论基础和其发展历程，并对森林认证在全球的市场需求进行了分析。本书的后半部分（第 4 ~5 章）侧重介绍森林认证在我国的实践，既包括国际体系 FSC 在中国的发展状况，也包括我国自己建立的国家森林认证体系 CFCC 的最新进展；分析了森林认证对我国森林经营及林业产业的影响，并介绍了森林认证在我国的典型案例。本书试图通过理论归纳结合实践经验总结的方式，梳理森林认证理念引入我国以来，理论、标准、研究的不同侧面，以及影响、需求、现状与趋势的全貌，为推动中国的森林可持续经营做出贡献。

本书可供从事森林认证、森林可持续经营、林产品贸易的科研机构、高校的研究人员、教师和学生，以及林业部门的管理者、企业可持续发展部门的领导者、森林经营单位的管理人员及感兴趣的利益相关者参阅。由于编者水平有限，本书尚存疏漏和不当之处，敬请广大读者批评指正。

编者

2015 年 7 月

目　录

第二章 森林认证的要素与发展

第三章 全球森林认证市场

第四章 森林认证对我国森林经营和林业产业的影响

第五章 森林认证在中国的实践

附录

第一章

森林认证的主要理论基础

开展森林认证可以提高林业的经营效率，推进林产品的国际市场准入。目前有关森林认证的理论研究着眼于森林认证的内涵、动力机制、理论基础、影响评价（邓志高，2010），从总体上看，理论基础的相关研究还处于零散的、非系统化阶段，不够深入。森林认证体系从可持续发展的要求出发，是林业向绿色经济转型发展的战略选择，可充分发挥森林的多种功能，实现林业的跨越式发展。国际绿色贸易理论是制定和实施森林认证标准的重要依据，国际标准化及认证行动则为森林认证的开展提供了丰富的经验。

1　森林可持续经营理论

森林认证的定义无论从属性、具体内涵及侧重点出发，都涵盖两个方面的内容：一是经营的森林是否可持续，二是林产品加工企业的经营管理是否符合可持续发展原则或标准的要求（刘思慧等，2003；于玲等，2005）。森林可持续经营的要求是森林认证的内在动力，林产品市场的认证要求是森林认证的外在驱动力。森林认证能促进森林可持续经营，同时实现生态良好、社会有益和经济可行，因此可持续发展理论充分论证了森林认证的必要性（邓志高，2010）。研究人员也常利用经济学原理从成本—效益的角度论证森林认证的可行性（王香奕等，2005；王亚明等，2005）。总之，可持续发展的基础理论——生态学、环境学、经济学都是森林认证的理论依据。

认证标志是产品品质和企业形象的标签，认证产品更符合市场消费者的需求，具有更高的满意度、认可度和市场占有率，特别在“环境敏感市场”。对林产品的认证需求促进了森林经营的规划、监测、评估工作的进行，对指标制定等具有明确的指导作用。认证产品有利于水土保持、气候稳定、空气清洁、水源洁净、物种多样性等，即能促进森林的可持续经营(刘娟，2005)。森林认证对森林经营的直接影响是正向的，表现为改善经营和示范效应(陆文明等，2001)。

1.1 森林可持续经营的概念

目前，国际上比较流行的森林可持续经营的概念是：可持续森林经营意味着对森林、林地进行经营和利用时，以某种方式；以一定的速度，在现在和将来保持生物多样性、生产力、更新能力、活力，实现自我恢复，在地区、国家和全球水平上保持森林的生态、经济和社会功能，同时又不损害其他生态系统(《关于森林问题的原则声明》，1992 年)。

国际热带木材组织(ITTO)的定义是：“森林可持续经营是为达到一个或多个明确的特定目标的经营过程，这种经营应考虑到在不过度减少其内在价值及未来生产力，和对自然环境和社会环境不产生过度的负面影响的前提下，使期望的林产品和服务得以持续的产出。”英国林学家 Poore 认为这个概念用词准确。其中的关键词有：明确的特定目标、持续的产出、林产品和服务、内在价值和未来的生产力、对自然环境和社会环境不产生过度的负面影响。森林可持续经营的基本内容就是一种不造成森林未来的产品和服务下降的经营方式(侯元兆，2003)。1993 年召开的欧洲森林保护部长级会议给出的森林可持续经营概念与 ITTO 的概念类似，是指以一定的方式和速率管理并利用森林和林地，在保护森林的生物多样性、维持森林的生产力、保持其更新能力、维持森林生态系统健康和活力，确保在当地、国家和全球尺度上满足人类当代和未来世代对森林的生态、经济和社会功能的需要的潜力，并且不对森林生态系统造成任何损害。

加拿大标准协会给出了这样的定义：森林可持续经营是“在为当代人和后代人的利益提供生态、经济、社会和文化机会的同时，为保持和增进长期的森林健康而经营”(侯元兆，2003)。

联合国粮农组织(FAO)的观点认为，森林可持续经营是一种包括行政、经济、法律、社会，以及科技等手段的行为，涉及天然林和人工林，它是有计划的各种人为干预措施，目的是保护和维护森林生态系统及其各种功能。

1.2 森林可持续经营的国际行动

森林可持续经营的国际行动包括以联合国森林论坛(UNFF)、国际热带木材组织(ITTO)为代表的政府间行动，以及以世界自然基金会(WWF)、绿色和平组织(Greenpeace)和地球之友(Friends of Earth)等非政府组织发起的非政府间行动。

1.2.1 联合国森林论坛

根据联合国经济及社会理事会决议，基于政府间森林问题小组(IPF)/政府间森林问题论坛(IFF)的工作，为继续推动全球森林保护与可持续经营，在联合国经济及社会理事会下专门成立了一个常设机构“联合国森林论坛(United Nations Forum on Forest，UNFF)”。森林论坛通过制定和完成工作方案，促进各类森林的可持续发展，并为此加强长期政治承诺。表1-1列出了历次UNFF会议的进展。

表1-1　历次UNFF会议进展

UNFF	时间	地点	议题	主要成果
UNFF1	2001年6月	纽约	讨论UNFF工作计划	决定成立监测、评估和报告特别专家组、财政和技术转让特别专家组和法律框架特别专家组
UNFF2	2002年3月	纽约	森林养护、保护地区和环境服务	会议通过了《部长级宣言》和向世界可持续发展峰会的建议，形成了有关防止毁林、森林保护、森林恢复战略等决议
UNFF3	2003年5月	日内瓦	支持森林可持续经营方面的国际贸易和投资	通过了有关加强合作、政策与计划协调、森林健康与生产力、保持和提高森林覆盖率、设立联合国森林论坛信托基金等方面的决议
UNFF4	2004年5月	日内瓦	森林和人类需要	通过了有关森林社会与文化价值、相关科技知识、监测与评估、标准与指标、财政与技术转让以及森林国际安排有效性评估等决议
UNFF5	2005年5月	纽约	审议进展情况和未来采取的行动	原则同意了四个全球林业发展目标，并决定第六次会议继续讨论本次会议未通过的主席文案
UNFF6	2006年2月	纽约	未来法律框架、执行方式和自愿森林文书	讨论形成不具有法律约束力的森林文书
UNFF7	2007年4月	纽约	未来法律框架、执行方式和自愿森林文书	通过了不具有法律约束力的国际森林文书
UNFF8	2009年4月	纽约	变化环境中的森林	会议议题主要包括森林与气候变化、森林与生物多样性保护、减少毁林和森林退化、推动森林可持续经营、国际资金机制安排等
UNFF9	2011年1~2月	纽约	为了人类、生计和缓减贫困的森林	启动“2011国际森林年”
UNFF10	2013年4月	伊斯坦布尔	森林与经济发展	达成了2项决议：“关于执行国际森林文书的进展、区域与次区域投入、森林与经济发展和加强合作等决议”和“关于新出现的问题、实施森林可持续经营的手段和UNFF信托基金等决议”

1.2.2 国际热带木材组织

国际热带木材组织(ITTO)是近20余年来在全世界致力于森林可持续经营，成绩比较突出的政府间国际机构。它主要在热带林领域开展活动，其目标是实现全球热带森林的可持续经营。ITTO共有58个成员国，分为热带木材消费国和生产国，每年召开两次会议(近年改为一次)，每次会议都批准一批关于热带林可持续经营方面的项目。仅我国就执行过十几个该类项目，其中最大的一个无偿资助项目资金328万美元。我国的热带森林研究就是在这个机制下迅速发展起来的。

1.2.3 非政府行动

“世界可持续发展委员会(World Sustainable Development Council，WSDC)”是一个非政府组织，它的前身是1990年由瑞士企业家发起组织的“企业可持续发展委员会”，是国际上首次从企业界角度关注可持续发展问题的国际性组织。该组织提出的研究重点：一是贸易与环保的关系，二是气候变迁与能源，三是生态与经济可持续发展，四是金融。

国际非政府组织，特别是环境非政府组织，如世界自然基金会、绿色和平组织和地球之友等，在认识到一些国家在改善森林经营中出现政策失误后，力图通过对森林经营活动进行独立的评估，把提高森林经营水平和扩大市场份额联系起来。在世界范围内发起了“森林认证”的运动。强调依靠贸易和市场的控制和调节作用来促进世界森林的保护。此外，一些非政政府组织还在林业政策改善和发展方面起了一定作用，如世界资源研究所开展的区域林业协调，以及帮助协调印度社区林业经营等。亚马孙研究所帮助解决消耗资源的保护区问题。太平洋环境资源中心帮助研究俄罗斯的森林可持续经营问题等等。这些非政府组织开展的促进森林可持续经营的行动，在一定程度上促进了世界不同区域的森林可持续经营。

1.3 森林可持续经营的标准与指标

1.3.1 标准与指标的定义

森林可持续经营是可以测度的，主要是测度森林的可持续性。所谓的森林可持续性，系指森林生态系统，特别是其中林地的生产潜力和森林生物多样性，不随时间而下降的状态。保持森林的可持续性，是任何森林经营战略的核心。森林的可持续性，虽然有具体的标准和指标可以衡量，但大致可分“弱可持续性”和“强可持续性”两种水平。

森林的弱可持续性通常是指以下一些资源状态：①森林资源不足，需要补充；②森林质量较差，需要培育森林生态系统和培养森林生物多样性；③天然林也处于较大经济压力之下；④国家森林法律、法规及其执行尚处于逐步健全的过程之中。在诸如此类的条件下，森林生态系统只能获得弱可持续性。

森林的强可持续性，需要具备以下一些基本条件：①国土上存在着足够规模的森林生态系统；②森林生物多样性处于稳定和自我丰富的趋势中；③国土上的森林大部分为永久性森林，经济社会发展不再主要依靠采伐这些森林而积累财富，并有可能对森林和环境建设投入较多的资金；④国家的森林法律、法规及其执行已行之有效。在诸如此类的条件下，森林生态系统可以获得强可持续性。

无论是森林的弱或强可持续性，都不排斥森林采伐，也都需要森林抚育，但只能在生产性森林中进行弱干扰式的采伐和科学的森林抚育。除了被划为保护区的森林不能开展采伐和抚育外，合理的森林抚育会加强可持续性。

因此，森林可持续经营的标准，就是为测度上述可持续性而设立的一些具体标准，而指标则是具体衡量这些标准的参数。森林可持续经营的标准与指标是评价森林可持续经营的工具，提供了描述、监测和评价森林可持续经营的基本框架，并将确定其理论和实践意义。制定和验证森林可持续经营标准与指标体系的目的就是用来评价各国森林状况和森林经营随着时间变化的趋势。

1.3.2　标准与指标的最新进展

1992 年联合国环境与发展大会后，全球范围内开展了森林可持续经营标准和指标体系的研究与协调行动。就研究现状来看，体现在三个层面上：

第一个层面，国际组织立足于全球或地区的协调行动。迄今为止，已先后有 9 个大的组织或团体开展这方面的研究（表 1-2）。

表 1-2　森林可持续经营标准和指标体系 9 大国际进程

国际进程	主要内容
国际热带木材组织进程	1990 年国际热带木材组织发表了热带天然林可持续经营的原则，1998 年正式形成国际热带木材组织热带森林可持续经营的标准和指标体系，共分为 7 个标准 66 个指标。
赫尔辛基进程	1993 年 6 月在芬兰赫尔辛基召开的欧洲林业部长会议，通过了欧洲森林可持续管理的行动框架，并在后续会议上形成了有关欧洲森林可持续管理的标准与指标体系。该进程共分 6 个标准 27 个指标。
蒙特利尔进程	1993 年 9 月在加拿大蒙特利尔召开了温带与北方森林可持续发展会议，提出了初步的森林可持续经营标准与指标。1995 年 2 月，通过了《圣地亚哥宣言》，形成了温带和北方森林保护和可持续经营的标准和指标框架。该进程共分 7 个标准 67 个指标。
塔拉波托倡议（南美亚马孙进程）	1994 年，亚马孙合作条约缔约国开始倡议制定亚马孙森林可持续经营标准与指标。1995 年 2 月在秘鲁塔拉波托召开的会议上形成了亚马孙森林可持续经营标准与指标的塔拉波托倡议。
非洲干旱进程	1995 年 11 月，联合国粮农组织在肯尼亚内罗毕召开会议，制定了适用于非洲干旱区国家的森林可持续经营标准与指标，并在 1995 年 12 月进行了讨论，签署了在非洲干旱区和国家水平上进一步研究的原则协议。
近东进程	1996 年 10 月，联合国粮农组织在埃及开罗召开了专家会议，制定了适用于近东地区的森林可持续经营的标准与指标，并在第十二届 FAO 近东林业委员会上签署了在区域和国家水平上进一步研究的原则协议。

（续）

国际进程	主要内容
中美洲进程（加勒比进程）	1997 年 1 月，联合国粮农组织与中美洲环境与发展委员会联合召开专家会议，为该委员会的 7 个成员国制定森林可持续经营标准与指标。同时会议形成了有关该次会议结论的 7 点声明。
非洲木材组织进程	1997 年，包括 13 个木材生产国的非洲木材组织讨论制定了非洲木材组织森林可持续经营标准与指标。该进程包括 5 项主要原则、28 条标准、60 项指标。
亚洲干旱进程	1999 年 11 月，在印度博帕尔进行了亚洲干旱区可持续森林管理国家级标准及指标制定研讨会，形成了亚洲干旱进程。

第二个层面，各个国家本着既从自己国家的实际出发，又与国际进程接轨的原则，分别研究各自国家森林可持续经营的标准与指标体系。欧盟、新西兰、日本、俄罗斯、加拿大、美国、印度尼西亚等国家先后制定了国家级的标准与指标体系框架。就内容来看，基本上与国际进程中所提出的核心内容类似，但具体指标也反映出了由于各国国情、林情不同所带来的差别。

第三个层面，在国家内部，根据地域差异，进行区域级森林可持续经营标准的研究。此层次指标体系的研究是森林资源可持续经营由理论走向实践的重要步骤和内容。例如，森林资源可持续发展评价指标体系的构建等。

2 绿色经济理论

开展森林认证是林业向绿色经济转型发展的战略选择，森林认证为林产品颁发国际贸易“绿色通行证”。森林认证作为促进森林可持续经营的一种新机制，已获得国际社会广泛共识。显然，森林认证在绿色经济发展进程中起着很重要的作用。

实施森林认证制度有利于森林经营由注重经济效益向生态、社会、经济综合效益均衡发展转变，有利于林产品利用由过度消费向绿色消费转变。

2.1 绿色经济的概念和内涵

1992 年联合国环境与发展大会确立了人类可持续发展的目标，树立了可持续利用自然资源的理念。但最近 20 年间，发展中国家为了生存而过度开发和利用资源，发达国家继续对自然资源进行无休止的攫取，以及全球资本的错误配置（资本过度的流向化石燃料、金融衍生品和房地产业），致使 2008 年全球陷入了金融危机、环境危机、能源危机、粮食危机、水资源危机等多重危机中。经济复苏和复苏后，可持续发展毫无悬念地成为全世界关注的焦点。“绿色经济”正是在这样一个大背景下进入我们的视野。2008 年，联合国环境规划署倡议在全球开展“绿色经济”，联合国秘书长潘基文也在 2008 年 12 月的联合国气候变化大会上提出了“绿色新政”（Green New Deal）的新概念。2009 年，在 G20 伦敦峰会上，各国领导人达成了“包容、绿色以及可持续发展的经济复苏”共识。2011 年，联合国环境规划署（UNEP）提出了《迈向绿色经济——实现可持续发展和消除贫困的各种途径》的报告，明确提出今后要大力投资发展自然资本。2012 年 6 月在巴西召开的“里约 +20”联合国可持续发展大会，把可持续发展和消除贫困背景下的绿色经济确定为主题之一，明确了绿色经济是为可持续发展服务的，是实现可持续发展目标的一条途径，再次强调发展绿色经济的重要意义和路线图。

绿色经济是一种有助于改善人类福祉和促进社会公平，同时显著降低环境风险和生态稀缺性的经济发展模式（UNEP，2011），它将自然资源和生态服务资本化、内部化（UNEP，2008），通过规则的约束和财政政策的激励，在市场机制的作用下（Michael，1991），达到减缓生态系统退化，消除碳依赖；恢复经济、促进就业；保护弱势群体，最终消除贫困的良性循环状态（全球绿色新政，2009）。它强调经济发展和环境保护的协调统一，是实现可持续发展的重要手段。

2.2　绿色经济发展的全球趋势

2.2.1　林业是绿色经济发展的“资源库”

20 世纪 80 年代，森林在稳定全球环境中发挥的作用得到了公认，至 20 世纪 90 年代，森林被普遍认为在可持续发展中发挥至关重要的作用（FAO，2012）。2011 年 2 月，UNEP 发布的文件《迈向绿色经济——实现可持续发展和消除贫困的各种途径》中强调了推动“绿色经济”发展的 10 个关键经济部门，林业位列其中。2011 年 10 月，在德国波恩召开的联合国森林论坛“森林对绿色经济的贡献”国家倡议会议上特别指出，林业在实现绿色转型中发挥着关键作用。

2.2.2　碳税和碳标签成为各国政府转型绿色经济的重点

已经有越来越多的国家开始征收碳税，芬兰、英国、德国等欧盟国家开征较早。瑞典主要针对私人用户和工业用户征税；在美国科罗拉多州玻尔得市，将碳税纳税人定位为所有的该市消费者，具体根据其用电度数来支付此项费用；加拿大魁北克省从 2008 年 7 月起对汽油、柴油、煤、天然气以及暖气燃料征收碳税；作为世界上人均碳排放最为严重的国家之一，澳大利亚从 2012 年 7 月 1 日开始施行碳税政策。碳税政策带来的一系列效应具有显著成效，不但在理论上完善了绿色经济，而且在现实生活中降低了能源消耗，改变了能源结构，有利于经济的长远健康发展（肖雅等，2013）。

低碳经济诞生以来，全球对于碳标签的研究一直保持着较高的热度，碳标签得到世界主要国家的青睐，各国也在逐步实施各自的碳标签规划。碳标签制度也从公益性产品标志发展为出口产品的国际通行证，2007 年以来，英国、日本、美国、法国、德国等十几个国家先后推出碳标签制度（张梅，2013）。欧盟委员会推出新的碳标签规则并强制规定对生物燃料的碳足迹进行计量；法国的碳足迹标签以绿叶为基本形态，支持社会各行业的企业进行碳足迹的计算和碳标签的认证；德国碳标签以“足迹”为基本形态，开展产品碳足迹（PCF）测量方面的国际标准方法研究，倡导环境友好型消费（吕煜昕等，2013）。

2.2.3 绿色保护主义盛行

发达国家在绿色经济转型中对进口提出了更高的环保标准，而发展中国家受生产条件和水平限制，不少出口产品因不能达标而受到影响。绿色经济转型还导致绿色保护主义有增无减，主要分为两类：一是进口限制措施，它是作为促进绿色经济的工业政策的一个部分，如在可再生能源部门实行的补贴、本地化要求等；二是出口限制措施。

近年来，许多国家实行了优惠贷款、补贴、碳税、关税等政策鼓励本国或本地区相关产品或产业发展，同时在一定程度上造成了对国外或地区外产品的歧视或不公平竞争，尤其是在能源领域。这些政策的实施还给现行国际贸易规则提出新挑战。世界贸易组织(WTO)许多协议中将环保权作为合法例外予以规定，但由于相关条款的用词界定模糊，成员对使用条件、程度和范围有各自的解释，导致环保例外权被滥用的情况时有发生。一些进口国常以绿色补贴引起受补贴产品的价格扭曲、损害本国产业为由，依据本国的反补贴法征收反补贴税。由于世贸组织对绿色补贴的规定并不详细，贸易争端往往由此产生(张梅，2013)。

2.3 林业绿色经济

2.3.1 林业发展与绿色经济相得益彰

在里约+20大会上，联合国粮农组织认为，“世界森林在向新的绿色经济转型中扮演着主要角色”，应该“把森林摆在绿色经济的核心地位”。世界自然保护联盟提出了“森林在实现绿色经济中的基础地位”等观点。联合国环境规划署认为“林业是绿色经济的基础和关键”。在绿色经济发展中，森林将被作为资产进行管理和投资，以实现多种效益。林业在绿色经济中扮演着重要角色：一是生产工厂(生产从木材到食品的日用产品)；二是生态基础设施(提供从气候调节功能到水资源保护的公共产品)；三是创新和保险服务的提供者(森林生物多样性保护)。

森林是绿色经济发展的“生态基础设施”。森林是陆地生态系统的主体，是最重要的生态系统，能够在应对气候变化、涵养水源、保持水土、保护生物多样性、净化空气等方面发挥独特作用。联合国环境规划署对全球不同国家森林生态服务价值进行的评估，保守估计生态系统总价值高达数万亿美元(表1-3)。森林为国民经济发展提供了大量的生产资料，是绿色经济发展的“资源库”。森林为我们提供了大量的原木、薪材等木质林产品，还产出很多种类的非木质林产品。木材作为主要生产资料，广泛应用于国民经济其他部门和人民生活消费中。木质能源是最重要的可再生能源，占全球初级能源总供给量的9%以上，相当于约11亿吨石油当量。全世界仍有约20亿人口的生计依赖于木质能源，尤其是发展中国家(FAO，2012)。

表 1-3　森林生态系统功能价值评估

生态服务	价值估计（美元/hm^2）	资料来源
遗传物质	0.2 ~ 20.6 （估计值下限：美国加利福尼亚州；估计值上限：厄瓜多尔西部）	Simpson et al，1996
	0 ~ 9.175	Rausser and Small，2000
	1.23 （为生物多样性最高地区的平均估值）	Costello and Ward，2006
流域生态服务（如调节径流、防洪、水净化）	200 ~ 1000（在热带地区几种服务的综合） 0 ~ 50（单一服务）	Mullan and Kontolwon，2008
	650 ~ 3500	IIED，2003
	360 ~ 2200（热带林）	Pearce，2001
	10 ~ 400（温带林）	Mullan and Kontoleon，2008
休闲/旅游	1 ~ 2000	Mullan and Kontoleon，2008
文化价值	0.03 ~ 259（热带林）	Mullan and Kontoleon，2008
	12 ~ 116182（温带林）	Mullan and Kontoleon，2008

注：不同国家由于地理位置、采样方法以及对生物物理特征（比如森林覆盖率和流域服务之间）的假设条件的不同，其评估结果差异很大。

资料来源：UNEP，2011。

林业的发展有助于绿色经济既定目标的实现。绿色经济以减缓和恢复生态系统、消除碳依赖、恢复经济、促进就业、保护弱势群体、最终消除贫困等为目标（全球绿色新政，2009）。林业的发展推动经济的增长。据统计，2006 年全球林业的贡献约为 4680 亿美元，占全球 GDP 增值的 1%（FAO，2009）。在一些森林资源丰富的国家，这一比例更高，如加拿大为 2.7%，芬兰为 5.7%（FAO，2008），喀麦隆、中非共和国、刚果（金）、刚果（布）、赤道几内亚和加蓬等平均达到 5% ~ 13%。加蓬的原木出口量约占该国原木总产量的 97%，木材出口收入占该国总出口收入的 9%。喀麦隆的一个重要外汇收入来源是药用植物出口，每年出口额约 290 万美元。用广义的概念来看，森林部门对经济的贡献率更高（TEEB，2009）。同时，林业的发展能够提供大量的就业岗位。据统计，全球大概有 1000 万人从事森林的营造、管理和利用等（FAO，2010）。加上从事初级加工、纸浆和造纸及家具产业（400 万）的人员，这个数字将达到约 1800 万人（表 1-4）。在非正规林业企业中的就业人员、以森林为生的土著居民和从事农林复合业人员的总人数远远高于正规林业部门的就业人数（UNEP，2011）。保守估计，全球依赖森林生活的人数估计有 1.19 亿 ~ 14.2 亿。林业支持着众多贫困人口的生计。世界最贫困人口大约有 3.5 亿人，其中大约有 2.4 亿生活在发展中国家的林区，他们依靠森林为生，是最贫困、政治上最弱势的社会群体。因此，林业在改善社会福利、保护弱势群体和消除贫困方面将起到巨大作用，有助于推动实现绿色经济的既定目标。

表 1-4　全球依赖森林就业和生计的人数

类别	人数	资料来源
林业、木材加工、纸浆业的正式就业人员	1400 万	FAO，2009
家具业正式就业人员	400 万	Nair and Rutt，2009
非正规小型林业企业人员	3000 万～1.4 亿	UNEP/ILO/IOE/ITUC2008（引用 Poschen，2003 和 Kozak，2007 分别作较低和价高估计）
以森林为生的原住居民	6000 万	World Bank，2004
从事农林业人员	5 亿～12 亿	UNEP/ILO/IOE/ITUC，2008
	7100 万～5.58 亿	Zomer et al.，2009（指具有 10%～50% 树林覆盖的农业用地）
总数	1.19 亿－14.2 亿	（估值下限假设原住居民依赖森林与从事农林业有重叠）

资料来源：UNEP，2011。

2.3.2　林业绿色经济发展经验

“绿色经济”模式下的森林可持续发展，不是一个部门问题，而是一个经济体的基础问题。森林资源不仅能够提供木材及其林产品，满足社会经济发展的需要，而且还能够提供生态系统服务，降低遭受干旱、洪涝、疾病等风险，是经济和社会发展的基础，是整个社会的基本财富（侯元兆，2012）。因此，应当在全社会大力宣传，变革传统理念，不断认识并不断修正市场对森林资源价值的低估，积极探索森林资源资本化运作的新路子，把林业发展纳入经济社会发展总体布局进行通盘考虑。

实施林业绿色生产和消费是实现绿色经济发展的重要战略途径。国际上，为促进林业绿色生产和消费，已经开展了大量探索。例如，通过森林认证、绿色采购等控制非法木材的进口和消费，鼓励政府和企业采购经过认证的木材及其制品。美国通过并实施《雷斯法案》，成为世界上第一个抵制进口非法木材的国家。欧洲也颁布了《欧盟木材法案》，并通过与木材生产国签署《自愿伙伴关系协议》（VPA）建立了一套完整体系抵制进口非法木材。

REDD +（Reducing greenhouse gas Emissions from Deforestation and forest Degradation in developing countries）机制指在发展中国家通过减少砍伐森林和减缓森林退化而降低温室气体排放，“ + ”的含义是增加碳汇。从 2005 年蒙特利尔联合国第 11 次气候变化大会（COP11）首次提出到现在，REDD + 进展顺利（表 1-5）。截止到 2010 年 5 月，REDD + 已经有 58 个合作伙伴。REDD + 的实施可有效地提高森林保护、森林可持续经营的能力，增加森林碳汇，减少因土地用途改变和毁林造成的 CO_2 排放，并降低减排成本。

表 1-5　REDD + 发展过程

时间	会议	提议和决定	议题范围
2005	COP11	提议：减少发展中国家毁林排放 决定：承认减少发展中国家减少毁林和森林退化所导致排放量的重要性，以及通过保护森林和推进可持续经营增加森林碳储存的作用	毁林/RED
2007	COP13	“减少发展中国家毁林排放等行动的政策手段和激励措施”作为减缓措施纳入“巴厘行动计划”	毁林、森林退化/REDD
2009	COP15	哥本哈根协议：建立包括 REDD + 在内的机制，为这类措施提供正面激励，促进发达国家提供援助资金的流动	毁林、森林退化、森林保护、可持续经营、造林再造林/REDD +
2011	COP17	各缔约方于 2012 年就发达国家为发展中国家开展 REDD + 活动提供长期、可持续的资金支持和通过在发展中国家建立森林监测体系以提高 REDD + 行动效果的可测量性、可报告性和可核实性问题进行了多次磋商	森林保护、可持续经营、造林再造林/REDD +

资料来源：《REDD + 机制的研究进展及对我国的影响》，2011；REDD + 议题的谈判进展与展望，2013。

3　森林多功能理论

森林认证的标准指标中始终体现了森林多功能的理论。森林认证强调的是森林生态系统服务、木材与非木质林产品的平衡供给，而非传统林业经营的以木材生产为主要目的。森林认证要求在推进森林生产木材的同时保持生态良好，即最大限度地满足人们日益增长的物质文化需求，发展多功能林业，充分发挥森林的多种功能。

3.1　森林多功能的分类和内涵

生态系统服务指人类从生态系统获得的所有惠益，包括供给服务(如提供食物和水)、调节服务(如控制洪水和疾病)、文化服务(如精神、娱乐和文化收益)以及支持服务(如维持地球生命生存环境的养分循环)。生态系统产品和服务是生态系统服务的同义词。

在 20 世纪 70 年代初期经历了由于风、火、病、虫和土壤退化等因素导致的大规模森林灾害和森林健康状态退化的困扰后，德国定义了林业需要维护的森林生态系统的多项功能，包括供给功能、调节功能、文化功能以及基础支持功能(Handstanger et al. , 2004)。联合国千年生态系统评估也把包括森林生态系统在内的生态系统的服务功能归纳为这 4 类。

供给功能　指人类从森林生态系统中获得的各种产品，如木材、食物、燃料、纤维、饮用水，以及生物遗传资源等的直接需求。

调节功能 是指人类通过森林生态系统自然生长和调节作用中获得的效益，如维持空气质量、降雨调节、侵蚀控制、自然灾害缓冲、人类疾病控制、水源保持及净化等功能对社会经济发展的支持效益。

文化功能 是指通过丰富人们的精神生活、发展认知、大脑思考、生态教育、休闲游憩、消遣娱乐、美学欣赏以及景观美化等方式，而使人类从生态系统获得的体力恢复和精神升华等非物质的服务效益。

支持功能 是指森林生态系统生产和支撑其它服务功能的基础功能，如物质循环、能量吸收、制造氧气、初级物质生产、形成土壤等对生存环境的支持效益。

许多国际林业热点问题都与森林多功能经营有联系。森林认证主要目的是推进森林生产木材的同时保持生态良好，林业应对气候变化是人们在森林碳汇和木材采伐之间权衡，城市林业更加关注森林生态服务和文化服务的关系，林业生物质能源问题的实质是需要森林在提供传统产品和生态服务的同时满足人类的能源需求。2010 年召开的第 23 届国际林联大会中，国际林业研究中心（CIFOR）主办了主题为“热带商品林的多功能森林经营”分会，各国专家根据巴西、加纳等热带人工林经营研究，讨论了多功能经营方式、经营潜力评估、碳、木材、生物多样性的关系、多功能森林监测体系、多功能森林经营面临的问题等。

联合国于 1992 年 6 月 13 日在巴西里约热内卢通过的《关于森林问题的原则声明》指出，森林这一主题涉及环境与发展整个范围的问题与机会，对经济发展和维持各种形式的生命是必不可少的。2012 年的里约 +20 峰会上，再次确认森林在应对气候变化、推动绿色经济发展、促进就业等方面具有重要功能和作用。森林是陆地生态系统的主体，是生物圈中最复杂、多样及最重要的陆地生态系统。森林不仅是人类和多种生物赖以生存和发展的基础，而且森林具有复杂的系统结构、物质生产功能、生态系统服务功能和社会功能等多重功能与效益。据第八次全国森林资源清查数据显示，我国森林生态系统年涵养水源量达到了 5807 亿立方米，年固土量达到了 81.91 亿吨，年保肥量达到了 4.30 亿吨，年吸收大气污染物量达到了 0.38 亿吨，年滞尘量达到了 58.45 亿吨。

3.2 森林多功能理论的发展

森林多功能（多效益）理论约萌生于 19 世纪初，经过不断地发展和完善，直到 20 世纪 50 年代后才引起欧美等国家的重视。它可包括“森林多效益永续经营理论”、“森林政策效益理论”等类似的理论。

早在 1811 年，德国林学家哥塔就将“木材培育”概念的内涵延伸为“森林建设”，将森林永续利用的解释扩展到森林能为人类提供一切需求，而且特别主张营造混交林，但并未引起重视。1867 年，时任德国国有林管理局局长的哈根提出了著名的“森林多效益永续经营理论”。认为：经营国有林不能逃避对公众利益应尽的义务，必须兼顾持久地满足对木材和其他林产品的需要，以及森林在其他方面的服务目标。1888 年波尔格瓦创立了“森林纯收益理论”。他指出：森林总体比林分大得多，应该争取的是森林总体效益的最高收益，而不是林分的最高收益。1905 年，恩德雷斯在

《林业政策》中全面阐述了“森林的福利效益”，即森林对气候、水、土壤和防止自然灾害的影响，及在卫生和伦理方面对人类健康的影响，发展了“森林多效益永续经营理论”。1922 年满勒提出恒续林经营法则，强调低强度择伐和在针叶纯林中引种阔叶树和下木。

森林多功能理论是人类在更加全面地认识森林过程中的产物，是从木材均衡收获的永续利用到多种资源、多种效益综合收益永续利用的转变。森林多功能理论强调林业经营三大效益一体化经营，强调生产、生物、景观和人文的多样性。森林多功能理论的最大贡献就是强调非木材林产品和森林的自然保护等生态功能与游憩价值，认为这绝不亚于木材产品的经济价值，而且随着社会需求的变化，生态价值对于人类的价值会日益上升到主导地位。林业产业必须最大限度地利用森林的多种功能，形成合理的森林资源结构和林业经济结构，造福于社会。

3.3　多功能林业

所谓多功能林业，就是在林业的发展规划、恢复和培育、经营和利用等过程中，从局地、区域、国家到全球的角度，在容许依据社会经济和自然条件正确选择的一个或多个主导功能利用并且不危及其他生态系统的条件下，合理保护、不断提升和持续利用客观存在的林木和林地的生态、经济和社会等所有功能，以最大限度地持久满足不断增加的林业多种功能需求，使林业对社会经济发展的整体效益达到持续最优。在森林多功能经营过程中，森林的各功能之间不可避免地存在冲突。因此，探索森林功能的关系，协调其矛盾，缓和其冲突，是最大限度地发挥森林效益，实现多功能森林经营的核心。

多功能森林的本质特点，就是追求近自然化的、但又非纯自然形成的森林生态系统，因此，“模仿自然法则、加速发育进程”是其管理秘诀，就是人工按照自然规律，促进森林生态系统的发育，通过这种手段生产出所需要的木材及其它多种产出。模仿自然的内涵很多，主要是利用自然力、关注乡土树种、异龄、混交、复层等。

对森林多功能的评价是森林多功能经营的一个重要环节。森林效益评价是指以货币价值的形式，以特定的核算方式，核算出森林为社会所做出的贡献，为森林经营和制定林业发展战略提供依据(付春玲，2009)。主要的森林生态效益指标涉及涵养水源、水土保持、土壤肥力、防风护田和固沙、调节气候、改善大气质量、提高土地自然生产力、森林分布均衡度等；社会效益指标涉及社会进步系数、增加就业人数、提高健康水平、精神满足程度、社会结构优化等方面。森林多功能的综合评价方法主要有专家评价法、经济分析法、运筹学方法、数理统计方法和雷达图法等(张俊峰，2013)。就目前的研究来看，森林的多功能评价缺少定量、综合、有效的评价方法，通过建立数学模型进行综合评价是主要的发展趋势。

4　林业经营标准化

林业生产的标准化、营造林标准化以及林产品的标准化等的发展，为森林认证的开展提供了丰富的经验。森林认证标准是森林认证工作的基础，是森林认证标准化、规范化和科学化管理的基础。任何一个国家要建立森林认证体系，都需要建立比较完备的标准体系。

4.1 林业标准化的概念和内涵

林业标准化，是指与林业有关的标准化活动，是运用标准化原理对林业生产的产前、产中和产后全过程，通过制定和实施标准，使生产过程规范化、系统化，从而取得最佳经济、社会和生态效益。林业标准化包括：苗木生产标准化，造林、营林标准化，林产品、林副产品、林化产品标准化，林业设备标准化，林业管理标准化等。林业标准化涉及林木种苗培育、造林、森林经营和管理、森林防火和保护、采伐更新、木材加工利用等生产、经营、利用的全部生产活动。林业标准化的实施，必将起到指导生产、引导消费和规范市场的作用，也必将促进产品质量的提高和人民生活水平的改善(陈剑英，2013)。

目前，世界上有30多个涉及林业标准与技术规则制定发布的国际性标准化组织，主要有：国际标准化组织(ISO)、国际植物保护公约(IPPC)、联合国欧洲经济委员会(UNECE)、国际农产品联合会(IFAP)、国际谷物科技协会(ICC)、国际种子检验协会(ISTA)等(李茜玲等，2012)。

林业标准的产生与林业生产过程有着十分紧密的联系，一项林业标准可以简单地认为就是某一个林业生产过程的要素化描述，对于复杂的林业生产过程，还可能是几个林业标准的并集或交集。因此，林业标准体系要素可分解成林业生产过程要素、林业生物特性要素、林业投入品要素、林业环境要素和林业管理要素5个方面(孟杰，2012)。

4.2 林业标准化的重要意义

林业标准是林业建设中质量监督和效益评价的基础，对林业发展具有十分重要的作用。标准化是林业科学管理的重要组成部分，国际社会对标准化工作十分重视。如果拥有林业标准的制定权，毋庸置疑就控制了某类林产品的市场准入。如果林业按照先进的标准组织林业生产和经营管理，林业产品就会有更广阔的市场，从而就会有更强的国际竞争力。林业标准化是林业科技与生产、经济结合的纽带，是加速科技成果转化推广的重要途径，也是促进林业行业发展的有力手段。林业标准化是农业标准化的组成部分，是实现林业现代化的技术基础，是组织现代林业生产的有效管理手段，是林业科学技术转化为生产力的桥梁。

4.3 国外林业标准化现状

4.3.1 发达国家和地区的林业标准化

目前，林业标准体系多包含在农业标准化体系中。大多数发达国家已经形成了较为完善的农业标准化体系，具体表现在：①实施农产品生产产前、产中和产后全过程标准化；②产品质量标准成为农产品进出口的壁垒；③标准的制定与实施过程均有法律的保证；④标准强调系统化，可操作性强、检验检测手段先进；⑤建有规范的质量安全控制体系，尤其是食品安全。

（1）欧盟

欧盟成员国在制定标准时除了贯彻欧盟指令要求外，还充分引进和借鉴国际标准，使国内标准与国际标准相结合。例如，德国在制定标准时，充分利用其作为ISO成员的优势，直接采用ISO标准作为本国标准，同时也极力促成本国标准升级为ISO标准。欧盟各国农产品生产过程的标准覆盖率达到98%～100%，且受法律法规保护。

（2）美国

美国鼓励政府部门参与民间团体学会和协会的标准化活动，其农业标准有3个层次：一是国家标准；二是行业标准；三是由农场主或公司制定的企业操作规范，相当于我国的企业标准，其标准本身不具有强制性。

（3）日本

日本的农业标准体系虽然也分为国家标准、行业标准和企业标准3个层次，但为了保护本国农业生产者和消费者的利益，总体上采用的是以国家标准为中心的策略。20世纪50年代，日本颁布了《工业标准化法》和《农林产品标准法》，还设立了相应的标准管理机构，组织制定和审议农林产品标准（JAS标准）。日本政府在制定标准的过程中十分注重与国际标准的接轨，在制定本国农产品标准时尽量参照国际标准的内容。

（4）澳大利亚

澳大利亚十分重视产品质量标准，尤其在食品方面，其标准不仅具有法规性质，而且还设有专门的食品标准协会。在制订和修订标准过程中由政府、专家和公众共同参与，从而使标准更加科学、公正和透明，能充分满足需求，并得到公众的认可。同时还借助各种渠道，及时将标准及相关的各种信息传递给消费者，由公众来共同监督。

4.3.2　林业标准化组织

目前，世界上有300多个国际组织和区域性组织在制定和发布标准和技术规则。其中涉及林业的国际性标准化组织约有30多个，主要有国际标准化组织（ISO）、国际植物保护公约（IPPC）、国际种子检验协会（STA）、联合国经济委员会（UNECE）、国际农产品联合会（IFAP）、国际谷物科技协会（ICC）。

（1）国际标准化组织

国际标准化组织是世界上最大、最具权威的标准化机构，宗旨是在全世界范围内促进标准化工作的开展，其工作领域宽，涉及学科广，活动主要围绕制定和出版ISO国际标准来进行。ISO的组织形式是根据不同专业技术领域成立技术委员会（TC），委员会下设技术委员会分会（SC），技术委员会分会下设工作组（WG）。在近200个TC中涉及农业方面的有10多个，制定了近千个国际标准。有关林业的技术委员会有TC34农产品食品、TC50胶、TC54香精油、TC55锯材和原木、TC87软木、TC89建筑纤维板、TC93淀粉、TC99木材半成品、TC120皮革、TC134肥料和土壤改良剂、TC190 土壤质量、TC218 木材技术委员会等。

(2)国际植物保护公约

成立于 1952 年，是一个由联合国粮农组织（FAO)倡导的多边条约。签署 IPPC 的目的是防止由植物和植物产品导致的害虫的引入和传播，以及促进各签约国采取相应的控制措施，其制定的关于植物检疫措施的国际标准在国际贸易中起着重要作用。IPPC 制定的标准为 WTO/ SPS 协定所认可，并成为农产品国际标准的重要组成部分。IPPC 标准由 3 个部分组成：一是参考标准，如植物检疫术语词汇表；二是概念标准，如病虫风险分析指南；三是专门标准，如柑橘溃疡病鉴定。

(3)国际种子检验协会

成立于 1942 年，任务是制定国际统一的种子检验方法标准，并在种子贮藏、标签、检验仪器设备等方面制定统一的国际标准。国际种子检验协会下设抽样、净度、发芽、活力、水分、包衣、贮藏、设备、品种、病害等 10 多 个专门委员会，其工作成果体现在《国际种子检验规程》中。该规程于 1953 年首次发布，并不断修订补充，是国际贸易中公认的种子检验标准。我国国家标准 GB/ T3543. 1 ~3543. 7 -1995《农作物种子检验规程》，GB2772 -1999《林木种子检验规程》，GB/T2930. 1 ~2930. 11 -2001《牧草种子检验规程》均参照该标准制定。

(4)联合国欧洲经济委员会

联合国欧洲经济委员会是联合国经社理事会于 1947 年成立的区域性经济委员会，成员国为欧洲各国，美国、日本和加拿大也是其成员。该委员会下的农业委员会设有从事农产品标准的专门工作组，已经制定了大量的农产品标准。其中水果和蔬菜方面的标准不仅规范了欧洲的贸易，而且对美洲、非洲和中东进口到欧洲的水果和蔬菜影响也很大。

5 国际绿色贸易理论

国际绿色贸易理论是制定和实施森林认证标准的重要依据。国际绿色贸易理论从三个方面影响和指导森林认证：①贸易环境一体化理论认为发展中国家和发达国家在发展贸易的同时都要承担环境责任，发展中国家以资源交换后者重污染排放的技术、资本的传统贸易模式已严重威胁到全球环境，绿色贸易的要求逐渐上升。森林认证力求在全球范围内实施统一标准，以有效保护自然资源，提高全球资源的利用效率。既抵消国家贸易的环境负影响，又实现国际贸易在更高层次上的自由化。②森林认证的实施只要不给国际贸易带来不必要的阻碍，就是合法的非关税壁垒措施，因此，世界贸易组织关于非关税壁垒的种种规定就成了制定、实施森林认证标准和程序的重要依据。③根据国际贸易组织的有关规定，可以对“绿色产品”的贸易实施限制甚至禁止。所以，有关林产品出口的国际贸易政策是林产品认证的理论基础之一(钱军等，2004；邓志高，2010)。

5.1 国际绿色贸易的概念和内涵

当今世界，国际贸易总体上朝着绿色贸易的方向发展。绿色贸易强调保护环境，以人为本，顺应了当代绿色环保的潮流，已成为一个国家或地区国际竞争力的重要标志。国际绿色贸易是指商品及其包装物符合环境质量标准的国际间商品贸易。绿色贸易有利于环境保护，有益于资源节约并保障人类和动植物生命健康与安全。表现形式有：环境友好产品贸易、资源集约型产品贸易、安全健康产品贸易等等。绿色贸易以良好的生态环境和先进的绿色技术为依托(郭峰濂，2005)。

传统意义上，商品价值是指生产成本与利润之和，可持续发展战略提出后，商品价值扩展为资源、经济、环境(包括生态)一体化的绿色核算体系。由此，国际贸易的概念进一步扩大了，不仅是物质的交流，而且还是环境、生态、资源的交易。如果说国际贸易是以商品贸易为主，那么国际绿色贸易则增加了环境质量和资源的国内外交易。WTO 新一轮谈判的一个重要议题，就是要建立起合理的规范，既解决贸易与环境间的矛盾，又不使贸易自由化受阻。绿色贸易已涉及国际贸易的各个方面(王云凤，2005)。

环境、生态问题的日益突出，使得人们的环保观有了极大的发展，从关注自身的消费安全，到关注周边的环境污染问题，进而注意到环境与生态系统的全球统一性。人们不仅要求进口商品安全，消费过程不造成环境污染，而且在生产、运输及其他各环节均不造成环境污染与对生态系统的损害。绿色贸易概念的内涵不仅对商品的质量、属性提出了要求，而且还对其生产过程、包装过程、运输过程等各方面也确定了明确的规范。传统国际贸易和绿色贸易在商品生产形式等诸多方面存在着差异(王云凤，2005)。

5.2　绿色贸易制度

绿色贸易制度是指与国际贸易有关的国际环保法规、环境标准、绿色标志等组成的一套调节各国经贸关系，并获得环境收益、以环保为目的且以保护环境所需程度为限的非歧视性规则和惯例(刘雙赫等，2010)。

5.2.1　绿色技术标准

绿色技术标准是国家或组织出台的减少环境污染的相关标准。1996 年国际标准化组织(ISO)正式发布了名为 ISO14000 的环境管理体系标准，要求欧盟国家的产品从生产前到制造、销售、使用以及最后的处理阶段都要达到某些技术标准。这一体系提供了以预防为主、减少或消除环境污染的办法。国际环境标准 ISO14000 体系的具体定义是一项关于某个组织与实施、维持或完成其涉及大气、水质、土壤、自然资源、生态等环境保护方针有关的包括计划、运营、组织、资源等整个管理体系标准。

5.2.2　绿色卫生检疫制度

绿色卫生检疫制度是指为保护人类与动植物的生命与健康、保护生态与环境而制定的所有有关法律、行政法规、规章、要求和程序，特别包括：最终产品标准；工序和生产方法；检验、检查、认证和批准程序；各种检疫处理，有关统计方法、抽样程序和风险评估方法的规定；与产品安全直接有关的包装和标签要求等。绿色卫生检疫制度是国家有关部门对产品是否含有毒素、污染物及添加剂等进行全面的卫生检查，防止超标产品进入国内市场的有效手段。例如，欧盟从2000年7月起，提高了进口茶叶的安全及卫生标准，对其中的农药残留检查极其严格，比原标准高出100～200倍。法国禁止含有红霉素的糖果进口；乌拉圭回合通过的《实施动植物卫生检疫措施的协议》规定，成员国有权采取措施保护人和动植物的健康，确保人畜食物免遭进口动植物携带疾病而造成的伤害。

5.2.3 绿色包装制度

绿色包装制度是指规范商品包装及包装材料要符合节约能源、用后易于回收再利用、易于自然分解、不污染环境、保护环境资源和消费者健康要求的法律、规章。包装绿色化可以减轻环境污染，保持生态平衡，顺应国际环保发展趋势，是WTO及有关贸易协定的要求，同时是绕过新的贸易壁垒的重要途径之一，是促进包装工业可持续发展的唯一途径。目前，绿色包装制度在世界各国已广泛流行，许多发达国家都制定了绿色包装的法律、法规，加强对包装废弃物的回收利用。比如，德国于1992年公布《德国包装废弃物处理法令》，日本于1991年、1992年发布并强制推行《回收条例》、《废弃物清除条例修正案》，美国也规定了废弃物处理的各项程序。这些“绿色包装”法规在环境保护方面的确发挥了不可忽视的重要作用，但同时出口商的成本也因此而大大增加，并为一些国家制造“环境壁垒”提供了借口。

5.2.4 绿色标志

绿色标志(green label)也称为环境标志或生态标志，是政府管理部门或民间团体依据一定环境标准、向申请者颁发的、表明其产品或劳务符合环保要求的一种特定标志，具体指一种贴在或印刷在产品或产品包装上的图形，以表明该产品的生产、使用及处理过程皆符合环境保护的要求，不危害人体健康，对垃圾无害或危害极小，有利于资源再生和回收利用。环境标志作为市场营销环节的一种环境管制措施，已有不少国家相继实行，主要目的在于提高产品的环境品质和特征，体现环保意识。对企业而言，绿色标志可谓绿色产品的身份证，是企业获得政府支持，获取消费者信任，顺利开展绿色营销的重要保证。绿色标志主要包括生态标签和环境营销标志。

5.3 绿色贸易壁垒的内涵和意义

一些国家出于贸易保护主义的目的，凭借其环境保护的优势，利用WTO规则的例外条款和其他国家的环境问题大做文章，绿色贸易演变成了绿色贸易壁垒。根据WTO的有关规定，在保护人类健康和安全、保护动植物生命和健康以及保护环境的前提下，各国可以制定本国的标准和规则，甚至可以实施超出国际标准的技术性措施。这为一些发达国家随意制定产品标准留下“合法”空间。从而代替了传统关税壁垒的贸易保护措施，也就是绿色贸易壁垒。

绿色贸易壁垒是指在国际贸易活动中，进口国以保护自然资源、生态环境和人类健康为由而制定的一系列限制进口的措施。中国的国际贸易问题专家对此的定义是：“绿色壁垒是指那些为了保护环境而直接或间接采取的限制甚至禁止贸易的措施。主要包括国际和区域性的环保公约、国别环保法规和标准、ISO14000环境管理体系和环境标志等自愿性措施、生产和加工方法及环境成本内在化要求等分系统。”

从广义上讲，绿色贸易壁垒指的是一个国家以可持续发展与生态环保为理由和目标，为限制外国商品进口所设置的贸易障碍；从狭义上说，绿色贸易壁垒实际上是指一个国家以保护生态环境为借口，以限制进口、保护本国供给为目的，对外国商品进口专门设置的带有歧视性的或对正常环保目标本无必要的贸易障碍。目前绿色贸易壁垒的实质，很大程度上是发达国家依赖其科技和环保水平，通过立法手段，制定严格的强制性技术标准，从而把来自发展中国家的产品拒之门外，以达到保护国内市场的目的(郝美彦，2003)。

在国际贸易中，关税壁垒曾经是贸易保护的重要手段，美国、德国、日本等主要发达国家在发展的过程中都曾依靠关税壁垒保护本国产业的发展。但是，随着全球生态环境问题的日益严重，环境与贸易的冲突也越来越激烈，从而使贸易保护主义从传统的关税壁垒逐渐转向非关税壁垒，而绿色壁垒作为一种新型的非关税壁垒就应运而生了，并成为发达国家以保护环境为名限制发展中国家进出口贸易的一种工具。

绿色壁垒是绿色贸易壁垒的简称，也叫环境壁垒，产生于20世纪80年代后期，90年代开始兴起于各国，对外国商品进口采取的准入限制或禁止措施。如：美国拒绝进口委内瑞拉的汽油，因为含铅量超过了本国规定；欧盟禁止进口加拿大的皮革制品，因为加拿大猎人使用的捕猎器捕获了大量的野生动物；20世纪90年代开始，欧洲国家严禁进口含氟利昂冰箱，导致中国的冰箱出口由此下降了59%等。这些都是典型的绿色壁垒事例。

绿色壁垒的最初目的是为了保护环境和人类健康，防止不符合环境保护要求的商品进入国际市场，维护动植物和人类自身的安全与健康。从这一方面讲，绿色壁垒的实施对产品出口短期内造成较大冲击，但从长远利益上来看，会刺激技术创新和管理创新，加快绿色产业的发展，从而实现经济和社会生活的可持续发展(郝美彦，2003)。

当然贸易壁垒会产生许多消极影响，使出口产品种类减少、市场萎缩、成本增加，削弱产品的国际竞争力，同时由于转嫁污染，加重了资源环境的压力，制约经济的持续发展。发达国家以保护环境为名经常采取单方面的贸易措施，限制外国产品的进口，由此引发的多边或双边贸易摩擦日益增多。

5.4　林业绿色贸易壁垒

5.4.1　林业绿色贸易壁垒内涵

由于世界经济增速缓慢，国际林产品市场需求萎缩，贸易保护主义在全球范围内泛滥。从林产品国际贸易发展趋势看，绿色贸易壁垒已经成为继反倾销、反补贴等贸易保护措施后，我国林产品出口面临的最大障碍。

我国林产品遭遇的主要贸易壁垒形式有知识产权壁垒、以反倾销和反补贴为主的贸易救济措施以及包括有害物质含量、强制认证制度、安全性能、防火性能在内的技术壁垒。我国不仅在家具、人造板及单板、强化木地板等大宗出口林产品方面受绿色贸易壁垒限制，木制品、纸和纸制品等也越来越多地受到绿色技术标准、木材合法性证明的影响。在非木质林产品出口方面，茶叶和食用菌等食用林产品出口受阻频率最高，果类、林化产品类、竹、山野菜等林产品受到绿色贸易壁垒影响的风险也在逐步提高。

最常见的绿色壁垒是森林认证和环境标志认证。我国林产品出口遭遇的绿色贸易壁垒主要表现形式为：绿色技术标准、各类认证制度、卫生检验检疫制度（朱江梅，2012）。①绿色技术标准。受经济发展、技术水平、生产工艺及生产成本的限制，我国家具、人造板等木质林产品生产过程中所使用的原辅料中，往往含有甲醛、苯、砷、铅等有害物质，美国等发达国家纷纷对进口木质林产品制定了大量的绿色技术标准，对木质林产品提出更高水平的环保要求。目前，发达国家对进口木质林产品中有害物质如甲醛、苯酚、铬、有机挥发物的限量标准远高于我国的国家标准确定的范围；②卫生检验检疫制度。兼具植物产品和进出口商品载体双重身份的木质包装是有害生物传播和扩散的载体，木质包装中往往可能携带病虫害，给进口国带来潜在的危害，因而各国政府实施了严格的卫生检验检疫制度。我国的茶叶、坚果、食用菌、水果等食用林产品具有较强的国际竞争优势，发展潜力大，但受生产技术水平和环境观念的影响，我国食用林产品通常只能达到国家绿色食品标准，生产过程中由于使用化学品使之很难达到AA级绿色食品标准，更谈不上符合有机食品标准。发达国家越来越高的食品检验标准，对我国茶叶等食用林产品的出口形成绿色贸易壁垒；③各类认证制度。近年来，认证正逐渐成为发达国家实施各种形式技术标准的重要工具。林产品市场认证种类众多，不同产品、不同市场面临着不同的认证要求，如木质林产品有FSC认证、PEFC认证、美国CARB认证等。越来越多的国家对进口林产品提出认证要求，实际上具有强制性质。我国林产品出口欧盟、美国等国家和地区必须通过ISO9001质量管理体系认证、ISO14001环境管理体系认证。人造板CE认证、FSC森林认证、SA8000标准认证对我国林产品出口产生深远影响。

5.4.2 积极开展森林认证是跨越林业绿色贸易壁垒的有效举措

近年来，随着环境意识的不断提高，森林认证已被越来越多国家和地区所接受，许多国家和地区都对进口木材及其制品提出了森林认证的要求，没有通过森林认证的产品可能会被拒之门外。多元化的森林认证体系一方面演化为林产品国际市场的“非关税贸易壁垒”，同时随着国际森林公约谈判的进行，也出现森林认证体系的趋同化。

随着环保意识的增强，全球越来越多的消费者希望通过购买获得认证的产品的方式来保护人类赖以生存的森林。一些欧洲国家已将森林认证作为木材产品进口的一个必要条件，还有一些国家将认证产品纳入政府采购。零售商和消费者也承诺只购买经过认证的木材和林产品，即使是这些产品的价格高于未经认证的产品。

我国木质林产品大量出口到欧盟和美国等发达国家，而欧美国家都属于环境敏感市场，尤其是美国的《雷斯法案》和欧盟的木材法案（EUTR），成为木材原料来源的合法性壁垒，对木材合法性的要求给我国林产品出口带来巨大挑战，未经森林认证或合法性认证的林产品将被排斥在欧美市场之外。为有效突破发达国家设置的绿色贸易壁垒，我国要结合具体国情，考虑林产品出口企业对森林认证的需求，在政府的主导下积极开展森林认证，构建与国际接轨的我国自己的森林认证体系。我国森林认证要实现与全球主要森林认证体系的互认，确保经我国森林认证的林产品顺利地进入国际市场(朱江梅，2012)。

第二章 森林认证的要素与发展

1 森林认证的产生及一般性特征

1.1 森林认证理念的出现

1992年联合国环境与发展大会以来，森林可持续经营得到了广泛的关注。各国政府加强了林业立法和政策制定，国际上也发起了一系列政府间进程致力于森林保护和可持续经营。然而，这些行动的效果依然是有限的。认识到一些国家在改善森林经营中出现政策失误，国际政府间组织解决森林问题效果的不足后，作为森林保护的重要力量之一的非政府组织（NGOs）也针对森林问题发起了一系列的活动，尤其是在木材贸易领域，他们开展一些提高公众意识和联合抵制（特别是针对热带木材）的活动，尝试着减少消费对森林带来的压力，并认为这是唯一能够产生影响的方式。所采取的行动包括各种宣传活动，向贸易商和零售商示威，倡议全面禁止使用热带木材等等。逐渐地，他们认识到这种方法过于简单化，需要一个积极的工具，通过创造一种市场价值，使其能够和负责任的森林经营联系起来。

通过这些活动的开展，一些主要的零售商，尤其是作为行业领袖的企业开始认识到他们一点都不了解所使用的木材及纸制品的来源，应该确保其来自于有利于社会和环境的、管理良好的森林。作为履行企业环境和社会责任的一部分，这些企业对此显示了极大的兴趣，这为森林认证和相关产品标签的出现奠定了重要基础。

1989 年，在英国政府的支持下地球之友和其他一些非政府组织，建议国际热带木材组织(ITTO)开展项目来研究为热带木材制定标签的可能性，标明这些产品是来自可持续经营的森林。一些木材生产国对此表示关注，认为非政府组织会呼吁联合抵制没有标签的木材。但关于这一问题的讨论在 ITTO 一直没有停止(Poore，2003)。1992 年开展的一项研究显示，热带木材贸易不是毁林的主要原因(LEEC，1992)，但是需要采取积极的激励措施，并提出以认证的方式促进可持续生产的木材贸易。

虽然国家层面的工作没有得到较好的支持，但民间的工作一直在积极开展。在贸易联盟、非政府组织和其他团体的推动下，美国西海岸最早出现了森林认证，经过这一萌芽期，第一个森林认证体系——森林管理委员会(Forest Stewardship Council，FSC)于 1993 年召开了成立大会，虽然缺少了一些政府参与，来自经济、社会和环境等广泛的利益群体的参会代表仍表现出了极高的参与热情。

森林认证的独特之处在于它以市场为基础，并依靠贸易和国际市场来运作。作为促进森林可持续经营的一种市场机制，它力图通过对森林经营活动进行独立的评估，将“绿色消费者”与寻求提高森林经营水平和扩大市场份额、以期获得更高收益的生产商联系在一起。促进森林可持续经营的传统方法(如发展援助、软贷款、技术援助和海外培训等)大多忽视了商业部门，特别是忽视了木材产品的国际贸易。在世界范围内，贸易对森林的直接影响是很明显的。因此以森林可持续经营为基础的林产品贸易也能促进环境保护。

从 1993 年成立至 1997 年，FSC 一直是世界上唯一的、并且可操作的森林认证体系，也是政策讨论和认证推动的焦点。在 FSC 的推动下，森林认证标准、以认证标准为基础的认证审核以及认证逐渐产生并发展起来，并对国际森林问题产生了巨大的影响，各国也纷纷参与到森林认证的工作中，森林认证开始在全球蓬勃发展起来。

1.2　森林认证的概念

认证是指由认证机构依据特定的审核准则，按规定的程序和方法对受审核方实施审核，证明其产品、服务、管理体系符合相关技术规范的强制性要求或标准的合格评定活动。认证对象包括产品、服务和管理体系。认证制度的起源，可以追溯到 20 世纪下半叶。最初的认证是以对产品的评价为基础的，这种评价是由产品供方(即第一方)进行的自我评价和由产品的需方(即第二方)进行的验收评价。随着当代工业化生产的发展，市场经济逐渐发育起来，民众也逐渐意识到，第一方和第二方的评价由于受各方利益的影响而存在着一定的局限性，因此，由独立于供需双方并不受其经济利益制约的独立的第三方，以公正科学的方法对产品的特性进行评价并给公众提供一个可靠的保证，已成为市场的需求。

森林认证的概念可以表述为是由独立的第三方(通常为认证机构)按照特定的森林经营标准和指标的要求，对某一森林区域的可持续性进行验证的过程。森林认证的主要目的是为了促进森林可持续经营，保护和合理利用森林资源。通过验证的森林可以被视为是实施了良好经营活动的森林，其林木产品则可以获得较好的市场认可度。

1.3 森林认证的目标

森林认证有以下两个主要目标：

第一，提高森林经营水平和森林生产力，促进森林的可持续经营。非政府组织提出森林认证的主要目标就是促进森林的可持续经营。虽然不同认证体系制定或应用的森林认证标准和指标各有差异，但都包含了森林可持续经营的基本要求和要素，如遵守国家法律法规，明确林地和森林资源所有权和使用权，维护当地居民和劳动者权利，提高森林效益，保护森林生态环境和生物多样性，制定合理的森林经营规划，开展森林监测与评估等内容。按照认证标准经营森林，从长远来看，能持续提供木材，增加木材总产量，提高森林生产力。

第二，促进负责任的林产品的贸易，保护森林资源。由于贸易对于森林的保护有着重要的影响，因此推进负责任的林产品贸易可以约束企业采购更加可持续的林产品，进而可以保护宝贵的森林资源。同时，随着消费者环保意识的不断提高，绿色消费已经成为一种时尚，越来越多的消费者开始使用符合环保要求的林产品。特别是欧洲、北美等十分关注环境问题的消费者，他们要求购买经过森林认证的林产品，以此来支持森林的可持续经营。

除此之外，不同组织开展和推动森林认证还有其它一些目的，包括：提高森林经营的透明度和管理能力；确保土地使用费、森林税或其他费用的征收；有利于森林经营单位从有关方面获得财政资助，增加用于森林经营的基金；降低用于环境保护措施的生产成本；促进木材工业的合理发展；提高生产效率，降低生产成本；森林服务的商品化；降低投资风险；加强国家法律法规的实施等。

1.4 森林认证的特点

森林认证作为一种市场机制，它有以下特点：

(1)自愿性

森林认证是森林经营单位或企业在市场机制的驱动下，认识到认证的必要性后，主动向认证机构申请认证的。森林认证有别于国家制定的法律和法规，它是森林经营单位或企业的自愿行为，没有人或组织强迫其必须开展森林认证。随着认证的广泛开展，根据各国的不同情况，也不能排除有的国家政府将森林认证作为本国推行森林可持续经营的一种强制性政策的可能性。

(2)参与性

森林认证最初是由非政府组织发起的，它强调公众的广泛参与，除了作为认证对象的森林经营单位外，强调让与森林经营有关的利益方，如社区、政府部门、消费者、企业、科研单位和媒体等机构参与。一方面，认证标准的制定需要各方的广泛参与与咨询，才能保证标准的科学性和可行性，充分代表各方利益。另外，在认证审核过程中，也需要各方的参与与监督，才能保证认证审核的公开性、透明性、公正性和可靠性。

(3) 市场化

森林认证是以市场为基础的。森林经营单位和企业开展森林认证的动力主要来源于获取市场利益。一方面，它直接以市场需求为基础，直接满足客户要求；另一方面，它利用认证这种手段，提高企业形象和竞争力，开拓市场。随着人们环保意识的提高，越来越多的消费者愿意购买经过认证的林产品来支持森林的可持续经营。因此，随着时代的进步，与未经认证的林产品相比，经过认证的林产品在商业上更具有竞争力，这是促进森林的拥有者和木材加工企业自愿开展森林认证的主要动力。当然，消费者环保意识的提高和认证产品市场的培育还需要一个较长的过程。

(4) 独立性

森林认证的审核必须是独立的，不受任何利益集团的影响。森林认证机构相对于受审核方来说具有独立性，认证机构及其工作人员必须与寻求认证的组织没有任何利益关系。在这种情况下开展森林认证，才能保证审核员的审核不受他人的影响，保证其审核结果的客观、公正。

(5) 可靠性

在开展森林认证的过程中，森林认证机构必须严格按照认证体系制定的森林认证标准来客观地评价森林的经营状况，不受他人影响，不带偏见，其结果符合实际情况。由于森林认证采取了由独立的第三方认证，要求审核员具有一定的资质和认证过程的参与性、独立性、公正性、透明度和同行评审，以及认证后的监督机制，保证了森林认证审核结论是可信的，正确地反映了审核单位的经营状况。

1.5　森林认证的类型

根据认证对象处于供应链的不同阶段，森林认证可分为森林经营认证和产销监管链认证。

1.5.1　森林经营认证

森林经营认证，也称为森林可持续经营认证，是由独立的第三方，根据既定的标准和程序对森林经营单位的森林经营水平进行评估并发放证书的过程，以证明森林是否实现了良好经营。森林经营认证是建立在森林经营对社会、环境和经济方面的影响评估基础上的认证。森林经营认证面向森林的经营者，对原料源头进行了约束，证明其符合了可持续性、合法性或对特定环境服务功能、特定经营的要求。森林经营认证的作用是，使消费者确定他们购买的林产品是否真正源自可持续经营的森林。

1.5.2　产销监管链认证

产销监管链认证，就是由独立的第三方，对林产品加工、贸易企业的各个生产环节，即从加工、制造、运输、储存、销售直至最终消费者的整个监管链进行评估，以证明林产品的原料来源。产销监管链认证的目的就是追踪原材料加工的整个过程，向消费者提供这种保证。因此，产销监管链认证是对生产加工销售林产品的企业进行认证，跟踪加工产品的原材料从森林到消费者的整个过程。产销监管链认证要求林产品的生产和销售过程具有透明度，通过查询林产品整个流通过程的记录，人们就可以了解原材料的来源。经产销监管链认证后，林产品可以使用森林认证体系特有的认证标识，向消费者和木材购买商证明他们购买的林产品来自可持续经营的森林。

1.6 森林认证的方式

按照森林经营者参与森林认证的方式，可将森林认证分为独立认证、联合认证、资源管理者认证和区域认证。

1.6.1 独立认证

独立认证是指对独立经营者经营的森林进行认证。这里的森林经营者可以是国家、集体、企业，也可以是私有林主，他们拥有的森林面积各异，从上百万公顷到数公顷不等。独立认证的优点是，由于森林经营者的经营活动是独立的，其森林类型、经营方案和社会状况等条件相对较一致，开展森林认证较容易。独立认证一般适用于森林面积比较大的森林经营单位。

1.6.2 联合认证

联合认证即将多个独立经营者拥有的，分散的、小片森林联合在一起，组成一个“联合经营实体”来开展认证。联合经营实体须确保联合体内的所有成员，不论是森林经营者还是小规模生产加工企业，都能够理解和实施认证标准的要求。联合经营实体可以是个人、组织、公司、协会或其它法律实体，负责组织整个认证进程。

这种类型的认证在欧洲普遍应用。森林认证认可计划(PEFC)体系就是为适应欧洲的小私有林主进行森林认证而设计的，它的特点就是小林主联合起来开展森林认证。受森林认证费用较高的限制，往往只有经营规模较大和效益较好的森林经营单位或企业才有实力申请独立认证。对于小林主或小型林业企业来说，他们很难获得认证的信息，不知道如何去改善经营管理和与认证机构联系，与认证所获得的收益相比，认证的成本太高。总体而言，联合认证具有两个明显的优势：联合体经理承担了理解认证标准的职责，帮助联合体内部成员实施标准要求；联合体达到了一定的规模，因此每个小规模林业企业需要支付的认证成本大大降低。从联合认证的性质和优势来看，联合认证是中小林业企业获得认证的一个不错的选择。

1.6.3 资源管理者认证

资源管理者认证是由若干个林主将其拥有的森林委托给资源管理者(可以是一个组织，也可以是个人)经营管理，由资源管理者来负责这些森林的认证。这实际上也是小林主联合起来认证的一种方式，只不过资源管理者拥有经营权，而联合认证的经营权仍在小林主手中。资源管理者必须具有一定的森林经营管理能力，按照森林认证标准与指标来经营森林，使其管理的森林达到良好经营状态，能够通过森林认证。这种方式具有前两种认证类型的优点，其特点是由资源管理者负责若干小林主的森林认证工作。与联合认证相比，同样是将小片森林联合起来认证，但资源管理者认证省去了由小林主成立联合认证协会带来的一系列组织工作，同样达到了简化手续、节省费用的目的。

1.6.4 区域认证

区域认证可以对一个区域内的全部森林进行认证。区域认证的申请者必须是一个法律实体，并且必须代表在该区域经营了一定比例森林面积的林主或经营者。申请者负责让所有的参与者满足认证要求，保证认证参与者和认证森林面积的可信性，并实施区域森林认证章程。林主或森林经营者可以在自愿的基础上参加区域认证，具体方式可以是单独签署的承诺协议，也可以服从代表该地区林主的林主协会的多数决定。

2　森林认证体系的建立

2.1　ISO 对认证体系的要求

国际标准化组织(ISO)是认证领域中一个十分重要的非政府组织，是由来自 164 个国家的国家标准化机构组成的网络，总部设在瑞士日内瓦。尽管 ISO 制定的标准通常是自愿性标准，但是许多国家常常在标准制定过程中直接参照 ISO 国际标准。在这种状况下，ISO 国际标准处于一种强制性状态。因此，在森林认证体系的建立过程中，应认真考虑国际标准化组织的指南和标准。国际标准化组织/国际电工技术委员会关于认证体系的主要文件见表 2-1。

表 2-1　国际标准化组织/国际电工技术委员会关于认证体系的主要文件

质量管理体系：
ISO 9001：2008 质量管理体系要求
环境管理体系：
ISO 14001：2004 环境管理体系——要求及使用指南
环境声明：
ISO 14020：2000 环境标志和声明——通用原则
ISO 14021：1999 环境标志和声明——环境主张自我声明(环境标志类型Ⅱ)
ISO 14024：1999 环境标志和声明(环境标志类型Ⅰ)——原则和程序
ISO 14025：2006 环境标志和声明——环境声明类型Ⅲ——原则和程序
社会责任：
ISO 26000：2010 社会责任指南
标准化：
ISO/IEC 指南 59：1994 标准化良好实践准则
认证：
ISO/IEC 指南 60：2004 合格评定——良好操作规范
ISO/IEC 17020：2012 合法评定——各类检查机构运行要求
ISO/IEC 17021：2011 合格评定——管理体系审核认证机构的要求
ISO/IEC 17065：2012 合格评定——产品、过程和服务认证机构要求
ISO/IEC 17067：2013 合法评定——产品认证基础和产品认证方案指南
认可：
ISO/IEC 17001：2005 合格评定——公正性——原则和要求
ISO/IEC 17011：2004 合格评定——合格评定机构的认可机构通用要求

总体而言，ISO 指南和标准对以下三个方面提出了要求：

2.1.1 标准制定和应用

ISO 对标准制定提出了程序性、参与性、透明性和公平性这四个方面的要求：

(1)程序性

ISO 要求标准制定机构应及时制定技术工作程序文件，建立具有一致原则的标准制定程序，按照程序制定、定期审查和及时修订标准，同时建立一种明确的、现实的和便捷的投诉机制(ISO/IEC 指南 59：1994)。

(2)参与性

ISO 认为标准的通过应基于协商一致的结果，强调共识是主要的程序性原则和必要的条件。应尽可能多地吸纳利益相关者参与标准制定过程(ISO/IEC 指南 95：1994)，以反映各相关利益方的利益。

(3)透明性

标准制定机构应保持标准制定的透明性，及时吸纳各利益相关方的意见，调整修改标准、指南及各类认证工具。同时，批准发布的标准应向社会大众公布。从而保证标准的强制性和可信度。

(4)公平性

ISO 要求标准的制定应符合普遍的市场需求，不应成为阻碍和限制贸易、控制价格和排斥竞争的工具。同时，标准编制不应误导消费者，不应对产品实行基于产地的歧视(ISO/IEC 指南 95：1994)。

2.1.2 认证与认可

可信度是认证和认可赖以发展的基石，为确保认证和认可的可信度，ISO 出台了一系列文件，提出了以下要求：

(1)质量管理体系

认证机构应建立实施质量体系，制定质量手册及相关程序方法(ISO/IEC 17021：2011；ISO/IEC 17065：2012)，明确体系运转的总责任人及各部门责任人，保证认证活动的能力，并为相关方提供信心。同时，通过严格按照实施要求开展评估，保证认证过程的严格性和重复性。在质量管理体系中，最重要的要求是持续改进。

(2)公平性、公正性、独立性、参与性和透明性

公平性指认证机构在提供认证服务时，保证所有认证申请方都能得到公平对待，不得因为申请方机构的规模和实力而采取歧视性对待，不得妨碍或阻止申请方进行认证的权利。独立性要求认证机构不应与受审核方有商业、金融等利益往来，保持中立第三方的地位，并且不得向认证申请方提供咨询服务。公正性要求认证机构建立并保持自己的认证体系，制定一套体系、程序、工具以保证认证的程序性，保证审核和认证决定的机构分离(ISO/IEC 17021：2011；ISO/IEC 17065：2012)。透明性指认可/认证机构制定并定期更新各类程序文件，保证相关利益方能够获得这些程序信息，同时应建立一套处理不符合、投诉和争端解决机制。参与性指利益相关人对认证/认可活动的参与，以维持各方的利益平衡，从而达到公正性和公平性的目的。以上 5 个方面是构建认证可信性的基本要素。

2.1.3 环境声明

(1)强制性

认证机构应对证书和标识使用制定强制要求。只有申请方提出申请并获得认证机构书面认可和批准后，申请方才能使用标识。同时，规范证书和标识的使用，并在适当情况下对证书和标识予以保持、暂停、撤销、注销等处理。

(2)准确性

ISO 14020 和 ISO14021 规定，环境标识和声明应准确、可证实、相关、不会产生误导，不得使用不清楚或不具体的环境声明或暗示性声明。

(3)相符性

ISO14020 规定标识和声明应考虑产品生命周期，应与一种产品的生命周期相关。且声明范围须与认证范围相符，即声明仅限于通过认证的产品。

2.2 森林认证体系的要素

森林认证是一种自愿的、全面激励经营者提高森林经营水平的手段。森林认证包含标准、认证和认可三大要素(图 2-1)。

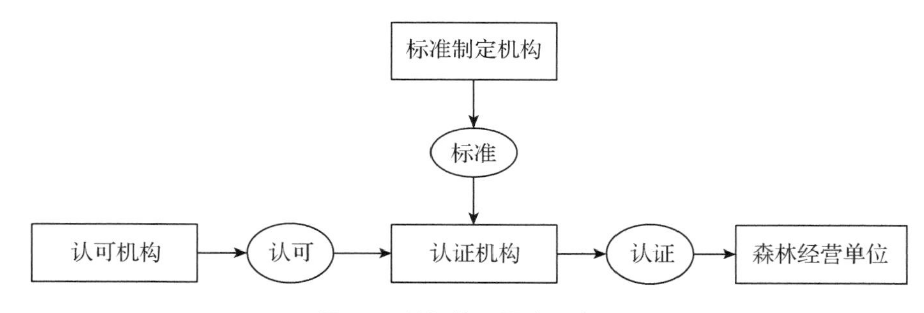

图 2-1 认证体系要素示意图

标准规定了森林经营单位通过认证必须要达到的要求，它是认证评估的基础。认证是由认证机构验证森林经营单位或企业是否达到认证标准要求的过程。而认可是对认证机构的能力、可靠性和独立性进行认定，以提高第三方认证机构的可信度。如果要为产品作出认证声明，还需建立产品跟踪和标签体系，即产销监管链认证和标签制度。以这几大要素为基础而成立的机构、制定的规则并开展相应的活动就组成一个完整的森林认证体系。森林认证常见的概念和术语如下。

(1)森林认证标准

经过多方参与协商一致制定的，在当地条件下森林经营单位满足森林可持续经营要求的准则，是森林认证机构开展认证审核的依据。

(2)认可机构

具有国家授权从事资格认可的权威机构。在森林认证中，有些国际体系的组织本身就是认可机构，只有由其认可的认证机构才能开展认证业务。

(3)森林认证机构

指具备一定的能力和资格，根据发布的森林认证标准对森林经营单位的森林经营绩效进行认证的第三方机构。认证机构一般需得到认可机构的授权。

2.2.1 森林认证标准

2.2.1.1 标准的类型

在森林认证体系中，标准是最核心的要素和基础。按照 ISO 的定义，标准是由一个公认的机构制定和批准的文件，以规定活动或活动结果的规则、准则或特征值。该文件为通用文件，且可反复使用，其目的是实现在既定领域中的最佳秩序和效益（ISO/IEC 指南 2：1996，定义 3.1）。森林认证标准是经过多方参与协商一致制定的，是在当地条件下森林经营单位满足森林可持续经营要求的准则，是森林认证机构开展认证审核的依据和基础。森林认证的标准分为绩效标准和进程标准。

（1）绩效标准

绩效标准（performance standards）规定了森林经营现状和经营措施满足认证要求的定性和定量的目标或指标。如何满足这些要求，却没有硬性要求。也就是说，绩效标准明确规定认证森林必须达到的绩效水平，但没有硬性要求机构制定和建立特定的管理体系实现绩效水平。因此，绩效标准是产品标识的基础。

事实上，绩效标准提供的是一个质量保证，即所认证的森林必须满足特定水平的经营。这是绩效标准的一大优点，但同时也构成了该标准的一个缺点。由于任何一个绩效标准都不能完全反映全球或全国不同地区、不同森林类型和不同经营条件下的情况，所以在其应用上有一定的局限性。

正因为如此，在实际审核时，必须制定更详细的区域性或地方性的森林认证标准。不同区域的绩效标准应根据不同地区、不同森林类型而存在一定的差别，但同时具有兼容性和平等性。例如，FSC 认证体系制定了全球统一的《FSC 原则与标准》。但是，在实际应用中，为了其适用性，FSC 允许各个国家和地区以《FSC 原则和标准》为基础制定 FSC 的地区标准、国家标准或针对某种森林类型的认证标准。

（2）进程标准

进程标准（procedure standards or process standards）又称为管理体系标准，它规定了管理体系的性质，即在组织内部利用文件管理系统确保所管理的质量、环境及社会表现的一致性。除法律规定的环境指标外，这种标准对绩效水平不做最低要求。申请认证的森林经营单位必须不断改善环境管理体系，承担政策义务，依照自己制定的目标和指标进行环境影响评估，并解决认定的所有环境问题。环境管理体系标准包括 ISO 14001、欧盟环境管理和审核体系（EMAS），以及加拿大标准化协会（CSA）的森林可持续经营体系的标准等等。需要注意的是，进程标准强调的是通过管理体系达到森林经营单位设定的绩效目标。这意味着即使两个森林企业通过了同样的进程标准认证，其绩效水平则可能完全不同。基于这一点，进程标准不允许在产品上使用标识。

进程标准在适用性和持续改进方面具有较突出的优势。第一，进程标准可广泛适用于各部门、各行业。如 ISO 14001 不但可以适用于森林经营企业，还能适用于锯材厂、家具厂等下游加工企业。第二，进程标准提供了机构改进的承诺，即使承诺是在改进过程中，但不影响进程标准的相关工具系统有效地帮助机构跟进其管理，保证持续改进。此外，由于进程标准是通用标准，不是具体的绩效要求，因此各种类型和规模的林业生产经营单位都可以采用进程标准(王虹等，2010)。

总体而言，这两种标准在概念上和适用范围上存在明显的差别，绩效标准适用于一个森林经营单元(即一片森林)及其管理质量，而体系标准适用于一个森林组织(即森林经营公司、林场主等)。但是二者在应用上又有一定的联系，可以组成一套标准。首先，绩效标准体系包括许多管理体系因素，而环境管理体系的 ISO 14001 标准也明确指出森林经营单位必须制定环境业绩要求。其次，这两种标准都包括了持续提高的原则。在绩效认证体系中，可以通过定期调高业绩标准来不断提高森林经营单位的经营水平。而在管理认证体系中，它要求森林经营单位不断改善经营水平并达到各阶段目标。因此，森林认证标准的制定，要综合考虑这两种标准类型的特点和自身要求。

2.2.1.2　标准制定的要求

ISO/IEC 指南 59 提出了标准制定的原则和要求，即标准制定应保证制定过程的程序性、透明性、参与性和公正性，从而保证标准的可信性和应用性。

在森林认证中，可持续性或森林可持续经营是认证标准的总目标，同时也是原则、标准和指标等级体系的目标。ITTO 将森林可持续经营定义为一个经营永久林地以达到一个或多个明确经营目标的过程，在持续不断地生产林产品和服务的同时，保持其固有价值和未来生产力，且不会对社会环境造成实质性的影响。因此，必须围绕着森林可持续经营这个总目标制定森林认证标准。

但是在具体制定方面，会遇到一些麻烦。就进程标准而言，要求很清楚，国际上也有不少范例可资参考。就绩效标准而言，这种要求就不太清楚了，没有一套全球皆准的良好森林经营的标准要求。不过，许多国际进程已确定了负责任森林经营的主要标准和指标，虽然不尽相同，却有一定的一致性。根据这些国际进程的要求，将负责任经营森林的主要指标罗列出来是可能的。概括起来，负责任或可持续森林经营标准要求主要体现在以下四个方面：

法律要求：包括清晰的资源权利、森林作业符合相关法律、对非法行为的控制等；

技术要求：针对森林经营和森林作业的要求，包括制定经营方案、开展森林清查和资源评估、经济投入和产出、更新造林、森林作业和作业计划、森林经营状况和效果的监测、培训和能力建设、森林保护措施及其监测、化学药品的控制、天然林保护等；

环境要求：包括环境保护、环境影响评估及垃圾的处理；

社会要求：包括工人权利、工人的健康和安全、社会影响评估、利益相关者咨询、争端处理机制、尊重第三方使用森林的权利及支持当地社区和居民的发展等。

2.2.1.3　标准制定的程序

标准的制定过程相对较为复杂，许多森林认证标准制定都需要几年时间才能完成，一般程序如图 2-2 所示。

(1)成立标准制定委员会

标准制定委员会应尽可能地吸纳相关利益方代表及相关领域的专家。成立之后，重要的任务是设立明确的目标、确定基本工作原则以及明确决策规则。

设立明确的目标 通过定义共同目标，并对目标达成共识，可以让标准制定委员会判断所制定的标准是否与目标一致。目标应反映标准制定的总指导原则，也反映出委员会成员的主要利益。

确定基本工作原则 由于标准制定委员会成员来自不同领域和不同利益相关方，确定基本的工作原则有助于界定成员及其参与者(协调员、主办方等)的职责和角色，保证相关会议和讨论的开展、相关工作的交流和建立冲突解决机制。总体而言，基本工作原则包括：委员会目标声明、委员会与其他参与者的关系、委员会成员的资格条件、成员的职责、委员会会议的组织、讨论和协商的机制、争议解决和决策原则、与媒体和公众的交流、资金来源及其使用等方面。

明确决策程序 标准制定过程的目标是得到国家的支持或认可机构的认可，因此，必须遵从特定的决策程序。从程序上讲，标准制定委员会应在做出决定时尽可能寻求共识。但如果某些时候不能达成共识，还需要建立几个替代方案做出决定，如投票表决、独立第三方评议等。

(2) 制定标准

独立协调员、联合实地调查和达成一致是标准制定中最重要的程序(朱春全等，2005)。

使用独立协调员 一个熟练的协调员能极大增加对标准制定的共识。一般情况下，聘请标准制定过程的评估员担任独立协调员，有时也由标准制定委员会成员在多个候选人之间确定一位协调员。协调员将在鼓励利益相关方有效参与过程和发挥作用、会议的工作计划和日程制定、后勤保障、帮助成员和标准制定小组、解决冲突和问题方面发挥重要作用。

联合实地调查 这是帮助利益相关方对技术问题及其对政策的影响达成一致的过程，有利于解决技术方法、数据、研究成果等方面的争议。联合实地调查通常是为了解决各方对某一问题不能达成共识而提出的解决方法。在联合实地调查过程中，利益相关方应定义需要回答的技术问题并确定和挑选合适的人员协助标准制定小组，与这些人员提出需要调查的问题、制定技术研究范围、监督或参与研究过程、对结果进行评估或解释。

达成一致 原则上，参与森林认证标准制定的利益相关者能够从标准的建立得到益处。同时，每个利益相关者的一些利益会受到标准制定的威胁。因此，在制定标准过程中，利益相关方之间会存在利益冲突。要想最终通过标准，应采取互利的方法使利益相关者实现共同利益机会的最大化，并促进不同利益相关方的合作和创造力。通常经过充分的准备，采用会谈的方式使各利益相关者把注意力集中在立场上，为达到一致创造条件，以最终达成共同利益公平分配的协议。

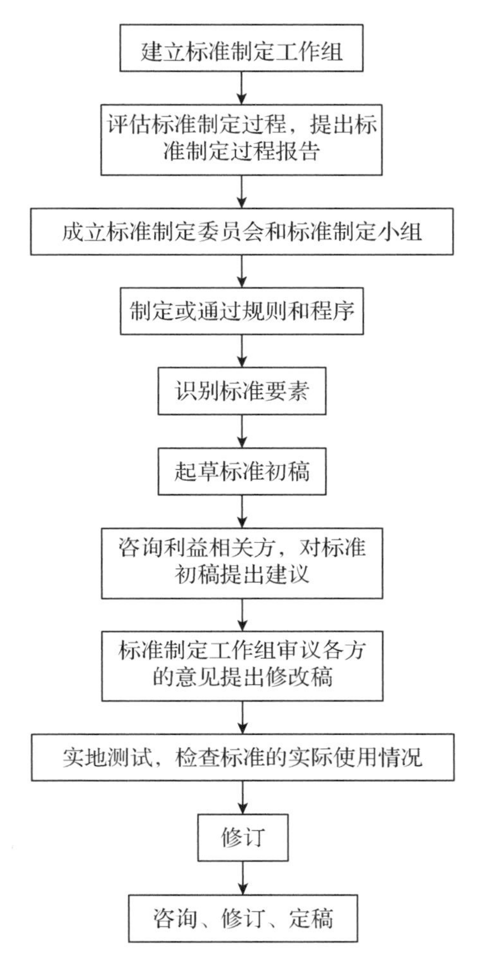

图 2-2　森林认证标准制定的过程

2.2.2　认证

使用同一认证标准，不同的认证机构审核同一过程、产品或服务应得出相同或类似的结论。为了做到这一点，认证机构应以类似方式工作，也就是具有类似的审核方式和过程。

2.2.2.1　认证机构与审核员

认证机构，有时也称为注册机构，多为商业公司。不过，也有一些认证机构是非营利组织，如研究机构或非政府组织。不同认证机构的业务范围也不同。有的认证机构开展几个甚至数十个领域的认证，而有的认证机构只针对某特定领域从事认证。

森林认证由独立的认证机构进行审核。认证机构组织审核员和当地专家组成审核组，依据森林认证标准进行评估，并在审核过程中征求有关利益方的意见。在认证时，认证机构必须考虑保持其独立性，即认证机构与受审核机构之间是完全独立的，不得有商业、经济、金融等方面的联系。只有这样，才能最大限度地确保真实有效的第三方审核。

对某一标准进行审核或认证时，可采用三种途径：①第一方审核，由组织自行开展，通常称为内部审核；②第二方审核，由与被审核组织有某种联系的其他组织开展，如公司对其供应商的审核；③第三方审核，由与被审核组织无任何联系的组织开展。一般而言，第一方审核和第二方审核对公司内部管理和公司之间的交流非常有用，但很明显，这两种审核方式不具有独立性。而认证机构开展的第三方审核是最可信的审核方式。

认证机构的人员必须满足既定的标准和要求，认证机构人员必须具备相关资质、经过培训；审核员和技术专家应符合最低标准和要求；应根据能力、培训、资质和经验来选择审核员和技术专家，并制定相关程序；确保审核小组具有相关的适当的技能。

认证机构的质量和独立性对整个认证过程的技术成功和可信性至关重要，因此，认证体系需要通过认可程序完成对认证机构的认证。

2.2.2.2 认证程序

不同认证体系的认证程序并不完全相同，但一般包括以下步骤：申请；预审核；主审；同行评审；认证决定并颁发证书；年审。如果通过认证，就可颁发认证证书，证书有效期一般为5年，每年进行一次年审或在必要时开展监督审核。

(1)申请

在确定本单位需要开展森林认证和了解认证程序之后，森林经营单位或生产加工企业向认证机构提交认证申请书，正式提出认证申请。在森林经营认证的申请中，申请认证的森林经营单位需要填写一份由认证机构设计的表格，包括森林经营的性质、规模、申请认证林地的地点、面积、分布情况、蓄积量、每年的采伐量等。双方经过商务谈判后，签署认证合同，合同的主要内容包括认证的日期、审核费用以及完成报告的日期等。

(2)预审核

此程序是可选的，主要在森林经营认证中开展，预审核的目的是认证机构初步了解申请认证的森林经营单位的情况，确定森林认证是否可行。预审不作出审核结论，但应撰写差距分析报告。预审通常以森林经营作业的现场审核为主，也可结合森林经营单位的文件审核和利益方访谈。

(3)主审核

主审是对森林经营活动作出的正式和全面的评估，以判定受审核方的森林经营活动与审核准则的符合性。主审是确定经营状况是否符合标准的主要时机，通常由审核小组实施。主审的内容应包括受审核方的整个森林经营体系及其实施情况，覆盖所有的森林经营活动和森林经营类型。审核组按照标准对森林经营绩效进行全面地评估和审核，审核采用抽样方法进行。其程序与预审基本相同，包括文件审核、野外考察及利益方访谈三种形式，只不过审核的内容比预审更为具体。根据审核发现，审核组根据满足标准的程度，撰写审核报告，提出严重不符合项或轻微不符合项。

(4)同行评审

为了确保审核报告的可靠性，审核报告还需交给2～3名独立专家进行审阅。在产销监管链认证中，一般不需要开展同行评审。这些专家必须具有丰富的林业知识，同时具有森林认证方面的技术专长。同行评审的主要作用是证明某一个认证活动审核方法的技术可靠性，检查审核小组做出的审核结论。

(5)认证决定与认证证书的颁发

认证机构的认证决议委员会在受审核方和同行专家均提交了反馈意见后，将对受审核方是否通过认证做出最终决定。决议委员会批准后，认证机构即可为受审核方颁发认证证书。认证证书的有效期一般为5年。证书颁发后，受审核方需继续保持和提高森林经营水平。

认证证书为认证机构所有，未经认证机构许可，任何单位或个人不得复印或重制。通过认证的森林经营单位，其森林经营活动或经营范围的变更，都应报告认证机构，由认证机构决定是否对其另行审核。

(6) 监督审核

为了确保被认证的森林经营单位的森林经营状况持续符合认证标准，认证机构要对其经营活动开展定期监督审核，一般每年一次。监督审核主要检查森林经营单位的经营活动是否仍然符合认证要求；是否按照审核报告，对在审核或预审核过程中发现的所有问题采取了有效的改进措施，并随机对其森林经营活动进行抽样检查。其它利益方可以随时向认证机构提出森林经营中存在的问题。

当证书到期之后，认证申请方可根据自己的实际需要，按照相关规定向认证机构申请再认证审核。再认证的程序与初次认证的程序相同，可不进行预审核。

2.2.2.3　审核原则

为确保审核的有效性和效率，应确定审核原则并在审核中予以坚持，总体而言，应坚持审核的客观性、独立性和系统性三个重要原则(徐斌等，2013)。

客观性：森林认证审核应以客观证据为依据，没有客观证据、客观证据不足或未经验证时，不能作为判断不符合的证据。审核结果要综合反映森林经营单位的实际情况。审核员应全面掌握受审核信息，通过文件审核、现地审核和访谈，详细记录审核证据，审核过程具有可重复性，保证审核发现真实可靠。

独立性：审核员在审核过程中应保持独立自主，排除审核委托方或受审核方的影响，不受商业、金融以及其他影响认证过程的方面的影响，保证审核过程的公开、公平、公正。

系统性：应掌握各项指标涉及的基本专业知识，依据审核标准确定审核范围、要点和抽样方案，寻找客观证据并做出审核结论，超出或减少审核标准范围的要求不应作为森林经营认证审核的依据。

2.2.2.4　审核(符合性评估)

(1) 审核组

为了开展审核，认证机构在接到认证申请并做出提供认证服务的决定时，应同时确定审核组。审核组的主要任务是收集和分析信息，以确定受审核组织的经营行为与标准的一致性。为此，审核组应具备相关条件，包括熟悉适用法律条款、认证程序和认证标准，全面了解审核方法，对认证的具体领域有一定的技术知识，沟通能力强，保持独立性等。

为了有效开展审核活动，审核组至少需要两类人员：①审核员：审核组必须包括一名了解审核程序和认证标准的审核员。一般来讲，森林经营认证审核组包括 3 名或 3 名以上的审核员，包括 1 名审核组长。小组成员必须保证由具有法律、技术、社会和环境方面知识和能力的人员组成。产销监管链认证审核组通常只由 1 名审核员组成，但应保证其具备审核企业经营和产销监管链的专业能力。②技术专家：审核小组必须包括一名有足够专业知识的行业专家，以对标准进行解释和判断，并评估是否满足标准的要求。

审核组的人员选择应确保审核组有能力充分开展以下活动：

标准的解读：针对被审核单位的不同经营状况，对标准进行解读。

收集客观证据：审核组有足够的专业能力判断何为客观证据，如何收集客观证据、客观证据的丰富程度、何类客观证据才能有助于做出认证决定等。

确定不符合情况，并判明其程度：审核组有能力在审核过程找出并确定哪些方面与标准存在着不一致性，并判定哪些严重不符合，哪些轻微不符合。

（2）*审核方法*

审核结果必须有清楚的、严格的和客观的证据来支持。一般而言，审核组可采用文件审核、现地审核和利益相关方访谈三种方式来获得客观证据（徐斌等，2013）。

文件审核　为了确定与认证标准要求的符合程度，审核时应对被认证单位的环境与社会情况、森林经营方案、操作程序等文件进行评估，核实与森林经营单位的管理体系有关的文件资料。

文件审核包括进入受审核方前与进入后，对受审核方提交的文件和记录的审查，也包括来自外部的文件或记录，如政府部门的违法记录、缴税证明、科研单位或非政府组织的研究报告等。

文件审核过程中，应对照审核标准对受审核方的森林经营管理体系、规章制度、作业规程与生产经营活动的记录等进行核查。

现地审核　现地审核是根据森林认证标准，对森林经营单位的经营活动进行审核，其中包括对正在进行的现场作业活动、永久性样地和主要保护地块等的审核。

现地审核的具体方法为现地直接观察。现地观察包括核查相关体系或程序是否在实践中得以实施且查看实施的效果。

在森林经营认证中，现场审核的地点应根据森林经营活动、森林生态系统类型及标准的要求等因素抽样确定，不能由受审核方指定。

利益方访谈　利益者方访谈是为了了解受审核方开展的森林经营符合认证标准的程度以及森林经营活动产生的影响。审核员与直接受到森林经营单位活动影响的利益相关方进行交谈了解有关情况。利益方包括：林业及相关行政主管部门、执法机构；森林经营单位内部的管理人员和员工；受森林经营活动直接影响的当地村民；

林业行业组织或协会；社会或环境保护组织；有关的生产作业承包方等。

在审核前，应建立利益方名录，采用电话、问卷、座谈、访问等形式访谈，并进行记录整理。

针对标准的不同指标，通常采取上述二种或三种形式相结合的方式进行审核，即多方验证。在森林认证审查中，现地审核是最关键的，可看作是同等条件中首要的条件。但是，森林认证强调现地审查的重要性，并不意味着将削弱对文件审核与利益方访谈的要求。

(3) 审核证据和审核发现

审核证据是与审核准则有关的并且能够证实的记录、事实陈述或其他信息。在审核期间，审核小组必须根据标准的要求，寻找满足要求的证据。这些证据可能来自所审核的文件、现地审核、利益相关方访谈或媒体等外部组织，并将收集到的审核证据对照审核准则进行评价。评价结果即是审核发现(徐斌等，2013)。

如果发现森林经营单位或生产加工企业有不符合标准要求的证据，就将其作为不符合项。当发现一个不符合，就会要求受审核方在规定时间内整改，整改措施由受审核方制定实施，由认证机构审核整改措施的有效性。

不符合又分为严重不符合和轻微不符合。严重不符合指森林经营单位完全不符合标准要求，或在实施经营方案或管理体系时出现系统性问题。如果出现严重不符合，必须在通过认证之前予以解决，否则不能通过认证。轻微不符合指森林经营单位部分不符合标准要求，或实施经营方案和管理体系时偶尔出现的非系统性问题。如果出现轻微不符合，认证可以继续进行但必须在规定时间内整改。如果未能在规定时间内整改，轻微不符合将升级为严重不符合。

(4) 审核结论

审核结论是审核小组考虑了审核目的和所有审核发现后得出的审核结果。审核结论是在审核发现的基础上做出的，是对于森林经营绩效水平做出的结论性意见。审核结论应根据审核发现进行综合评价，做出准确的符合客观实际的审核结论。

审核结论应确定受审核方在审核范围中是否符合审核准则的要求，且受审核方的管理体系是否符合认证的条件要求，并在结论中指出不符合情况。

考虑到审核过程的不确定性，审核结论应得到审核小组的一致同意。通常的作法是，审核组长做出审核结论，并寻求审核小组其他成员的同意。同时，审核组长应向受审核方通告审核结论，并编写审核报告。审核报告在提交给认证机构做出认证决定之前，应通过同行专家评议，并得到受审核方的确认。

(5) 认证决定

认证机构对审核报告和审核资料做出评审，根据评审结果做出认证决定。森林经营认证和产销监管链认证的认证决定具有相似性，但也有一定的不同。在森林经营认证中，当受审核方解决了所有的严重或轻微不符合，认证机构将做出认证决定。认证决定通常是由独立于审核小组的认证小组来做出。产销监管链认证如果确定不存在严重不符合，就可以做出认证决定并颁发证书。产销监管链认证证书应说明产品组或生产线等认证范围。

森林经营认证和产销监管链认证的有效性通常为 5 年，且定期开展监督审核。但如果认证机构在年度审核中发现森林经营单位或企业在获证之后没有达到标准要求，根据严重程度，认证机构可做出暂停、撤销、注销证书等决定。

2.2.3 认可

认可是确保认证机构有足够能力符合体系的所有要求，其审核和决定有效合理，与其他使用同一认证标准的认证机构所得到的结果一致这样一个过程。ISO 关于认可的定义为："权威机构正式承认某组织或个人有能力完成某些任务的过程。"从本质上讲，认可就是对认证机构的认证。

认可包括认可机构、认可程度和认可要求这三个要素。认可是可信认证的必要组成部分。通过认可，可以避免认证无序发展、认证结果可信度差这种局面，提高认证证书的价值，并大大增强政府、监管者、公众、用户和消费者对认证机构及其认证的产品、过程、体系、人员的信任。

2.2.3.1 认可机构

认可机构是根据内部管理程序和标准对认证机构进行认可的机构。认可机构在认可时，需要满足两类要求。这些要求对于确保认可结果的一致性、可靠性和可信性是至关重要的(王虹等，2005)。

第一类要求包括对认可机构组织的要求和认可机构工作人员的要求。根据 ISO 要求，认可机构政策和程序必须是非歧视性的，向所有申请者提供认可服务，不得以申请者的规模大小和已认可机构的数量为由拒绝认可认证机构；认可机构运作应公平公正；为了保证公平公证，应制定实施组织管理体系、评价标准等程序文件，广泛吸纳利益相关方的参与，并且基于评价结果做出认可决议；同时，认可机构应避免利益冲突，在认可过程中应避免受到商业、金融及其他影响到认可过程的因素干扰，保持认可过程的机密性、客观性和公正性。认可机构工作人员也应满足基本要求，包括对认可程序有充分的了解，确保对认证机构评价的可靠性和一致性；应具备较全面的认可专业技能和知识，以做出可信赖的评价结论；个人能力满足最低要求，能根据标准进行认可。

第二类要求即是程序性要求。最主要的包括认可评价方法和认可的有效范围。认可评价方法是认可评价小组收集客观证据，并与标准要求相对比所采用的方式。同时，认可机构还可邀请第三方对提出认可申请的认证机构进行评价，并在认可过程中使用利益相关者咨询的方法，增进认可机构对申请方的了解，以更好地开展客观评价。认可工作通常由国家认可机构完成，仅局限于国家内部范围。随着全球贸易的增长，认可机构可采取不同形式增加认可的有效范围，包括认可机构互认认可结果、经国家支持和同意的认可机构国际化、建立国际化的认可机构等。

2.2.3.2 认可程序

认可与认证类似，都是根据已制定的标准进行审核和做出决定的一个过程。认可程序与认证程序类似，包括申请和协议签订、评价、报告撰写、处理和关闭不符合项、认可决议和监督这六个过程。

申请和签订认可协议 由认证机构向认可机构提出申请。认证机构和认可机构需要签订一个协议，指明认可申请的范围和认证机构应具备的条件。

评价　认可机构派出评价小组，收集客观证据，对认证机构的组织结构、认证体系要求、认证审核流程和认证决议过程进行评价，以证明是否达到认可要求。评价小组最后与提出申请的认证机构举行封闭式会议，通告评价结果。

报告撰写　认可机构的评价小组撰写评价报告，在报告中提出所有了解到的不符合项，并提出改正要求。报告应提交一份给提出申请的认证机构予以确认。

处理不符合项　要求提出申请的认证机构在认可批准前完成整改。如果认证机构的不符合项较少，并在规定时间内完成改正要求，就可以通过认可。

认可决议　在报告和整改结果的基础上做出认可决议。

监督　认可之后，认可机构继续监督认证机构，以确保认可之前提出的改正要求已满足，以及认证机构的认证活动始终与认可要求相符合。

2.2.3.3　认可要求

认可要求指对认证机构的要求。认可机构的主要任务是认可确定认证机构的组织结构和认证过程，为此，认证机构想要获得认可，必须具备以下两个必要条件：

(1) 认证机构的组织结构

认证机构应针对森林认证，建立适当的组织结构，保证森林认证的开展。为此，应满足组织、质量体系、认证条件和人员能力的要求。

组织要求　组织要求又分为总体要求和具体要求。总体要求包括：对认证申请者不得有歧视性要求，不得妨碍或阻止申请方申请认证的权利，不得对申请方提出不适当的财务或其他要求。具体要求包括：认证审核和认证决定相分离，认证活动应保证公正性、公平性、保密性和客观性，不得向受审核方提供咨询服务或提供解决问题的建议。

质量体系要求　这要求认证机构应针对工作的范围、类型和数量等建立和运行有效的质量体系。质量体系必须包括认证机构人员的录用、选择和培训程序及记录监督其工作业绩；处理不符合项，并确保纠正和预防措施的有效性；开展认证活动的程序，包括准予、保持、暂停、撤销和注销证书的条件；监督审核和再认证程序；处理投诉和争端的程序。

认证条件　认证条件包括明确制定实施准予、维持和延长认证所需要的条件，以及暂停、撤销和注销认证的条件。认证根据标准要求开展并公开认证审核、监督审核和再认定审核的程序，提出不符合项并验证整改措施的有效性，并做出并保存相关记录。

审核员能力要求　审核员必须具备相关专业能力，并经过认证机构的培训，取得认证的资质，并通过审核见习，积累认证审核经验。审核员的选择应基于审核对象、审核范围、审核员能力和经验等相关因素。

(2)采用的认证过程

认证过程是审核人员收集客观证据并验证是否符合标准的过程。为此，认证机构在认证过程中必须满足以下要求：

收集客观证据　开展认证活动的审核小组以证据收集为主要工作，证据必须明确、清晰且客观，以确定标准的各个指标是否得到满足。客观证据主要通过文件审核、现地审核和利益方访谈这三种审核方式收集而来。

抽样　审核小组应采用抽样的方法来收集客观证据。在抽样过程中，要遵循三个原则：随机抽样，以确定样本选取的非偏见性；根据整体的大小，确定样本的大小，保证抽样结果的准确性；运用分层抽取和定向抽样方法，以保证样本的合理性和代表性。

证据评估　在认证过程各个阶段，对收集到的客观证据进行审核。通常，分三步开展证据审核工作：①通过文件审核和员工访谈，评估被审核方的经营活动；②通过现地审核和文件记录审核，收集客观证据核实是否在实际生产活动中执行了相关程序或规程；③根据收集到的证据，证明当前各类经营活动水平已达到标准的要求。

标准解读　在审核时，森林经营单位的经营活动与标准不尽一致，需要对标准进行解读。标准解读取决于所面临问题的复杂性、审核小组成员的知识和专业技术能力、获取外部技术支持的程度和利益相关方咨询反馈的信息。通常情况下，问题越复杂，审核人员的专业技术和观点就越重要。

不符合项纠正　在审核过程中，审核组总能找出与标准的一个或几个或严重或轻微的不符合项。处理这些不符合项的通常方法是要求组织进行整改。在实际处理中，要求受审核方在获得证书之前整改严重不符合项。仅有轻微不符合项，可以同意受审核方有条件通过，但要规定整改时间。

2.3　认证林产品的追踪与声明

总体而言，森林认证的驱动力来自对可持续或良好经营森林的林产品的市场需求。因此，建立一种将产品和来源地森林相联系的机制是非常必要的。这就需要建立一种机制对产品进行追踪，并对供应链进行管理。如果一个木材加工企业的林产品通过了某个认证体系的产销监管链认证，该产品就可以使用这个认证体系特有的标识，表明该产品的木材原料源自可持续经营森林，从而增加企业和产品在消费者心目中的地位和认可度。林产品产销监管链认证是对林产品进行追踪的重要手段。

2.3.1　产销监管链

产销监管链(chain of custody，COC)就是一条用以保证样本、数据和记录安全的连续责任链。从本质上讲，产销监管链就是货物监控，在来源地森林、加工、运输、制造和流通阶段，对已认证和未认证的林产品进行清晰的分离。它要求产品的产销过程具有透明度以便于检查。

林产品生产、加工、贸易企业应建立一套产销监管链体系，以对供应链上每个企业的认证原料进行控制，在采购、接收、加工生产和贸易各阶段对认证原料进行分离和控制。

建立产销监管链体系，应满足三个基本要求：

产品识别　即提供确切证据证明产品原料是来自经认证的森林，并有清楚的标记。

产品区分　采取措施确保认证原料及其产品与其他原料及其产品明确区分开来。

记录　保存购买、库存、生产、运输和销售记录至少5年，以便核查。

事实上，产销监管链由许多环节组成，环节的数量要根据原料来源的范围、生产制造工艺的复杂程度和产品最终流向的市场来决定。

2.3.2　产销监管链认证

产销监管链认证指通过对木材加工、贸易企业的各个生产环节，包括从原木的运输、加工至流通整个链条进行跟踪和鉴定，以确定木材原料的原产地。它与森林经营认证形成一个互为补充的整体。森林经营认证的作用是向消费者说明生产木材的森林是否实现了可持续经营，而木材生产者和林产品消费者之间的实际距离是非常遥远的，木材从森林到销售的最终目的地要经过许多环节。消费者希望确保他们购买的林产品真正源自可持续经营的森林，而产销监管链认证的目的就是向消费者提供这种保证。为此，产销监管链认证要求林产品的生产和销售过程具有透明度，通过查询林产品整个生产的流通过程的记录，人们就可以了解原材料的来源。产销监管链认证的林产品使用特有的认证标签，向消费者和木材购买商证明了他们购买的林产品其木材原料来自可持续经营的森林。

与森林经营认证相似的是，开展产销监管链认证也需要履行一定的程序，其主要步骤包括：准备、申请、实地认证审核、发现和整改不符合项、认证决定和监督审核、声明。与森林经营认证方法一样，产销监管链审核员也采用文件核查、现场核查和员工访谈这三种方法开展认证活动。在认证过程中，审核员的主要任务是对从森林中采伐的原木到林产品到达消费者手中的整个加工、流通环节进行记录检查，完整有效的记录是产销监管链认证获得通过的关键因素。

2.3.3　声明

企业通过森林认证的主要目的是向消费者做出其产品来自可持续经营或良好经营森林的声明，以赢得消费者的认可和支持，从而保持或扩大其产品的市场份额。

森林认证体系的有效性、长期性和可信性至关重要，将确保任何关于森林认证或其产品认证声明的准确性。不准确的声明将破坏认证体系和认证标志的可信度和市场接受度，导致消费者对认证产品的摒弃。

森林认证体系为了保证其声明的准确性和可信度，要建立声明管理规则，对声明进行管理。无论声明的动机是什么，都需要遵守ISO制定的环境标识和声明的原则（表2-2）。

3　森林认证体系的发展

森林认证作为促进森林可持续经营的一种市场机制，经过近30年的发展，已被越来越多的国家所接受。与此同时，对森林认证体系的研究也日益成为林业领域的热点之一。目前，世界上共有30多个森林认证体系在运作，其中森林管理委员会（Forest Stewardship Council，简称FSC）体系、“森林认证认可计划”（Programme for

表 2-2　ISO 环境标识和声明：通用原则

原则 1 环境标识与声明须准确、可证实、相关、不会产生误导。 原则 2 环境标识和声明程序和要求的准备、采用或应用不得出于制造不必要的国际贸易障碍的目的，也不得有类似的效果。 原则 3 环境标识和声明必须以科学方法论为基础，科学方法论能够彻底、全面地支持声明，产生准确和可重复的结果。 原则 4 涉及程序、方法和任何使用的支持环境标识和宣言的信息，须根据要求向所有感兴趣的群体提供。 原则 5 环境标识和声明须考虑产品生命周期相关的所有方面。 原则 6 环境标识和声明不得限制能维持或将有效改善环境状况的创新。 原则 7 任何涉及环境标识和声明的管理要求或信息需要应限于与遵从标识和声明的实用标准有关的必要范围内。 原则 8 制定环境标识和声明的过程应包括一个开放的、与感兴趣的团体共同分享的协商过程。通过合理的努力在整个过程取得一致。 原则 9 产品环境方面的信息，以及与环境标识与声明有关的服务须向购买者和制定环境标识或声明的潜在购买者提供。

注：来源于 ISO 14020：2000 环境标志和声明——通用原则。

the Endorsement of Forest Certification，简称 PEFC)体系，是两个具有重要影响力的国际森林认证体系。

3.1　森林管理委员会(FSC)体系

FSC 是一个独立的、非营利性的非政府组织，其使命是通过制定公认的森林认证原则和标准，促进世界范围内对环境负责、对社会有利和经济上可行的森林经营。FSC 由来自 50 多个国家的环境保护组织、木材贸易协会、政府部门、社区组织、社会团体和认证机构的代表组成，其国际中心原设在墨西哥的瓦哈卡市，2003 年 2 月迁至德国波恩。FSC 是目前较为成熟和完善的森林认证体系。

FSC 体系的建立始于一些木材消费者、经销商和环境及人权组织的讨论。他们探讨如何才能结合共同的利益，加大森林保护力度，减少毁林现象。他们认为有必要建立一个公正、可信的森林认证体系，来识别经营良好的森林，作为可信林产品的来源。1993 年 9 月，FSC 成立大会在加拿大多伦多召开，全球 130 多位代表参加了此次会议，其中包括环境保护组织、销售商、原住居民组织以及工商界的代表。

3.1.1　组织机构

FSC 建立了一个全球网络，包括 FSC 国际中心、地区办公室和国家倡议。其组织机构如图 2-3 所示。

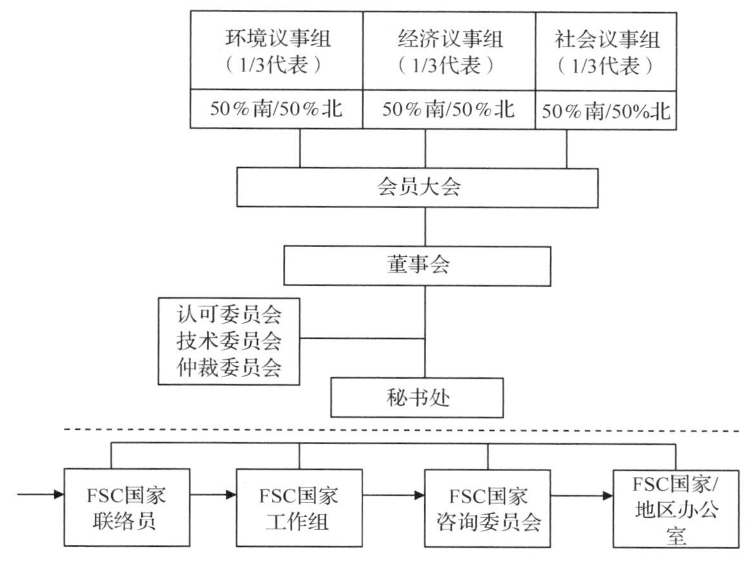

图 2-3　FSC 组织机构

3.1.1.1　FSC 国际中心

FSC 国际中心是 FSC 全球网络组织架构的基础，负责制定 FSC 的全球战略，协调地区办公室的活动，保证全球行动的一致性。

FSC 会员大会的组成兼顾社会、经济和环境各方面的利益以及南方（发展中国家）国家和北方（发达国家）国家的平衡。所有会员分为 3 个议事组：经济议事组（占 1/3）、环境议事组（占 1/3）和社会议事组（占 1/3）。其中每组又分为南方和北方，其代表各占 50%。其中环境、社会组的成员包括一些重要的国际、国家非政府组织，如地球之友、绿色和平组织、世界自然基金会等。经济组的主要成员包括一些世界著名零售商，如英国的百安居（B&Q）、Sainsbury Homebase，美国的 Home Depot、瑞典的宜家集团（IKEA），以及著名的生产商如瑞典的 AssiDoman 和 Korsnas 等。

FSC 会员大会是最高决策机构，每 3 年举行 1 次。大会主要活动包括确定会员名单、审议发展进程，审定机构章程、制度和政策，并通过成员投票方式加以修订。

董事会由会员大会选举产生，由 9 名董事组成，任期 3 年。9 名董事分别代表 3 个议事组，兼顾南、北方国家的平衡。

秘书处负责日常管理，由执行主任领导。执行主任既是董事会秘书、首席执行官，又是秘书处秘书长。

3.1.1.2　国家倡议

FSC 国家倡议（National Initiative）是 FSC 将其权利或活动下放到国家或地区的一种途径，它构成了 FSC 全球网络的基础。按不同发展阶段它可分为 FSC 联络员、

FSC 工作组、FSC 咨询委员会和 FSC 国家/地区办公室 4 种形式。这 4 个阶段是逐步发展的，每个阶段所承担的义务、职责和活动也越来越重要，FSC 对其批准的要求也更为严格。

FSC 国家倡议的任务是：

- 在当地宣传 FSC 及其目标；
- 使 FSC 更易接受和符合当地的情况；
- 鼓励当地利益方的进一步参与；
- 制定和测试 FSC 地区标准；
- 与 FSC 国际会员有效合作；
- 促进认证活动的成功开展与监督。

目前 FSC 国家倡议所开展的活动包括：提供和反馈该国的信息、参与当地政策的制定、开展教育活动、保护 FSC 的名称和商标、会员管理、开展咨询与合作以及处理争议等。

FSC 在全球发展了 50 多个国家倡议，其中有 5 个在亚马孙（玻利维亚、巴西、哥伦比亚、厄瓜多尔和秘鲁），有 4 个在刚果盆地（喀麦隆、刚果民主共和国、加蓬和刚果共和国），还有 1 个在中国。

3.1.1.3　地区办公室

FSC 地区办公室是适应 FSC 全球新的发展形势而建立起来的。它是国家倡议的服务中心，为其提供培训和指导计划，也为尚未发展国家倡议的国家发展 FSC 提供支持。目前，FSC 在非洲、亚洲、欧洲和拉丁美洲建立了 4 个地区办公室。由于加拿大、中国、俄罗斯和美国的地理范围很大，FSC 也考虑将来在这些国家建立“地区”办公室。

3.1.2　体系运作

FSC 并不直接认证森林，它是标准制定机构和认可机构，FSC 通过由其认可的认证机构来认证森林。FSC 认证包括两个方面：森林经营认证和产销监管链认证。FSC 的森林认证以绩效标准为基础。经过森林经营认证（FM）和产销监管链认证后（COC），林产品就可以贴上 FSC 标志。环境敏感市场需要此标志来证明林产品来自经营良好的森林，这是 FSC 认证发展的动力。在某种程度上，世界自然基金会与世界银行联盟（WWF/WB）倡导成立的“全球森林与贸易网络（GFTN）”促进了市场对 FSC 认证产品的需求，该网络成员承诺开展负责任的森林管理与木材采购。

FSC 的资金来源于认可费、会费，以及政府、环境组织和个人的捐赠。

3.1.3　标准

1994 年，FSC 制定了森林认证标准《FSC 原则与标准》（共 10 条原则和 56 个标准），1996 年、1999 年、2001 年和 2009 年进行了四次修订。

目前，FSC 仍在使用 2001 版的森林认证标准。2009 版的新标准做了较大修订，已经由会员大会正式批准。在 FSC 为新标准制定完成国际通用指标（IGI）后，预计新标准将于 2015 年正式投入使用。这些原则和标准为认证森林经营提供了总体框架或一般性标准，适用于全球热带、温带和寒带等各种类型的森林。

《FSC 原则与标准》由来自不同国家的代表参与制定，并在一些国家进行了广泛咨询。

为了保证全球不同地区 FSC 标准的一致性和完整性，任何 FSC 地区标准都须经过 FSC 董事会的批准。这要求地区标准符合 FSC 标准制定的所有要求，包括标准的内容和制定过程，以保证 FSC 认证的可信性。一旦通过了 FSC 批准，在该标准适用的地理区域或范围内，任何认证机构都须应用此标准开展 FSC 认证评估。

截至 2015 年 3 月，FSC 已经批准的地区标准包括 32 个国家的 47 个标准(表 2-3)：

表 2-3　FSC 批准的地区标准

国家或地区	标准
玻利维亚	FSC – STD – BOL – 04 – 2000 玻利维亚低地森林
	FSC – STD – BOL – 08 – 2002 巴西坚果
巴西	FSC – STD – BRA – 01 – 2014 巴西人工林
	FSC – STD – BRA – 01 – 2001 巴西天然林
	FSC – STD – BRA – 03 – 2013 巴西小规模低强度经营森林
喀麦隆	FSC – STD – CAM – 01 – 2012 喀麦隆天然林和人工林
	FSC – STD – CAM – 01 – 2010 喀麦隆社区小规模低强度经营森林
加拿大	FSC – STD – CAN – 03 – 2000 加拿大海岸林区
	FSC – STD – CAN – 17 – 2005 加拿大不列颠哥伦比亚地区
	FSC – STD – CAN – 03 – 2004 加拿大温带林区
	FSC – STD – CAN – 01 – 2008 加拿大海岸小规模低强度经营森林
中非共和国	FSC – STD – CB – 01 – 2012　刚果盆地区域标准
智利	FSC – STD – CHL – 01 – 2005 智利天然林和小规模低强度经营森林
	FSC – STD – CHL – 01 – 2005 智利人工林和小规模低强度经营森林
哥伦比亚	FSC – STD – COL – 01 – 2006 哥伦比亚竹林（SLIMF）
	FSC – STD – COL – 14 – 2003 哥伦比亚天然林
	FSC – STD – COL – 18 – 2003 哥伦比亚人工林
刚果民主共和国	FSC – STD – CB – 01 – 2012 刚果盆地区域标准
刚果共和国	FSC – STD – RoC – 01 – 2012 天然林、人工林和小规模低强度的森林
捷克	FSC – STD – CZE – 10 – 2006 – 04 捷克天然林和人工林
丹麦	FSC – STD – DNK – 01 – 2004 丹麦天然林和人工林
芬兰	FSC – STD – FIN – V1 – 1 – 2010 芬兰天然林

（续）

国家或地区	标准
加蓬	FSC－STD－CB－01－2012 刚果盆地区域标准
德国	FSC－STD－DEU－02.3－2012 德国天然林和人工林
加纳	FSC－STD－GHA－01－2012 加纳天然林和人工林
洪都拉斯	FSC－STD－HND－01－2014 洪都拉斯小规模低强度经营森林
印度尼西亚	FSC－STD－IND－01－01－2013 印度尼西亚天然林和小规模低强度经营森林
爱尔兰	FSC－STD－IRL－01－2012 爱尔兰天然林和人工林
科索沃	FSC－STD－KV－01－2012 科索沃天然林和人工林
卢森堡	FSC－STD－LUX－01－2007 卢森堡天然林和人工林
墨西哥	FSC－STD－MEX－05－2010 墨西哥天然林和人工林
荷兰	FSC－STD－NLD－01－2004 荷兰天然林和人工林
新西兰	FSC－STD－NZL－01－2012 新西兰人工林
尼加拉瓜	FSC－STD－NIC－V01－2014 尼加拉瓜天然林小规模低强度经营森林
巴布亚新几内亚	FSC－STD－PNG－01－2010 巴布亚新几内亚天然林和人工林
秘鲁	FSC－STD－PER－06－2001 秘鲁天然林
	FSC－STD－PER－10－2002 秘鲁巴西坚果（小规模低强度经营森林）
波兰	FSC－STD－POL－01－01－2013 波兰天然林和人工林
葡萄牙	FSC－STD－PRT－01－2012 葡萄牙人工林和天然林
俄罗斯	FSC－STD－RUS－V6－1－2012 俄罗斯天然林和人工林
西班牙	FSC－STD－ESP－02－2012 西班牙天然林和人工林
瑞典	FSC－STD－SWE－02－02－2010 瑞典天然林及人工林和小规模低强度经营森林
英国	FSC－STD－GBR－02－2011 英国森林和林地
美国	FSC－STD－USA－01－2010 美国天然林和人工林

3.1.4 认证方法

FSC 提供了 3 种认证方法：独立认证、联合认证和资源管理者认证。

(1)独立认证(Individual Certification)

林主聘请 FSC 认可的认证机构对其森林和经营状况进行独立的评估，最适合大型林主。

(2)联合认证(Group Certification)

不同的林主将森林联合起来作为一个经营实体寻求认证，并分担认证的费用。它通常由一个地区的小林主组成的林主协会或合作社负责管理，适合于小型林主。

（3）资源经理者认证（Resource Manager Certification）

由不同的林主联合聘请专业的咨询员或资源经理人代表他们经营森林，负责认证过程，并共同分担认证的费用。评估采取抽样的方式进行。

3.1.5　现状

（1）认证机构

截至2015年3月，FSC在全球认可了36家认证机构（表2-4），分别是：

表2-4　FSC认可的认证机构

序号	国家	认证机构	缩写
1	美国	Rainforest Alliance	RA
2	美国	SCS Global Services	SCS
3	美国	SGS Systems & Services Certification, N. America	SGS NA
4	澳大利亚	Global – Mark Pty Ltd	GMP
5	奥地利	Holzforschung Austria – Österreichische Gesellschaft für Holzforschung Formerly HolzCert Austria	HFA
6	奥地利	Quality Austria Trainings –, Zertifizierungs – und Begutachtungs GmbH	QA
7	比利时	CTIB – TCHN Belgian Institute for Wood Technology	CTIB
8	加拿大	KPMG Forest Certification Services Inc.	KF
9	加拿大	Price Waterhouse Coopers LLP	PWC
10	加拿大	SAI Global Certification Services Pty Ltd operated by QMI – SAI Canada Ltd	QMI
11	中国香港	SGS Hong Kong Ltd.	SGS HK
12	捷克	TÜV SÜD Czech s. r. o.	TSUD
13	英国	BM TRADA Certifications Ltd	BMT
14	英国	Soil Association Certification Limited	SA
15	爱沙尼亚	NEPCon OÜ	NC
16	芬兰	Inspecta Sertifiointi Oy	INS
17	法国	Bureau Veritas Certification Holding SAS	BV
18	法国	Technological Institute FCBA	FCBA

（续）

序号	国家	认证机构	缩写
19	德国	GFA Certification GmbH	GFA
20	德国	LGA InterCert GmbH	IC
21	德国	TÜV Nord Cert GmbH	TUEV
22	荷兰	Control Union Certifications B. V.	CU
23	荷兰	Stichting Keuringsbureau Hout	SKH
24	意大利	Certiquality	CQ
25	意大利	CSQA Certificazioni Srl	CSQA
26	意大利	ICILA S. r. l	ICILA
27	意大利	RINA Services S. p. A.	RINA
28	葡萄牙	Associação Portuguesa de Certificação	APCER
29	俄罗斯	Certification Association "Russian Register"	RR
30	俄罗斯	Forest Certification LLC	FC
31	西班牙	Asociación Española de Normalización y Certificación	AEN
32	瑞士	IMO Swiss AG (formerly Institut für Marktökologie	IMO
33	瑞士	SGS Société Générale de Surveillance SA	SGS CH
34	瑞士	Swiss Association for Quality and Management Systems	SQS
35	瑞典	DNV GL Business Assurance Sweden AB	DNV
36	南非	SGS - South Africa (Pty) Ltd	SGS

(2)认证市场

FSC 自建立以来，其认证的森林面积和企业数量迅速增加。截至 2014 年 11 月 17 日，全世界有 79 个国家的 1303 个森林经营单位，约 1.83 亿公顷森林经过了 FSC 认可的认证机构的认证(表 2-5)，还有 112 个国家的 28248 家木材加工、制造、贸易企业通过了 FSC 的产销监管链认证。

3.2 森林认证认可计划(PEFC)体系

森林认证认可计划体系(PEFC)由欧洲私有林场主协会于 1999 年 6 月发起成立，总部设在卢森堡。原名泛欧森林认证体系(Pan European Forest Certification scheme)，2003 年根据在全球开展森林认证工作的需要，将英文名称改为现名，英文缩写和标志不变，从而由一个区域性森林认证体系发展成为全球性森林认证体系。 其主要目标

表 2-5　世界各国通过 FSC 认证的森林面积与森林经营单位数量

国别	认证面积（公顷）	森林经营单位数量（个）	国别	认证面积（公顷）	森林经营单位数量（个）
非洲			欧洲		
喀麦隆	1013374	5	奥地利	575	2
刚果（布）	57100	1	白俄罗斯	4455111	19
加蓬	2053505	3	比利时	23259	2
加纳	1675	1	波黑	1519235	4
莫桑比克	59905	3	保加利亚	685969	17
纳米比亚	206564	4	克罗地亚	2038296	3
南非	1484232	20	捷克	49637	4
斯威士兰	111777	3	丹麦	199557	5
坦桑尼亚	131975	2	爱沙尼亚	1176988	3
乌干达	38872	3	芬兰	461082	5
小计	5672979	45	法国	24191	8
亚洲			德国	964721	59
柬埔寨	12746	1	匈牙利	320957	6
中国	2997706	67	爱尔兰	448120	2
印度	452734	8	意大利	51099	14
印度尼西亚	2002717	29	拉脱维亚	1746940	14
日本	419636	34	立陶宛	1068353	45
韩国	377972	9	卢森堡	20535	3
老挝	104605	3	荷兰	169179	4
马来西亚	519765	8	挪威	360614	6
尼泊尔	17205	1	波兰	6919593	19
斯里兰卡	37516	4	葡萄牙	349535	20
泰国	23612	6	罗马尼亚	2552563	15
土耳其	2346799	8	俄罗斯	37725963	120
越南	133823	11	塞尔维亚	1001587	3
小计	9496830	189	斯洛伐克	146941	7
			斯洛文尼亚	249649	2
拉丁美洲及加勒比海地区			西班牙	198645	28
阿根廷	276368	12	瑞典	12051888	24
伯利兹	150830	2	瑞士	603476	9
玻利维亚	830500	7	乌克兰	2681221	20
巴西	6522546	106	英国	1578845	44
智利	2346291	23	小计	81844151	563
哥伦比亚	132249	7	北美洲		
哥斯达黎加	52943	15	加拿大	55712867	76
厄瓜多尔	54442	5	墨西哥	773047	48
危地马拉	476909	8	美国	14275557	124
洪都拉斯	87755	2	小计	70761471	248
尼加拉瓜	22093	5	大洋洲		
巴拿马	43413	10	澳大利亚	976926	13
巴拉圭	22524	3	斐济	85680	1
秘鲁	678246	12	新西兰	1272567	19
苏里南	113769	2	巴布亚新几内亚	182392	3
乌拉圭	934256	25	所罗门群岛	65028	3
小计	12745115	246	小计	2582594	39
			合计	183103140	1303

注：表中数据统计的截止日期为 2014 年 11 月 17 日

是为各国提供认证体系评估和相互认可的全球框架，进而推动认证体系的相互认可。1999 年，来自 11 个 PEFC 国家管理机构的代表签署了 PEFC 委员会章程，标志着这一体系的正式启动。

PEFC 体系产生的起因是一些欧洲林主协会认为 FSC 不适合中小规模林地的认证，认证费用也过于昂贵，而且认为 FSC 过多地受到非政府组织的控制。FSC 认证针对森林经营单位，PEFC 则不同，它可以对整个地区进行认证，该地区内所有的中小林主都可持有认证证书。因此，它受到林场主协会以及林产工业和贸易协会的欢迎和支持。但是，PEFC 也受到那些倾向于 FSC 的环境组织的反对，并质疑 PEFC 体系的可信度。世界自然基金会(WWF)在 2001 年 4 月的一份报告中指出，“PEFC 没有要求对具有高保护价值的森林进行保护，不反对在森林经营中使用杀虫剂和转基因的品种。它没有一个综合机制解决社会冲突或认可原住居民的权利，甚至没有统一要求或证实认证森林的经营符合法律。它也不能满足世界贸易组织有关贸易技术壁垒协定中的几项基本要求。”

3.2.1　组织机构

3.2.1.1　国际层次

PEFC 委员会(PEFCC)是 PEFC 的管理机构，它在国际层次上协调 PEFC 的发展和运作，并与独立的国家管理机构紧密合作。其使命是：

- 通过实施 PEFC 认证，促进森林可持续经营；
- 是 PEFC 的管理机构；
- 协调 PEFC 的运作，将该体系发展成为一个有信誉的森林认证体系；
- 按照 PEFC 的要求，评估各参与认证体系的一致性；
- 在国际上作为 PEFC 的正式代表开展工作。

PEFC 委员会的组织结构如图 2-4 所示。

(1)国家管理机构与会员大会

《PEFC 委员会章程》规定，“在某国为启动和指导 PEFC 运作而成立的国家管理机构，可以申请成为 PEFC 委员会的会员。由全国性的林主组织或主要林主的全国性林业行业组织，负责召集各利益方的代表组织成立‘PEFC 国家管理机构’”。PEFC 国家管理机构是 PEFC 委员会的会员。每个会员可以向会员大会推荐 1 名投票代表和 2 名非投票观察员。也就是说，PEFC 委员会是一个类似“联合国”的协会，1 个国家只有 1 名正式会员。章程还指出，“会员大会接受其他组织的参与”。其他感兴趣的国际组织可以申请成为“特殊会员”，但在会员大会中没有投票权。

会员大会是 PEFC 委员会的最高权力机构。会员大会每年至少定期召开 1 次会议。每个会员派 1 名代表参加，也可由该国的国家管理机构授权的代表代替出席。

会员大会的任务是：通过和修改《PEFC 委员会章程》；修订 PEFC 的技术文件和管理程序；决定秘书处的设立和住所；选举和开除董事会成员；选举财务审计员；通过 PEFC 委员会的年度预决算；接受和开除会员；决定 PEFC 委员会撤销。

PEFC 在表决上有自己的特色。根据会员国年采伐量不同，每个会员国有 1 ~ 3

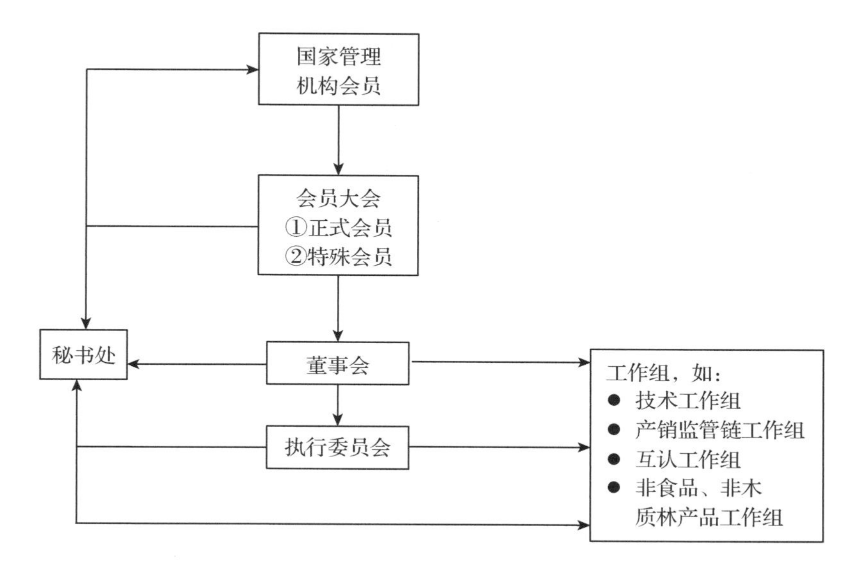

图 2-4　PEFC 委员会组织结构

票的投票权：采伐量低于 1000 万立方米的可投 1 票，1000 万～3000 万立方米的可投 2 票，高于 3000 万立方米可投 3 票。采伐量的依据是欧洲经济委员会（ECE）和联合国粮农组织（FAO）的官方统计数据。

（2）董事会与秘书处

PEFC 委员会由董事会管理和运作。董事会由会员大会选举产生，由董事长、2 名副董事长和 10 名董事组成。PEFC 委员会要求董事会的组成应能代表支持 PEFC 的主要利益方，反映会员的地区分布、采伐量水平和适当的性别平衡。董事会决策采取简单多数通过。如果票数相同，则董事长有决定性的一票。

董事会的任务是：

- 协调和指导 PEFC 委员会的工作；
- 任命一个包括董事长和副董事长的执行委员会，执行董事会下达的任务。必要时可吸收其他董事参加执行委员会。执行委员会对董事会负责，可代表 PEFC 委员会的董事会行使一定的权利；
- 筹备全体大会；
- 编制年度预算和决算；
- 根据 PEFC 委员会的要求，评估其他认证体系的一致性，并作出是否认可的决定；
- 如有需要，为特定的项目成立专家组和委员会；
- 宣传和处理公共关系；
- 秘书长及其他人员的任命和解职；
- 审核非 PEFC 森林认证体系的相互认可。

PEFC 委员会秘书长负责秘书处的工作，秘书长由 PEFC 委员会董事会任命并对其负责。

3.2.1.2　国家层次

在国家层次，各国的PEFC国家管理机构作为一个法人实体申请成为PEFC委员会的会员。该组织是在各国林主协会或林业组织的支持下，由本国的各利益方代表组成。

各国的PEFC国家管理机构可以制定自己的章程，但要确保其不违反《PEFC委员会章程》的规定。PEFC委员会要求，PEFC国家管理机构应为所有利益方提供公平、合适的机会参与决策。国家管理机构应遵守PEFC框架下的所有要求。

PEFC国家管理机构要向PEFC委员会申请一项特许权，在合同允许的范围内，使用PEFC标签，以及代表PEFC委员会在该国发放PEFC标签使用许可证。

3.2.2　体系

严格来讲，PEFC并不是一个森林认证体系，而是一个认可其他森林认证体系的"体系"。PEFC提供了国家认证体系相互认可的框架。PEFC根据其制定的《技术文件：PEFC的共同要素与要求》来认可国家认证体系。该文件包括8个部分：技术文件；附录1：PEFC的术语和定义；附录2：标准制定规则；附录3：认证体系及其实施的基础；附录4：木材的产销监管链认证；附录5：PEFC标志使用规则；附录6：认证和认可程序；附录7：国家体系及体系修订的批准和相互认可。

在国家层次，利益方均应被邀请参加国家管理机构，该机构的职责是制定国家森林认证标准，发展国家森林认证体系。国家森林认证标准和认证体系要提交给PEFC委员会，委员会根据其技术文件对所提交的国家标准和认证体系进行严格的评价，最后决定该体系能否通过并授予PEFC认证标志。由国家认可的认证机构要接受资格审查，然后才能依照国家认证标准开展森林认证，并提供统一的PEFC认证标志。

PEFC规定认证机构要开展PEFC的森林经营认证和产销监管链认证，必须得到该国国家认可机构的认可，以保证认证的可信性及便于进行相互认可。国家认可机构必须是欧洲认可合作组织(EA)或国际认可论坛(IAF)的会员。

3.2.3　标准

由于PEFC只是一个认可其他体系的"体系"，并不直接认证森林，所以PEFC没有制定统一的森林经营认证标准。但考虑到产销监管链认证的要求在各国基本一致，所以PEFC制定了统一的产销监管链认证标准。PEFC认可的国家森林认证体系可以选择PEFC产销监管链认证标准，也可以选择制定本国的产销监管链认证标准，但是各国自己制定的产销监管链标准必须符合PEFC产销监管链的要求。

PEFC虽然并不像FSC那样制定统一的森林认证标准，但对国家认证体系的认证标准提出了要求，包括标准制定的过程和标准的内容。

总体上来看，PEFC要求认证标准应包括森林可持续经营的所有方面，涵盖森林的多种功能，即经济、生态和社会功能，还应考虑森林状况，以及与实施森林可持续经营有关的经营或管理体系等要素。

PEFC 认可以《泛欧经营水平指南(*Pan-European Operational Level Guidelines*, PE-OLG)》和其它 7 个森林可持续经营进程的标准与指标为基础制定的认证标准：

- 《泛欧经营水平指南》。PEFC 要求欧洲国家和亚国家体系的认证标准以《泛欧森林可持续经营标准(*Pan-European Criteria for Sustainable Forest Management*)》(即赫尔辛基进程)为共同框架，并以《泛欧经营水平指南》作为制定标准时参考和评估的基础。

- 其它森林可持续经营进程的标准和指标，包括蒙特利尔进程、近东进程、中美洲进程、国际热带木材组织(ITTO)进程、非洲干旱区进程、塔拉波托倡议和非洲木材组织(ATO)进程。

这些标准与指标是由国际组织及各国政府提出的，主要用于国家层次上监督并汇报森林状况，并不是为评估森林经营绩效而制定的。因此，目前已获 PEFC 委员会批准的 18 个国家认证体系的标准大相径庭。一部分体系，比如瑞典，很明显是以绩效为基础的，而大部分是以体系标准为基础的，并没有明确在颁发证书之前需要达到什么样的最低业绩水平，其中尤以法国的认证体系最为明显。

PEFC 还要求国家标准必须以国际公约和国家法律作为基础。国家森林认证标准和森林经营必须遵守有关法律法规的要求。在国际公约方面，PEFC 的要求非常具体，它列举的公约有国际劳工组织(ILO)核心公约、《生物多样性公约》、《联合国气候变化框架公约》、《濒危野生动植物种国际贸易公约》、《生物安全协议》等。

3.2.4　认证方法

PEFC 规定，根据不歧视、自愿、可信和节约成本的原则和各国的具体情况，可以选择适宜的认证方法或认证单位。PEFC 有 3 种认证方式：区域认证、联合认证和独立认证。

对以上 3 种方式，PEFC 的总体要求是：无论何种选择，都必须提交申请书、认证面积、所有参与者的文件；所有参与者都必须满足认证要求，并受认证机构监督；所有开展独立认证或参与区域或联合认证的企业都要负责保证其合作方(承包商)的活动和经营满足认证的要求。森林认证体系可以制定针对承包商的标准和承包商参与联合认证或区域认证的规程。在后一种情形下，承包商就是区域认证或联合认证的参与成员。

PEFC 委员会制定的规则较少，认证步骤主要由认证机构制定。认证步骤要求满足相关 ISO 指导原则。一般分为评估、报告、决定是否通过和定期审查 4 个步骤。在瑞典，认证森林时必须先开展实地考察，但在法国和德国没有这样的要求。PEFC 的整个认证程序如图 2-5 所示。

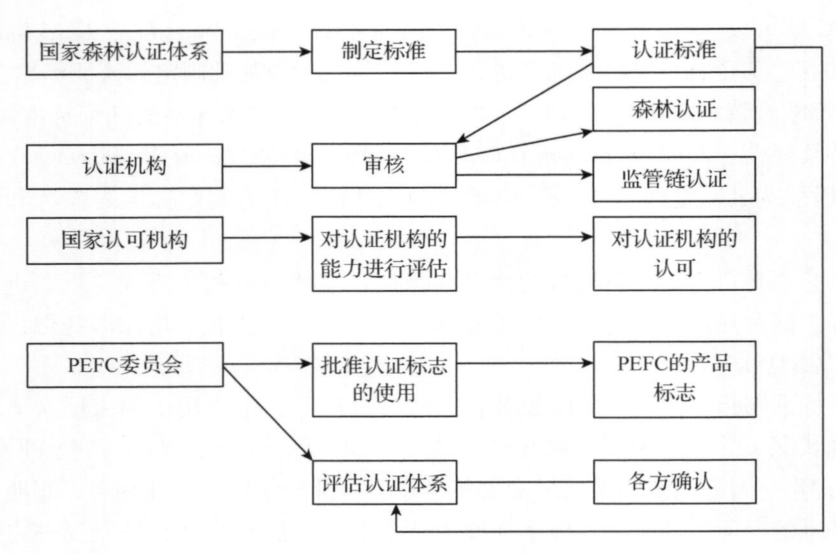

图 2-5　PEFC 的认证程序

3.2.5　现状

3.2.5.1　认可的国家体系

截至 2015 年 1 月，PEFC 共接纳了来自五大洲的澳大利亚、奥地利、比利时、白俄罗斯、巴西、加拿大、智利、捷克、丹麦、爱沙尼亚、芬兰、法国、加蓬、德国、意大利、爱尔兰、拉脱维亚、卢森堡、马来西亚、荷兰、挪威、波兰、葡萄牙、俄罗斯、斯洛伐克、斯洛文尼亚、西班牙、瑞典、瑞士、英国、美国、乌拉圭、阿根廷、喀麦隆、中国、印度尼西亚、立陶宛、新西兰和日本共 39 个国家体系管理机构作为会员。并批准了澳大利亚、奥地利、比利时、白俄罗斯、巴西、加拿大、智利、捷克、丹麦、爱沙尼亚、芬兰、法国、加蓬、德国、意大利、爱尔兰、拉脱维亚、卢森堡、马来西亚、荷兰、挪威、波兰、葡萄牙、俄罗斯、斯洛伐克、斯洛文尼亚、西班牙、瑞典、瑞士、英国、美国(2 个体系)和乌拉圭、阿根廷、中国和印度尼西亚的共 36 个国家认证体系。

3.2.5.2　认证市场

截至 2015 年 6 月，共有 32 个国家的 2.68 亿公顷森林通过了 PEFC 体系的认证，认证面积在世界各森林认证体系中列第 1 位，另外还颁发了 10625 个产销监管链证书(表 2-6)。

表 2-6　各国通过 PEFC 认证的森林认证面积及产销监管链

国家或地区	认证面积(公顷)	产销监管链证书数量(个)
澳大利亚	10398358	229
奥地利	2890936	454
白俄罗斯	8842500	60
比利时	289500	297

（续）

国家或地区	认证面积（公顷）	产销监管链证书数量（个）
巴西	2446049	71
加拿大（CSA）	40830610	173
加拿大（SFI）	83394705	
智利	1931349	69
捷克	1815871	208
丹麦	256851	77
爱沙尼亚	999125	37
芬兰	15200000	206
法国	8081006	2080
德国	7313260	1602
意大利	822679	766
拉脱维亚	1683604	38
卢森堡	32190	18
马来西亚	4661816	338
挪威	9142702	50
波兰	7287169	120
葡萄牙	253529	88
俄罗斯	3769216	17
斯洛伐克	1240716	65
斯洛文尼亚	28162	25
西班牙	1830546	752
瑞典	11263434	182
瑞士	205974	64
英国	1351505	1127
美国（ATFS）	8633347	248
美国（SFI）	24762258	
乌拉圭	360842	1
爱尔兰	376108	37
阿根廷	0	7
巴林	0	1
波黑	0	3
保加利亚	0	3

（续）

国家或地区	认证面积（公顷）	产销监管链证书数量（个）
中国	5315445	237
哥伦比亚	0	2
匈牙利	0	17
印度	0	8
印度尼西亚	0	22
以色列	0	5
日本	0	194
黎巴嫩	0	2
立陶宛	0	7
墨西哥	0	2
摩纳哥	0	3
摩洛哥	0	1
荷兰	0	474
新西兰	0	16
秘鲁	0	9
菲律宾	0	1
罗马尼亚	0	19
沙特阿拉伯	0	3
新加坡	0	24
韩国	0	5
斯里兰卡	0	2
中国台湾	0	9
泰国	0	6
土耳其	0	15
阿联酋	0	20
乌克兰	0	1
越南	0	2
阿曼	0	2
埃及	0	2
南非	0	1
突尼斯	0	1
合　计	268331160	10625

注：表中数据统计日期截至 2015 年 6 月。

3.3 美国可持续林业倡议(SFI)体系

3.3.1 体系建立

1994年美国森林和纸业协会(AF&PA)创建了可持续林业倡议(Sustainable Forestry Initiative, SFI)。为保证其成员实施可持续森林经营，SFI提供了一套《可持续林业倡议标准》，其主要原则包括可持续林业、负责任的森林经营活动、森林健康与生产力、特殊地点保护及持续改进等。AF&PA会员自愿参加SFI认证，但达不到SFI目标和绩效指标者，将被终止其会员资格。

SFI每年向公众提交一份关于参与者对AF&PA标准遵守情况和进展的年度报告，报告还包括所有参与者的名单。那些想要通过认证方式来证明其对《可持续林业倡议标准》遵守情况的参与者，还必须向利益方提交一份公开的进展报告。此外，SFI参与者每年召开一次全国性的由木材生产商、土地所有者和工业界代表参加的年会。

SFI于1995年成立了外部评审组，使得相关利益者的参与正规化。该评审组由18名自然资源专家组成，他们来自政府部门、保护组织和研究机构，主要职责是为SFI提供意见和建议。外部评审组协助报告的准备工作，包括核准报告得出的结论和审核报告所涉及的相关进展情况。

SFI目前已经针对参与认证的公司制定了4种产品标签，规定凡成功完成独立第三方认证、并满足所有标签使用要求的SFI参与者都有资格使用该标签。

2005年，SFI获得PEFC认可。

3.3.2 认证标准

1998年末，SFI为体系的参与者增加了自愿认证的选择方式，允许他们以自我声明、第二方认证或第三方认证的方式表明其符合《可持续林业倡议标准》。

为了提高SFI认证的实施效力、一致性和可信度，2000年7月，由多利益方组成的可持续林业理事会(SFB)正式成立，负责管理SFI标准、验证程序以及体系的遵守情况。2001年秋季，SFB经注册后成为一个对SFI标准及相关的认证程序拥有完全管理权的非政府组织。

在吸收了广泛的意见后，2001年SFI体系进行了第一次修订。同时，SFB决定从2002年起，每3年进行一轮体系评审。目前正在实施的是于2015年1月发布的《可持续林业倡议标准(2015~2019)》。新标准包括了保护水质、生物多样性、野生动物栖息地、濒危物种与特殊保护价值森林的保护措施等14个核心原则，而且比之前的标准新增了一个目标：识别和尊重土著人的权利。这一目标反映了SFI森林管理要求尊重原住民和部落的权利和价值。

3.3.3 发展现状

目前，SFI的主要活动包括培训伐木者和私有林主，传播可持续林业理念和良好的森林经营技术和造林技术。2013年，项目参与者通过SFI执行委员会贡献了690万美元用于森林可持续经营方面的研究。自1995年以来捐款累计达到了14亿美元，超过15万名伐木工人和林业工作者完成了SFI培训项目。这些培训提高了人们的意识，并促进了良好森林经营技术的应用。目前，美国所有主要的木材生产州都制定有伐木工和林业人员培训计划，培训内容包括：可持续林业原则、保护水质的最佳经营活动、造林技术、濒危物种保护、伐木安全、职业安全和健康、运输、商业管理、公共政策等。

2012 年，SFI 发起了“森林合伙人项目”，北美四家知名出版商——时代出版公司(Time Inc.)、美国国家地理学会(the National Geographic Society)、麦克米伦出版公司(Macmillan Publishers)、培生出版公司(Pearson)为项目创始合伙人。该项目为市场领军企业、林地所有者、林产品制造商推进森林认证发展、增加认证林产品数量提供了便利的平台。到 2017 年底，该项目认证的林地有望增加 1000 万英亩，同时该项目计划认证更多符合 SFI 采购政策或产销监管链标准的中小型造纸厂。

2013 年 5 月，SFI 与加拿大原住民委员会签署了一份合作谅解备忘录，共同开展“促进原住民关系(PAR)”的项目，鼓励 SFI 计划参加者在该项目下寻求认证，并支持在认证产品上同时使用两个组织的标志。

截至 2013 年 11 月，美国通过 SFI 体系认证的森林面积为 2436 万公顷，加拿大通过 SFI 体系认证的森林面积为 7581 万公顷。SFI 在近 2800 个地点进行了产销监管链认证。

3.4 加拿大 PEFC 体系

3.4.1 机构

加拿大在 2001 年就正式成为 PEFC 的会员，当时是由加拿大标准化协会(Canadian Standards Association，CSA)代表加拿大。2008 年 9 月，“PEFC 加拿大”作为一个在联邦注册的非营利性公司正式成立，并于 2009 年 1 月成为 PEFC 在加拿大的国家管理机构。

3.4.2 认证标准

加拿大 PEFC 体系的认证标准由 CSA 制定。CSA 于 1919 年成立，针对不同行业开发了超过 3000 个标准。加拿大 PEFC 体系的认证标准包括可持续森林管理标准 CAN/CSA - Z809 和 CAN/CSA - Z804(适用于小林地)。

CSA 始终保持可持续森林管理标准制定程序的公开和公众化，2002 年进行了第一次修订，2009 年 3 月进行了第二次修订。2014 年 5 月，CSA 对 CAN/CSA Z809 开始进行第三次修订。

3.4.3 CSA 可持续森林管理标准

CAN/CSA Z809 包含 3 个密切相关的部分：公众参与、绩效标准和体系。

公众参与 由于加拿大的森林多数是公有林，所以在森林经营计划执行过程中公众参与是非常重要的。CSA 要求广泛而持久的公众参与，包括社区内原住居民的参与。通过公众参与以确定森林的环境、社会和经济价值，参与制定规划和可持续经营的目标。该标准是世界上对公众参与要求最严格的标准之一。

绩效标准 CSA 要求森林经营应遵循加拿大森林部长委员会(CCFM)制定的《森林可持续经营标准》。CCFM 的标准和要素与蒙特利尔进程和赫尔辛基进程完全一致。在 CSA 标准中采用了 CCFM 标准作为框架，使当地 CSA 标准与国家、省之间的森林政策相一致。

体系 CSA 标准与国际 ISO 14001 环境管理体系标准一致，除此之外，CSA 对森林经营单位还有一些绩效要求。CSA 体系标准包括了政策执行、检验和纠正方案以及管理评价的建立。

3.4.4 CSA 最新进展

截至 2014 年底，加拿大有近 4000 万公顷的森林获得 CSA 可持续森林管理标准的认证，近 200 个企业获得 PEFC 产销监管链认证。

3.5 英国 PEFC 体系

3.5.1 体系的建立

2000 年，PEFC UK 正式成立，成为 PEFC 的成员。

PEFC 森林经营在英国的要求是基于《英国林业标准》和《英国林地保证标准(UKWAS)》。《英国林业标准》形成了英国林业的法律和森林可持续经营的基础，UKWAS 作为国家森林认证标准。

2001 年，PEFC 英国有限公司将 PEFC 英国体系命名为"PEFC 英国可持续森林经营认证体系(the PEFC United Kingdom Certification Scheme for Sustainable Forest Management)"。该体系是以 PEFC 委员会关于建立国家森林认证体系的原则为基础，确保英国的森林生产者遵守可持续森林经营的最低要求。其目的是确保为消费者提供的具有 PEFC 证书的产品来自持续经营的森林。

英国 PEFC 体系在 2002 年得到 PEFC 的正式认可。

3.5.2 标准的制定过程

英国对森林认证的认识有一个过程。最初英国官方对森林认证持怀疑态度，而木材工业界则持强烈的反对意见。然而，到 1997 年，当木材工业界认识到大多数森林和林地能够实现森林认证，而且木材销售商需要经销经过森林认证的木材时，才开始转变观念，并建议能够制定一个全国统一的森林认证标准，以避免重复，降低成本。经过两年的协商，最终制定了 UKWAS 认证标准，使全国森林认证标准得到统一。UKWAS 认证标准包括 8 项原则，在原则之下又根据英国的国情制定了 76 项认证标准。

FSC 英国工作组参与了 UKWAS 认证标准的制定，同时又在《FSC 原则与标准》的框架下制定了《FSC 英国森林认证标准》，这两套标准在形式上不一致，但在内容上是一致的。1999 年 10 月此标准得到了 FSC 批准，并视 UKWAS 认证标准为其等效标准。2002 年，PEFC 英国有限公司将 UKWAS 认证标准提交 PEFC 总部，并得到了 PEFC 的认可。因此，UKWAS 认证标准实现了英国国家内部森林认证标准的统一，它既符合林主和其他利益方的利益，又符合 FSC 和 PEFC 两大国际森林认证体系的要求，并得到其认可。同时，UKWAS 也得到英国林业、环保和木材工业界的认可和大力支持。

2008 年 11 月，UKWAS 标准的第二版修订完成。第二版的主要变化是引入了小规模低强度经营林地分类，它包含了面积为 100 公顷以下的小林地分类，也包括基于采伐量的定义进行低强度的方式管理的林地。

2009～2011 年期间，UKWAS 又经历了重大审议和全面的公众咨询，当前使用的 UKWAS 是 3.1 版本，并且已经得到 PEFC 的认可。

3.5.3 最新进展

2012 年 6 月，PEFC UK 在伦敦举办第一次利益相关方会议，会议的中心围绕如何降低林产品采购风险。

2013 年，PEFC 在英国支持了一些木材工业项目以促进认证木材的使用，包括："Wood for Good"，"Wood Campus and Grown in Britain"等。

2014 年，PEFC UK 利用英国两个重要的贸易展览展示其全球影响力。目的是促进终端用户如承包商、建筑师等使用认证木材。

截至 2014 年 12 月，英国获得 PEFC 认证的林地面积有 135 万公顷，有 1100 多家公司持有 PEFC 的产销监管链认证证书。

3.6 马来西亚木材认证委员会(MTCC)体系

3.6.1 机构

1996 年马来西亚木材工业协会(MTIB)和荷兰木材协会成立了联合工作组，开始研究在马来西亚推广森林认证。联合工作组根据《ITTO 热带林可持续经营指南》制定了《马来西亚森林可持续经营标准与指标》，该标准是马来西亚森林认证标准的基础。

1998 年 10 月，马来西亚成立了国家木材认证委员会(NTCC)，并于 1999 年 1 月正式运作，后改名为"马来西亚木材认证委员会"(MTCC)。MTCC 是一个独立的非盈利性机构，负责发展和管理独立第三方的自愿森林认证体系。其主要目标是确保森林的可持续经营，并促进马来西亚的木材贸易。

3.6.2 体系的发展

经过与各利益方的广泛咨询，MTCC 以《马来西亚森林可持续经营标准与指标》为基础，于 1999 年 12 月发布了其认证标准《马来西亚森林经营认证标准、指标、活动和绩效标准》(简称 MC&I)。该标准包含了森林可持续经营的所有关键要素。

2002 年，MTCC 开始运作国家木材认证体系。马来西亚标准局是国家认证认可机构，授权 MTCC 负责整个森林认证体系的运作。

马来西亚是国际热带木材组织(ITTO)的成员国，MC&I 标准以《ITTO 热带天然林可持续经营标准与指标》作为框架，但加入了该国法律的很多实质性内容，并且由国家水平发展到森林经营单位水平。它包括 6 个标准 29 个指标以及实施这些标准与指标所必须的活动。6 个标准是：确保森林可持续经营的条件；森林资源安全；林产品生产；生物多样性；土壤和水；社会、经济和文化方面。另外，MTCC 还制定了 COC 认证的要求和审核程序。

3.6.3 最新进展

2009 年 5 月，MTCC 体系获得了 PEFC 的认可。

2011 年 2 月以来，在马来西亚半岛的 8 个森林经营单位和在沙巴的森林经营单位 Segaliud Lokan 获得了 PEFC 认证。

为了充分利用与 PEFC 实现互认的优势，MTCC 决定从 2012 年 7 月起停止在其认证的木质产品上使用 MTCC 商标，鼓励认证证书持有者直接使用 PEFC 商标，以促进 PEFC 认证林产品的市场推广。

2015 年 2 月，马来西亚人工林经营认证新标准公布。标准包含 10 个原则、55 项标准和 108 条指标以及 3 个额外的指标。此项标准正在申请 PEFC 的认可，预计在 2015 年 7 月 1 日之前能获得 PEFC 的认可。

到 2014 年底，马来西亚共 4661816 公顷的森林通过了 MTCC 认证，其中有 10 家森林经营单位和 2 家人工林经营单位通过森林经营认证。截至 2015 年 1 月，共有 310 家企业通过了产销监管链认证。

马来西亚木材出口总量的 58% 是通过 PEFC 认证的，荷兰是其最大的出口对象国，占出口总额的 30%，其次是英国，占 26%，2012 年又增加了新的 MTCC 认证产品出口国，包括沙特阿拉伯、巴基斯坦、巴林、芬兰、中国、约旦、瑞典、阿曼、卡塔尔和科威特。2012 年底，MTCC 认证产品覆盖 33 个国家，累计出口达 65 万立方米的认证木材产品。

3.7　印度尼西亚林业认证合作(IFCC)体系

印度尼西亚林业认证合作体系(Indonesian Forestry Certification Cooperation，简称 IFCC)成立于 2011 年 10 月，是一个通过森林认证和对原产于森林的产品进行贴标的方式来促进森林可持续经营的印度尼西亚国家体系。IFCC 是印度尼西亚林业认证合作体系的标准化和管理机构，并在多方利益相关者达成共识的进程下，利用 PEFC 体系的原则和指南制定森林认证的标准和相关规定。IFCC 制订的森林认证标准不仅限于森林经营认证，也包括林产品产销监管链认证。

成立 IFCC 体系的目的主要有：

(1) 通过与 PEFC 森林认证体系互认，来促进印度尼西亚本国的森林可持续经营；

(2) 在印度尼西亚 PEFC 作为可信赖的森林体系，需要与之协作并进一步发展实施；

(3) 建立企业与社会公民之间的互利共赢，有利于实现森林的可持续经营。

3.7.1　组织机构

IFCC 由会员大会(GMM)组成，包括理事会和监事会。理事会作为 IFCC 的管理与执行机构，成立了一个以执行主席为首的秘书处负责处理 IFCC 的日常事务。

会员大会是 IFCC 的最高决策机构，会员大会每 4 年举行一次，每次会议时制定这一阶段的管理工作计划。会员大会的权利与职责包括：选择、任命和撤销主管或体系的执行理事会主席；制订和确定该体系的规章制度；确认和撤销体系的成员；讨论和审议修订的体系章程或条款；讨论和审批执行理事会的年度报告以及体系有关财政审计的年度报表；监督体系的执行理事会履行其职责；全部或部分撤销下级会议制定的修正案或对其进行纠正。

3.7.2 认证标准

IFCC 现实行的相关认证标准有：

IFCC ST 1001：2013 issue 3（森林可持续经营管理 – 要求）；

IFCC ST 1002：2013 issue 2（审核机构和森林可持续经营认证机构的要求）；

IFCC ST 1003：2013（IFCC 标识使用规则 – 要求）；

IFCC ST 1000：2013（IFCC 认证体系 – 说明）；

IFCC ST 2002 – 1：2013（林产品产销监管链 – IFCC 声明的要求）；

IFCC PD 1001：2012 issue 2（标准制订程序）；

IFCC PD 1002：2013（IFCC 投诉和申诉的调查与解决程序）；

IFCC PD 1003（颁发 IFCC 和 PEFC 标识使用许可证的说明）；

IFCC PD 1004：2013（认证机构申报书）；

PEFC – IFCC ST 2001：2008（PEFC 标识使用规则 – 要求）；

PEFC – IFCC ST 2002：2013（林产品产销监管链 – 要求）；

PEFC – IFCC ST 2003：2012（认证机构利用 PEFC 国际监管链标准开展认证的要求）。

3.7.3 会员

IFCC 邀请所有认可 PEFC 森林认证体系的机构或个人成为其会员，共同参与到实现森林可持续经营的工作中来。基于 IFCC 章程，IFCC 的会员可以是组织也可以是个人。组织必须是在印度尼西亚能够独立承担法律义务的法律实体，或是基于法律实体的一个附属机构。IFCC 的会员中，每一个组织都由一名经正式授权的法人进行代表。到目前为止，IFCC 已经拥有 43 个会员。

3.7.4 体系互认

2012 年，IFCC 成为 PEFC 在印度尼西亚的国家管理机构。自加入到 PEFC 以来，IFCC 一直致力于建立符合 PEFC 准则的印度尼西亚森林认证标准。经过一系列的准备、制订和修订工作，IFCC 会员大会于 2013 年 10 月批准了标准最终稿，并提交 PEFC 董事会。经过多次评审与修改，2014 年 10 月 PEFC 通过了对 IFCC 体系的审核，IFCC 获得了 PEFC 正式认可。

3.8 巴西 CERFLOR 体系

在 1991 年世界林业大会上，私营林业机构巴西造林协会提出建立巴西国家认证体系 CERFLOR 的设想，后来得到科研和政府机构的支持，进一步发展成为得到巴西政府认可的森林经营认证体系。2002 年 8 月，与其他 5 个部委联合，巴西发展、工业与对外贸易部（Ministry of Development，Industry and Foreign Trade，MDIC）正式启动了这一认证体系。2003 年 3 月，CERFLOR 开始运行。

3.8.1 组织机构

CERFLOR 由国家度量、标准和工业质量研究院（INMETRO）具体负责管理，该研究院同时也负责认可认证机构。由社会各界代表组成的工作组负责制定 CERFLOR 的规则，巴西技术标准协会（ABNT）负责协调制定和修改 CERFLOR 的认证标准。

3.8.2　认证标准

CERFLOR 使用巴西技术标准协会发布的 6 个标准：

- NBR 14789 – 人工林森林经营管理的原则、标准和指标；
- NBR 14790 – 产销监管链；
- NBR 14791 – 审核指标 – 通则；
- NBR 14792 – 审核程序 – 森林经营；
- NBR 14793 – 审核程序 – 森林审核人员的资格条件；
- NBR 15789 – 天然林森林经营管理的原则、标准和指标。

3.8.3　发展现状

到 2009 年 12 月，CERFLOR 有 4 个森林认证机构：BVQI、SGS SCS、BRTUV 和 Tecpar，以及 3 个产销监管链认证机构：BVQI、SGS SCS 和 Tecpar。截至 2014 年 12 月，巴西共有 65 家企业通过了产销监管链认证，有 226 万公顷的人工林和天然林通过了 CERFLOR 的认证。

2002 年 11 月 22 日,CERFLOR 成为 PEFC 的正式会员。并于 2005 年 10 月获得 PEFC 第一次认可,于 2011 年 3 月完成了第二次认可,目前认可的有效期截至 2016 年 3 月。

3.9　澳大利亚 AFS 体系

澳大利亚森林认证体系（AFS）是由澳大利亚初级工业部理事会在国家森工协会（NAFI）、澳大利亚育林者协会（AFG）和澳大利亚人工林木材协会（PTAA）的支持下，于 2002 年联合发起建立的，并得到了联邦政府农业、林业和渔业部秘书处的支持。

3.9.1　体系管理

澳大利亚森林认证由澳大利亚林业标准指导委员会（SC）领导，由全国范围的广泛利益方代表组成的技术委员会提供支持。

2003 年 7 月 23 日，澳大利亚林业标准有限公司成立。该公司负责 AFS 的运作并促进 AFS 与其它森林认证体系的相互认可。

AFS 实行独立的第三方认证，由澳大利亚和新西兰联合认可体系（JAS – ANZ）认可的认证机构实施森林认证，JAS – ANZ 对其认可的森林认证机构开展森林认证的资格和独立性提供保证。目前，JAS – ANZ 已经认可了 4 家森林认证机构开展澳大利亚森林认证体系的认证活动，5 家认证机构具有产销监管链认证资格，其中 4 家认证机构同时具备两种认证资格。AFS 适用于澳大利亚所有类型的森林。AFS 的认证标准主要有 2 个：

- 森林可持续经营标准（AS 4708：2013）；
- 林产品产销监管链标准（AS 4707：2013）。

3.9.2　发展现状

2002 年 11 月，AFS 正式成为 PEFC 的会员。2004 年 10 月首次获得 PEFC 的认可，并于 2009 年 7 月完成第二次认可，认可的有效期截至 2015 年 4 月。截止到 2015 年 3 月，澳大利亚共有 22 家森林经营单位获得了 AFS 的森林可持续经营认证，认证的森林总面积为 1040 多万公顷，颁发林产品产销监管链证书 262 个。

第三章 全球森林认证市场

森林认证是20世纪90年代初由非政府组织作为推动森林可持续经营的一种市场机制而提出的。森林认证包括森林经营认证和产销监管链(COC)认证。从市场角度看，森林经营认证反映的是认证市场的供应问题，而用COC认证的数量和类型来反映认证市场的需求和质量特性。这两种认证的有机融合，才能形成完整的森林认证的市场链。以市场为基础是森林认证的独特之处，是其力图通过对森林经营活动的审核，将“绿色消费者”与寻求提高森林经营水平和扩大市场份额，以求获得更高收益的森林经营单位和加工企业联系在一起。

1 森林认证的驱动力及阻碍因素

1.1 森林认证的作用机制

森林认证的产生源于社会环保意识的提高，但也离不开各国政府、国际非政府组织在森林认证发展和实施过程中所发挥的重要作用。作为制定、颁布和实施林业法律法规及行业标准的政府部门，在很大程度上影响着认证市场的发展，有效的鼓励和支持政策将发挥市场宣传、推动和维护的作用。非政府组织是全球环境保护的倡导者和支持者，积极采取各种推动森林认证进程的措施和手段，以加速国家和地区的森林可持续经营。随着认证市场的扩大，森林认证的实施主体——森林经营单位和林产品加工企业，受认证原材料和认证林产品需求压力的驱动，为争取认证产品的市场份额、获取更大利润，更加积极要求开展森林认证，以满足国内外市场对认证产品的需要(图 3-1)。从全局看，认证产品的市场需求是森林认证得以依托和发展的内在运行机制，没有市场，认证将无从谈起。森林认证的外在动力主要来自政府、非政府组织和企业，这些利益相关者倡导、维护和推动认证市场发展，他们采取的林业政策和推动措施在推动森林可持续经营中所发挥的宏观调控作用至关重要(张岩等，2007)。

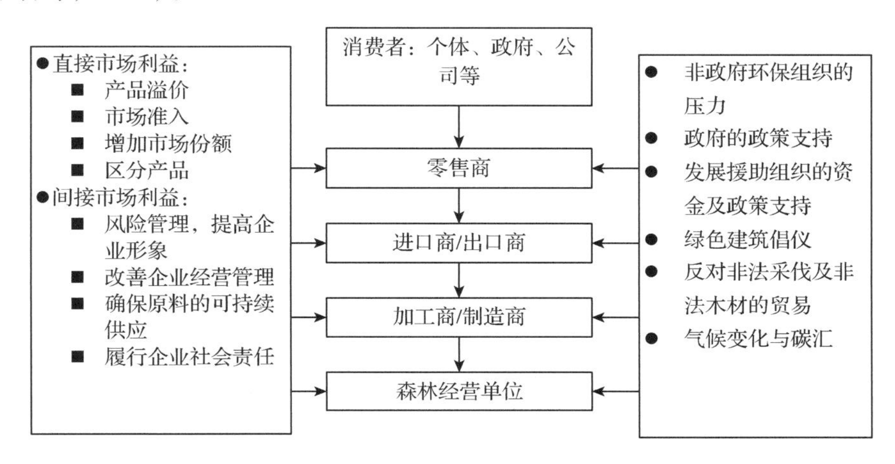

图 3-1　森林认证的作用机制

1.2　森林认证市场的驱动力

据联合国欧洲经济委员会(UNECE)的调查显示，森林认证市场的驱动力依重要性由大到小排列依次是：市场准入、环境非政府组织的压力、市场需求、政府支持、社会责任和期望溢价。

市场准入是森林认证市场的最主要驱动力。在欧美一些国家，木材产品是否获得可信的森林认证已经成为它们是否能够获准进入市场的“通行证”。没有森林认证证书将使木材产品很难顺利出口或进入这些欧美市场。

环境非政府组织的压力已经成为森林认证市场重要的驱动力。森林认证最初就是由环境非政府组织倡议发起的。面临环境非政府组织的压力，欧美的大型贸易商、零售商纷纷承诺购买或销售认证的林产品，抵制未经认证的林产品。

消费市场的需求也推动了森林认证市场的发展。虽然目前认证林产品的市场份额仍相对较小，但一直呈现增长的趋势。

政府的支持也是森林认证市场重要的推动力，很多国家的政府日益认识到森林认证的积极意义，政府对木材产品的采购政策可能会成为认证林产品需求的最重要推动力。

森林认证包括了生态、经济和社会三方面的内容，企业的社会责任也是重要的要求，企业通过获得森林认证可以表明其承担了应有的社会责任，提高自身的形象。

期望通过森林认证以实现产品溢价、提高利润也是森林认证市场的驱动力之一，虽然认证后获得直接溢价的情况仍较少，但认证可使企业获得市场准入、占有或保持市场份额，这实际上也间接地实现了产品溢价。

1.3 森林认证市场的阻碍因素

阻碍森林认证市场发展的因素依作用由大到小依次为：缺乏国内需求、成本、缺乏相互认可、林主缺乏兴趣、利益冲突、缺乏制度框架、实际操作困难、缺乏出口需求、很难促进森林可持续经营以及政府的态度。

森林认证市场目前面临的最主要阻碍因素是缺乏国内需求。开展认证的国家，其认证林产品主要针对几个欧美发达国家，而这些认证林产品在其生产国国内几乎很少有需求。这也造成只有少数出口型企业重视森林认证，而大部分企业没有推动力，不会主动寻求认证。

认证的成本问题无疑是阻碍森林认证市场发展的重要因素。企业和森林经营单位普遍都认为目前进行森林认证的成本过高，尤其是对广大发展中国家，进行认证的直接成本和间接成本都令其难以承受。认证带来的好处在高额的成本面前显得并不突出。

森林认证体系之间缺乏相互认可也是认证发展的不利因素之一。众多的森林认证体系，不同的认证标志，这可能会使企业或森林经营单位无所适从，产生混淆。另外，缺乏相互认可也造成企业在进入一些市场时不得不重复认证，造成人力和物力的浪费。

从目前来看，很多林主对森林认证市场仍缺乏兴趣。他们或者出于对森林认证缺乏了解，或者出于对森林认证可能会造成对自己私有财产管理权的侵犯等原因，不愿意对自己的林地进行认证。

利益冲突也会阻碍森林认证市场的发展。由于森林资源的特殊性，森林认证也无法解决某些有关森林资源的利益冲突，不同的利益相关者关注的重点不同，有时会难以协调，导致认证失败。

由于森林认证市场出现的时间并不长，尚在发展阶段，其对政府、企业、公众、森林的影响还有待时间的检验，国际社会和各国政府对森林认证尚没有建立完整的制度框架，这就使得森林认证市场的发展缺乏必要的制度支撑，甚至得不到积极的认可。

森林认证实际操作困难也使一些森林经营单位望而却步。由于目前较有影响力的森林认证体系很难做到针对每个国家的具体国情和林情制定认证标准，因此很多森林经营单位感觉森林认证标准难以实际操作，不知如何应对。

总的来说，全球市场对认证林产品的出口需求目前来说仍十分有限。这使得认证林产品的商业合同较少，而且并不稳定。目前对认证林产品的出口需求不足以使企业和森林经营单位下决心开展森林认证。

从目前的情况看，森林认证对促进森林可持续经营的作用在有些国家并不十分明显，这也使森林经营单位怀疑他们开展森林认证是否值得。

目前各国政府对认证林产品市场的态度也并不十分明朗，政府的态度不但影响到森林认证在各国的发展进程，也影响到各国企业和森林经营单位对认证林产品市场的积极性，一些对森林认证感兴趣的企业可能会由于政府的消极态度而变得犹豫。

2　森林认证的市场需求

森林认证依靠市场来运作，以认证产品市场需求为基础。在森林认证发展的现阶段，认证产品的主要市场需求并不取决于个体的消费者。调查表明，最终消费者更关注的是产品的质量和价格，然后才是产品的环保性能。在认证发展过程中，下列因素对于推动森林认证及其产品的市场需求，发挥了重要作用。

2.1　全球森林与贸易网络

非政府组织是森林认证的直接发起者和推动者，对森林认证的发展起着非常重要的作用。非政府组织在20世纪90年代初发起森林认证，并与商业部门合作，创立了第一个全球森林认证体系——森林管理委员会体系(FSC)。同时，他们在世界范围内积极推动森林认证的发展。建立全球森林与贸易网络(Global Forest and Trade Network，GFTN)是非政府组织在推动森林认证方面与商业机构合作的一个具体行动。

GFTN由世界自然基金会(WWF)于1991年建立，由各国及地区的森林贸易网络组成，会员机构承诺支持和实施森林可持续经营，生产和购买源自经营良好的森林的林产品，并且支持森林认证。GFTN不是一个单纯追求贸易额的交易平台，而是为根除非法采伐、保护全球森林、与负责任林业的商业机构进行合作的一种组织形式。近些年，很多国家的企业纷纷申请加入该网络，其影响力和号召力越来越大。目前，全球共有25个地区性森林和贸易网络，遍及欧洲、亚洲、非洲与美洲等34个主要木材供应国和消费国，并有350多家企业加盟并实施负责任森林管理及林产品采购。GFTN成员企业每年林产品贸易额达到450亿美元，经营着2730万公顷林地，其中包括一些大的国际零售商，如宜家(IKEA)、欧倍德(OBI)、家乐福(Carrefour)和百安居(B&Q)等。GFTN通过供应链不断将遵守共同价值取向承诺的企业联系起来，有力地促进了森林认证在全球的发展(GFTN，2013)。

2.2　企业与零售商

在森林认证的发展过程中，零售商起着非常重要的推动作用。作为联系生产企业与消费者的零售商的作用非常关键，认证的林产品通过他们提供给消费者。很多大型企业与零售商或受环保组织的压力、或为了规避潜在的商业风险、或出于企业社会责任，制定了针对认证林产品的采购政策，承诺优先或完全采购认证木材及其产品，极大地促进了认证产品市场的发展。这些企业包括全球知名零售商宜家集团、百安居、M&S和RONA集团等。

2.2.1　宜家集团

宜家集团(IKEA)于1943年创建于瑞典，目前已成为全球最大的家具家居用品商家。截至2014年8月宜家在全球27个国家和地区中拥有315个商场。

宜家在其2008年制定的“IWAY林业标准”中阐述了宜家对供应商的木材原材料和相应木材采购作业的要求。该标准涵盖宜家产品中所使用的木质纤维原料，包括实木、单板、胶合板、层压板等。“IWAY林业标准”对木材原材料的要求包括：

(1)优先选择的木材来源

木材来自负责任经营的森林，该森林必须通过宜家认可的森林认证体系的认证。通过FSC森林经营(FM)和产销监管链(COC)标准认证的木材符合宜家优先选择的原料要求。在宜家产品中使用的高价值热带树种必须经过宜家认可的森林认证体系的认证。

(2)最低要求

用在宜家产品上的木材必须遵循以下原则：不来自涉及非法采伐的森林；不来自涉及林业纠纷或社会冲突的森林；不来自未经认证的原始林或已确定的高保护价值森林(HCVF)；不来自转化为人工林或非林业用途的热带和亚热带天然林；不来自官方判定或地理上鉴定为商业化转基因的人工林。

对于供应商，宜家要求其指定专人负责、制定木材采购和操作程序，传达并遵守宜家关于原料采购的要求，收集和填写有关木材来源的森林资源调查表，识别并验证高风险原料来源，对所有进厂材料进行登记，隔离未通过验证的木材，并开展相关的培训活动。宜家还成立了专门的林业标准审核团队，对其供应商开展第二方的审核，以确保其按照“IWAY林业标准”进行操作。

2.2.2 百安居

作为一家具有全球供应网络的国际零售商，百安居(B&Q)于1991年制定了木材采购政策，并分别于2000、2004、2006和2008年进行了修改，最新的政策于2009年8月出台。百安居的木材采购政策是为了确保所有使用和销售的木材、木材制品和纸制品都来自于管理良好的森林、具有完全的产销监管链或是可回收材料。

为了符合百安居的木材采购要求，其供应商必须提供相关文件，以证明所使用木材均来自合法林业资源。百安居接受以下的合法证据：有完全产销监管链的经过FSC认证的木材来源；有完全产销监管链的PEFC认证的非热带树种木材来源；只有当有产销监管链支持并且有独立的证明确保来源符合FSC的要求时，其他来源的PEFC认证木材才会被接受；由回收的消费前或消费后废弃物生产的产品必须有独立的第三方验证，表明此材料是再生的废弃物(百安居，2012)。

2.2.3 M&S

英国的主要零售商Marks and Spencer(M&S)在英国有520家商店，在国外有200多家商店，承诺在2010年全部采用源自FSC认证的或回收的木材。这个计划是全球零售商所做出的最果敢的承诺。从用于包装三明治的硬纸到建造商店采用的木材，M&S全部要求采用FSC或回收材料。到目前为止，M&S三明治的全部包装纸盒均采用FSC认证硬纸。这意味着每周将使用150多万个带有FSC标签的三明治包装纸盒，即一年将使用2500吨FSC认证硬纸。现在，M&S 90%以上的户外家具获得FSC认证。一年四次为100多位荣誉顾客寄送的邮件全部使用FSC纸张，M&S的全部厨房用纸、卫生用纸和美容用纸也都源自FSC认证或是回收的。M&S计划在房屋的建造、改造和维修中只使用 FSC 认证木材。

2.2.4 RONA 集团

RONA 集团成立于 1939 年，系加拿大最大的家居装饰连锁商和零售商，在全国各地拥有 30000 多名员工，700 多家门店。RONA 集团在 2008 年宣布了一项新的木材采购政策，提出至 2011 年底，其购买的规格材和胶合板 90% 来源于认证的森林；至 2012 年底，至少 25% 的木材原料来自 FSC 认证森林。2013 年 9 月该集团宣布其门店销售的 90% 的软木经过了该集团认可的三种认证体系的认证：加拿大标准化协会(CSA)体系、可持续林业倡议(SFI)和 FSC 体系。作为加拿大最大的五金器具、家庭装修和园艺产品的分销商和零售商，RONA 的新采购政策向世界表明“森林的管理必须执行一套比没有认证的情况下更为严格的标准”。加拿大绿色和平组织认为，RONA 的政策是加拿大木制品采购政策中最有力的，它使 RONA 成为木材及家庭装修领域中支持森林可持续经营认证的领军企业。

2.2.5 阳光传媒公司

2009 年 1 月阳光传媒杂志网宣布，该网的 26 种杂志已全部采用含有 30% 消费后回收材料的 FSC 认证纸进行印刷，每年杂志的印刷数量约为 240 万册。该网的都市传媒副总裁 Sheryl Humphreys 说，“使用 FSC 认证纸张是我们出版者对环保做出的重要贡献，满足了消费者和广告商提出的使用负责任资源的要求。在改善环境的同时，杂志胶印纸依旧保持原有的质量标准”。

2.2.6 迪斯尼公司

迪斯尼公司是美国著名娱乐媒体公司，也是全世界最大的传媒企业。2012 年 10 月，迪斯尼公司宣布了一项新政策，保证该公司及其子公司消耗的纸张由负责任来源获得。通过这一举措，迪斯尼公司承诺改进其供应链，并在纸张使用中引入负责任来源。该政策的目的是：最大限度地减少纸张消费；如纤维来源于高保护价值森林，淘汰含有不负责任获取的纤维纸产品；最大化应用来自 FSC 认证森林的回收材料和纤维。

迪斯尼公司进一步承诺与非政府组织合作来识别不良森林经营和严重毁林的高风险地区，并按年度报告其实施的进展情况。迪斯尼公司保证北美迪斯尼图书集团、Hyperion 和 ESPN 杂志不使用高风险地区的非 FSC 认证纤维。到 2013 年底，迪斯尼开始要求使用回收的和 FSC 认证的纸张。

迪斯尼公司的政策包含全球 100 多个国家近 2.5 万家工厂生产的所有迪斯尼产品，仅在中国就有 1 万家。

2.3 政府绿色采购政策

林产品绿色采购政策是一个相对较新的工具，在大多数国家仍处于早期应用阶段。截至 2010 年 5 月，至少有 12 个国家制定了政府绿色采购政策，其中包括 8 个欧洲国家(比利时、丹麦、法国、德国、荷兰、挪威、瑞士和英国)，其他国家还包括中国、日本、墨西哥、新西兰等。除丹麦以外，上述国家的采购政策对于中央政府部门是强制性的。采购政策要求政府部门应采购来自“合法或可持续采伐的森林”

的木材或木材产品，而经过独立认证的木材产品能够满足要求。其中一些国家还在不断调整绿色采购政策的范围和内容。荷兰政府采购的所有木材必须要满足经过合法性验证的最低要求，自 2010 年 1 月 1 日起升级为必须要经过可持续认证。在法国，承诺到 2010 年政府公共采购的木材及木制品必须 100% 是“合法和可持续的”。八国集团领导人已达成共识，这些国家政府将仅采购来自合法或可持续经营的森林的林产品。

在欧盟，公共采购的价值高达 70 亿欧元，占欧盟 GDP 的 11%。很多国家的认证林产品的主要需求来自于政府采购。英国超过 40% 的需求来自于政府，荷兰达到 25%。例如，英国的朗伯斯地区（Lambeth）是第一个指定使用 FSC 认证木材的地方政府，而希思罗机场 1.3 亿英镑的隧道工程的木框架也被指定采用 FSC 认证的巴西胶合板。2012 年伦敦奥运会的建筑、交通运输和能源基础设施中全部采用 PEFC 和 FSC 认证的木材及木制品。俄罗斯 2014 年索契冬季奥运会的“绿色标准”也指定使用 FSC 认证的木材。

最近英国木材贸易联合会和国际开发署开展的市场调研表明，公共采购政策对欧盟成员国的木材采购总体影响还较小，公共采购仅占欧盟木材贸易很小的比例，其有效性也受到欧盟成员国之间和内部具体实施措施不统一的影响。也有迹象表明，在具有足够的政治意愿和资源的前提下，政府采购政策的影响远远超出对直接供应商的影响。

2.3.1 丹麦绿色采购政策

2001 年丹麦议会首次通过了政府采购政策。2003 年，发布了对于热带木材的政府采购指南。这些政策都在 2006 年 2 月进行了更新，扩大到包括了所有来源的木材。2006 年 9 月又通过了对于合法木材采购的临时指南，并于 2007 年拟定了对于合法和可持续木材的一套标准草案，包括了木制品和纸制品。木材采购政策对于中央和地方政府都是自愿的。合法木材是最基本的要求，政府采购更倾向于可持续木材。丹麦政府在政府采购政策里建立了一套关于合法性和可持续性的标准。丹麦现行的标准的结构和内容与英国的合法与可持续定义很相似（EFI，2011）。

2.3.2 英国绿色采购政策

1996 年在英国发布了一份关于建议政府部门采购可持续木材的建议。2000 年 7 月，英国环境委员会发表了关于政府采购的声明，声明中要求把所有中央政府部门和机构都包括在推行绿色采购的范围之内，要求政府部门积极地采购可持续的、合法的木材和木制品，并提到把经过 FSC 体系认证的木材资源作为合法、可持续来源的一个范例。英国在 2003、2004 和 2005 年分别公布了指南文件。2007 年 3 月修改了采购政策，并在 2009 年 4 月起开始施行，要求所有供应商的木材原料必须是合法和可持续的，或是拥有“森林执法、施政与贸易（FLEGT）许可证”。该政策包含了木制品和纸制品，对中央政府部门、行政机构和非政府组织强制执行。2010 年 4 月 1 日，英国在所有有关木材产品采购的政府合同中又纳入了社会标准（TTF，2010）。

2.3.3 法国绿色采购政策

法国木材公共采购政策起源于对热带材的关注。2004 年 4 月，法国出台了《法国热带森林保护政府行动计划》，其中明确提出有关公共采购的计划。2005 年，法国总理批准了《公共采购建议书》，此建议书规定了法国木材公共采购政策的范围、实施步骤和方法。其主要内容包括：对于法国各州政府机构的公共采购实施强制规定，要求他们必须考虑森林的可持续经营；对于地方当局，建议采纳此政策；对热带和非热带林产品采取无歧视政策。该建议书要求公共采购充分考虑现有的政策工具“可持续林业管理方案”和“木材产品可持续林业管理生态标签”，其中包括对木材产品的合法性或可持续性的要求(李小勇等，2008)。

2.3.4　新西兰绿色采购政策

为了打击木材非法采伐，新西兰采取了一系列措施，包括实施木材公共采购政策。2003 年 6 月，新西兰内阁批准了一项临时木材采购政策，鼓励政府使用可持续生产的、有稳定来源和经过认证的木材。政策要求政府在木材采购政策中扮演领导者的角色，从而可以鼓励政府各部门在遵守现行政府采购政策的前提下，采购可持续生产的木材，优先采购经过认证的木材。对于符合要求的木材采购，给予一定的优惠，同时要求兼顾国内产品和进口产品。临时政策规定的木材采购范围包括原木、锯材、人造板、木制品和木制家具。该政策要求所有的投标者和参与者的木材及木制品都要经过相关认证，如没有认证，须提交其它可证明木材可持续来源的证明(李小勇等，2008)。2006 年这项政策正式实施。

2.3.5　日本绿色采购政策

日本对木材的非法采伐和非法贸易非常关注。早在 1994 年，日本就开始了有组织的绿色采购活动。1996 年，政府与各产业团体联合成立了绿色采购网络组织，颁布了绿色采购指导原则，拟定了采购纲要，出版了环境信息手册等，自此开展了自主性的绿色采购活动。2000 年，日本政府颁布了“绿色采购法”，并于 2001 年正式实施。2003 年日本政府制定了“绿色采购调查共同化协议”，建立起绿色采购信息咨询、交流机制。2006 年 2 月，日本修订了关于推进环保产品的采购基本方针，并决定于 2006 年 4 月起开始实施一项关于政府优先采购能被确认为合法采伐的木材以及以此为原料的木材产品的新制度。新政策的宗旨是规定政府采购的木材和木材产品必须保证其合法来源，同时要考虑这些产品的原材料是否来自于可持续经营的森林。在此“合法性”是作为一项强制的评价标准，而“可持续性”只是作为考虑因素。采购商品的种类包括纸、文具、办公家具、内部固定装置和寝具、公共设施的原料等 5 类。合法性或可持续性证明材料有三种：森林认证证书、行业协会及相关的权威部门颁发的证书、其它同等可信度的证明材料(陆文明，2008)。

2.4　绿色建筑

建筑物对环境有着深远的影响，因为建筑物占用大量的土地，耗费大量的能源和水，建筑物也消耗大量的木材。目前各国对于能源效率的关注，使得“绿色建筑倡议”取得了快速发展。全球约有 15 个国家和地区建立了绿色建筑体系和标准。美国的“绿色建筑”(Leadership in Energy and Environmental Design，LEED)评级体系和英国的“建筑研究所环境评估法”(BRE Environmental Assessment Method，BREEAM)

体系是目前最成功的项目，而其他国家也正发展适合本国的体系，如日本的 CAS-BEE、法国的 HQE、德国的 DGNB 以及北美的“绿色星球”等都取得了快速发展。大多数标准的建立主要是为了提高能源利用效率，并汇集良好的实践和技术，以减少并最终消除建筑物对环境和人类健康的负面影响。此外，不同的标准往往都强调利用可再生资源，如利用太阳光。其中部分项目中把木制品符合合法性和可持续性、经过独立第三方认证作为绿色建材的一项标准，从而对认证林产品的市场发展起到了重要的推动作用。

美国绿色建筑委员会要求，住宅建筑购买热带木材时，只允许选择 FSC 认证或回收材料，以促进绿色住宅建筑的设计和建设。如果建筑使用没有获得 FSC 认证的热带木材，那么可以认定该项目不合格。除了对热带木材有这种要求之外，还有其他赢得项目得分的机会，如在房屋建造的框架、地板和橱柜中使用 FSC 认证产品。获得该机构的认可是美国负责任建筑发展的主要动力。

2009 年 3 月 3 日，加拿大绿色建筑委员会(CaGBC)发布了 LEED 加拿大住房标准。“LEED 住房”是一项自愿性评估体系，它促进高性能房屋的设计与建造，即使用更少的能源、水和自然资源；减少废物的生成以及使居住者感觉更加健康和舒适。FSC 认证的木制品符合 LEED 住房标准下的材料和资源二(MR2)——“环境良好产品”信用。MR2 信用下共有 8 分，其中 FSC 认证产品占了 6.5 分。该标准包括一项先决条件，即所使用的任何热带木制品都必须是 FSC 认证的，并具体列出了有资格得分的 FSC 认证的木质建筑成分(如框架、地板、家具等)。

绿色建筑的一个发展趋势是从自愿性认证计划向强制性的绿色建筑法规过渡。2012 年 3 月，国际绿色建筑规范(IGCC)发布，它由国际准则理事会(ICC)及众多的利益相关者发起成立。在材料和资源方面，该规范强调使用回收或可重复使用的生物材料，鼓励使用认证木材产品，并承认主要的森林认证体系。它还承认采购本地材料的合理性，即500 英里(1 英里 = 1.60 千米)以内公路运输时或2000 英里内铁路或水路运输，以节约使用能源。目前，已有几个国家和美国的几个城市采用此规范。此规范推动了绿色建筑的显著增长。

2.4.1 欧洲绿色建筑

联合国欧洲经济委员会和粮农组织调查表明，欧洲国家的绿色建筑中认证林产品应用情况有很大差异。

有些国家，如挪威、芬兰和卢森堡，提高绿色建筑中认证林产品的比例已不是一个主要议题。这些国家绿色建筑中认证木材的比例已经很高，认证木材的使用已成为一项基本要求。绿色建筑的主题是如何提高能源效率，而不是增加认证木材的利用。

在瑞士、斯洛文尼亚、捷克和列支敦士登有相对完善的认证林产品市场，但认证木材在绿色建筑中的应用还不多，目前这些国家正在开展有关推广活动。瑞士的“MINERGIE”标准相当于美国的 LEED 标准，要求在绿色建筑中使用认证木材。在捷克，有关可持续发展和能源效率的绿色建筑已逐步关注认证木材。在瑞士和列支敦士登，公共建筑的规划和承包过程中已广泛推广和指定使用认证木材。

德国和英国的报告指出，建筑领域的许多产品已经开始进行认证。但私营绿色建筑仍只占很小的份额，这主要是因为认证木材产品的私营业主所得利润较低。德国和英国公共采购政策开始对首选认证木材产生影响，同时也有望给私营部门增加新的利润。

法国房屋建筑中认证木材使用率还很低，约为10%。认证木材仅在建造木房子或高品质的环保建筑中发挥了一定的作用。公共采购政策和绿色建筑之间有着密切的联系，政策要求到2010年所有公共建筑使用的木材都需经过可持续性认证或有相关保证。

比利时、丹麦、德国和荷兰也有类似的举措。在建筑行业内部，使用认证木材的意义越来越重要，建筑行业内产销监管链认证的企业数量不断增加。2008年荷兰政府采用完全基于可持续性认证的公共采购政策进一步推动了认证木材的使用。FSC通过增加与住房协会、银行机构和建筑公司的协议数量(FSC与约86个合作伙伴签署协议，要求合作伙伴同意只使用FSC产品)，并在一年当中开展了多次推广行动，扩大了该体系在绿色建筑市场的份额。

意大利在绿色建筑行业相当活跃，森林认证产品在建筑部门的潜力很大，但目前仍有待发挥。国家森林和木材工业协会的预测表明，未来几年，建筑用木材的百分比可能会有每年0.4%至5%的增长率，即每年增长1600～20000座建筑。意大利最新颁布的法律明确支持绿色建筑和节能建筑行业。这些法律不仅与建筑强制性能认证方面的欧盟指令2002/91相一致，而且涵盖了绿色建筑和节约能源的减税问题。另外，意大利绿色建筑委员会于2007年启动制定绿色建筑标准，它规定所使用的木制品中FSC认证的林产品应占50%以上(UNECE，2008)。

2.4.2　北美绿色建筑

2007年，随着住宅建筑地区LEED认证的推出，美国的“绿色”建筑市场取得了快速发展。据报道，在西北太平洋地区，节能住宅在低迷的房地产市场是一个亮点。环保认证住宅以每平方米溢价10.5%的价格出售，并在出售前比非认证住宅少花费24%的时间。从2007年9月至2008年3月，西雅图的所有已售房屋中，有20%通过了环保认证。2008年，美国开始建造绿色公寓。LEED设定了公寓评级系统，包括提高能源效率、室内空气质量、用水效率和使用可持续利用的材料，其中包括FSC认证的木材。LEED建筑委员会报道，1200座认证建筑评级中有1/3是由于他们使用了认证木材。2006年的NAHB报告中提到，50%的建设者把注意力集中在绿色建筑的问题上。2007年1月，绿色建筑媒体公布的一项美国各地的250处住宅的调查结果表明，51%的房屋建筑商指出买家愿意支付溢价在11%～25%之间的绿色房屋。至2008年5月，横跨美国31个州的近700处房屋已通过LEED认证，在不久的将来将有12000个额外的家庭注册认证。

绿色建筑的热潮从美国扩展到加拿大。由于受到媒体的极大关注，加拿大一些省级政府为政府建筑物制定了绿色建筑标准。绿色建筑在加拿大建筑市场发挥着很大的作用。加拿大绿色建筑委员会开展绿色建筑认证，它沿用了美国建筑委员会的LEED标准，并同样对认证林产品进行积分奖励。

认证木材产品给建设部门和消费者提供了木材来自于良好经营和合法来源的保证。这是一个建设者、建筑师和其他人可以传递给最终用户的消息。因此，这些群体越来越多地指定使用认证木材产品。另一方面，由于在住宅领域人们对认证产品的需求很少，人们对森林认证的认识还有很大的不足(UNECE，2008)。

2.4.3 亚洲绿色建筑

亚洲国家的绿色建筑也开始起步。世界绿色建筑委员会的现任成员包括印度、日本和中国台湾。仍处于早期发展阶段的中国、中国香港、韩国、菲律宾和越南尚未成为理事会成员(世界绿色建筑委员会，2008)。

印度绿色建筑委员会已经通过了 LEED 评级系统(印度绿色建筑委员会，2008)。2007 年，该委员会为新建筑推出“LEED 印度”。和美国一样，“LEED 印度”只允许使用 FSC 认证的木材。至 2008 年 3 月，LEED 系统已登记 160 余幢建筑物(印度工业联合会，2008)。

日本可持续建筑协会开发了“建筑环境效率综合评估系统(CASBEE)”(日本可持续建筑协会，2008)。CASBEE 包括四个对应建筑生命周期的评估工具：CASBEE 预先设计、新建筑、现有建筑和装修。CASBEE 允许使用较高等级的森林间伐木材、来自可持续经营森林的木材和国内软木。不同于 LEED 系统的是，CASBEE 在森林认证体系方面没有作出特别规定。截至 2008 年 3 月，总建筑面积 150 万平方米的 24 座摩天大楼通过了 CASBEE 认证。

2006 年 6 月，中国建设部发布了《绿色建筑评价标准》，其类似于 LEED，但目前仍未将认证林产品的要求融入进去。近年来，绿色建筑评价标识项目数量一直保持着强劲的增长态势。截至 2013 年上半年，全国共评出 978 项绿色建筑评价标识项目，总建筑面积超过 1 亿平方米，其中，设计标识项目 919 项，占总数的 94%；运行标识 59 项，占总数的 6%。其中居住建筑占 55%，公共建筑占 45%，获得绿色建筑标识项目的建筑面积平均在 10 万平方米左右，项目规模较国外绿色建筑标识项目大很多。

未来十年，预计超过一半的世界新建筑将在亚太地区。目前绿色建筑在亚洲处于起步阶段，尤其是在中国和印度。林产工业需要与绿色建筑规范的制定者紧密合作，以使认证林产品受益于绿色建筑的发展，这对于认证林产品市场的发展非常重要(UNECE，2008)。

2.5 木材非法采伐相关法案与进程

世界银行报告显示，全球非法采伐每年都会导致严重的经济损失，同时还导致了资源破坏、水土流失、政府税收流失、当地林农应有的回报得不到保障等问题。

濒危野生动植物种国际贸易公约(CITES)于 1975 年颁布，目前已经得到了 160 个国家的认可，体现了国际社会对濒危物种贸易的关切，同时对非法采伐提供了国际范围内可借鉴的通行准则。主要用于规范动物、观赏植物、药用植物以及木材的贸易。公约致力于对濒危物种的确认，并且通过法律手段阻止对这些物种的采伐和贸易。

近10年来，国际社会已经采取积极措施打击木材非法采伐以及相关贸易。从政府角度看，众多国家和国际组织采用负责任和可持续采购政策来保证木材来源的合法途径；从国际层面看，欧盟、美国等已经出台相关法律，而且在政府采购政策中也有对林产品合法性的要求。

每个主权国家都有自己的法律体系和关于森林资源经营管理的法规，都可以用来诠释木材的合法性。所以木材合法性的解释存在国别差异，但均应包括以下几个方面：一是遵守森林经营、环境保护，劳动者的福利、健康、安全等相关的法律；二是合法采伐；三是遵守税收等相关的法律；四是尊重可能受木材采伐影响的水土涵养、动物栖息及其他资源的保护；五是遵守贸易和国际相关法规的要求等。

2.5.1　美国《雷斯法案》

美国没有关于木材合法生产、运输、加工的专门法规，但在《雷斯法案》修正案中予以总体限定；如果企业在植物的获取、采伐、占有、运输、销售或出口环节违反了任何一个国家或美国各州的相关法律，以及提供虚假证明、虚假商标等，将违反美国《雷斯法案》修正案。

《雷斯法案》是美国第一部联邦自然保护法案，百余年来历经修订。2008年，美国农业部对此部法案再次修订，于同年5月22日正式生效的《雷斯法案》修正案延伸至植物及其制品（林产品）贸易，它认可、支持其他国家在管理本国自然资源中做出的努力，并对企业交易来自合法渠道的植物及植物制品（林产品）提供强有力的法律保障。简言之，这个法案要求对美国进出口贸易的动植物（包括木材、木制品）必须符合来源国的法律、美国的法律和相关的国际法规、准则。《雷斯法案》修正案的推出，给输美木材加工制品的生产企业和贸易商敲响了警钟，要求必须从源头的木材采伐开始关注，保证整个生产、经营过程符合相关法律、法规。这里的法律、法规涉及国际法及其准则、他国法律和本国法律。

2.5.2　欧盟FLEGT进程

为了打击非法采伐和相关贸易，欧盟于2003年颁布了《森林执法、施政和贸易行动计划》（FLEGT），提出了一系列旨在打击非法采伐活动的措施。欧盟的FLEGT进程的目标是打击木材非法采伐，只有合法木材及其制品才得以进入欧盟市场。FLEGT进程承认欧盟作为木材产品消费大户，和木材生产国一样有责任解决非法采伐及相关贸易问题。然而，目前还没有一个切实可行的机制可以识别并拒绝非法木材进入欧盟市场。有鉴于此，森林执法、施政和贸易行动计划提出开发欧盟和各个木材生产国（森林执法、施政和贸易协议国）之间的自愿伙伴协议（Voluntary Partnership Agreements，VPAs）。

2.5.3　自愿伙伴协议

VPA是欧盟和木材生产国之间的捆绑协议或合作承诺，需要双方共同协作支持FLEGT行动计划和实行木材许可制度。木材许可证成为批准生产国出口木材到欧洲市场的声明，VPA的核心要素是生产国要承诺其有合法可靠的管理机构及技术体系来证明木材是根据国家法律生产的，将非法木材从成员国市场中驱逐出去。实施VPA分为收集信息和预谈判、正式谈判、批准及制度建立、全面实施和认证4个阶段，最终实行 FLEGT 许可制度并实现可持续森林经营。截至 2011 年底，VPA 在全球的实施情况如下：

有 6 国处于制度建立阶段(已签署 VPA 协议)：喀麦隆、中非共和国、加纳、印度尼西亚、利比里亚和刚果共和国。

有 4 国处于正式谈判阶段：刚果民主共和国、加蓬、马来西亚和越南。

还有一些国家处于信息收集与预谈判阶段：玻利维亚、哥伦比亚、厄瓜多尔、危地马拉、秘鲁、柬埔寨、缅甸、巴布亚新几内亚、所罗门群岛和塞拉利昂。

2.5.4 欧盟木材法案(EU Timber Regulation，EUTR)

随着非法木材问题愈演愈烈，国际社会倾向于通过立法方式更加严厉地打击非法采伐。美国《雷斯法案》的实施为欧盟树立了可参照的范例，于是欧盟木材法案应运而生。2010 年 10 月 20 日欧洲议会和欧盟委员会颁布第 995/2010 号《欧盟木材法案》，并于 2013 年 3 月正式实施。EUTR 规定木材贸易商有义务执行有关程序来合理保证其进口到欧盟的产品或者在欧盟国内生产的产品是来自于合法采伐的木材，EUTR 适用于所有国家列出的所有产品。EUTR 要求贸易商对首次进入欧洲市场的木材展开尽职调查(Due Diligence)和进行风险管理。

EUTR 是 VPA 的补充和完善，也是 FLEGT 的延续。旨在通过构建尽职调查制度使欧洲市场非法采伐及贸易活动的风险降到最低。EUTR 要求只有获得 CITES 许可证的或有 VPA 许可证的木材及产品才可无需开展尽职调查就进入欧洲市场，这将刺激和推动木材生产国与欧盟签署 VPA。EUTR 的正式实施，将对向欧盟出口木材及产品的出口国和生产国的相关产业、市场和竞争力产生重大而深远的影响。

2.5.5 澳大利亚《禁止非法采伐法》

澳大利亚于 2012 月 11 月通过了《禁止非法采伐法》，该法成为世界上第一个专门针对非法采伐的法案。《禁止非法采伐法》规定，那些故意、有意或不顾一切地进口或加工非法采伐木材或木材产品的行为，被视为犯罪。涉及的对象包括进口木材或木材产品到澳大利亚的企业以及国产原木的加工商。

2013 年，澳大利亚又对《禁止非法采伐法》进行了修订。新的《禁止非法采伐法》在 2014 年 11 月 30 日正式生效。新法规定，进口受管制的木材或木材产品的进口商，在进口这些产品之前，需要评估和管理木材被非法采伐的风险，即需要实施“尽职调查”。受管制的木材产品包括大多数木材和木制品，如锯材、胶合板、装饰线条、细木工板、胶合板、纸浆、纸张和木制家具。

2.6 应对气候变化与碳汇核查

2005 年 2 月 16 日，《京都议定书》正式生效，引起全球关注。在第一承诺期中将造林和再造林模式和程序引入清洁发展机制(Clean Development Mechanism，CDM)。这项措施在提高公众环保意识的同时，间接推动了森林认证的进程。如欧洲、日本等发达国家和地区为达到减排目标，持续扩大了对国际市场认证林产品的需求，使得南非、智利、澳大利亚和新西兰等木材供应国的人工林认证面积不断增加，其中新西兰约 1/3 的短周期人工林通过了森林认证。

另外，在《京都议定书》简化小规模造林和再造林的程序中，按承诺的要求，用可更新能源代替化石燃料时需要计量生物能，尤其要对短周期林木进行生物量核查。随着认证标准和指标的完善及认证技术的发展，森林认证将作为一种检验机制，在保证用于碳汇的森林在可持续管理下达到生态、经济和社会的多重效益方面发挥更大的作用。

全球对气候变化的关注和对森林在减缓战略中作用的兴趣在不断增加，这对森林认证发展具有重大的意义。虽然森林认证体系的核心目标是可持续木材产品市场供给，气候变化问题却显著拓宽了经济“产品”，这些产品可能来自于包括能源木材生产和固碳功能以减缓气候变化的森林。这也需要森林认证体系及时进行调整，如在标准中明确碳监测的要求，并要求增加碳储量。

同时，为可持续使用生物燃料和碳汇而设计的碳汇认证体系，有可能与现有的森林认证体系发生冲突。为了确保合理利用土地、实现森林管理目标和获取一定经济效益之间的平衡，必须加强对森林可持续经营认证与碳汇认证之间的协调和统一。气候变化问题使得森林认证作用意义更重要，该机制既要反对简单地因碳汇而禁止利用森林，又要确保增加可持续林产品的市场准入(UNECE，2010)。

3　认证林产品市场

认证林产品市场是开展森林认证的产物，同时，认证林产品市场的发育状况也关系到森林认证能否在一个国家或全球得到有效开展。可以说，认证林产品市场体现了森林认证的发展状况和趋势，是全球林产品市场中重要的组成部分。

3.1　森林认证的市场效益

对于企业来说，主要的市场利益在于以下内容。

3.1.1　提高市场准入，保持或增加市场份额

西欧和北美等环境敏感市场的消费者对林产品的环境和社会影响非常重视，他们要求其消费的林产品的原材料来自经营良好的森林，也就是这些森林的经营要符合一定的环境和社会标准。20 世纪 90 年代，北欧国家的企业普遍感受到了来自环境敏感市场的压力；由于环保运动，东南亚国家在东欧的市场份额下降了 68%。为了保住产品的市场份额，欧洲一些大的企业普遍开始实施森林认证，以保证他们林产品的市场准入。很多案例表明，FSC 认证帮助认证企业的林产品进入了新的市场。如俄罗斯开展 FSC 认证的企业称，通过认证后，他们的林产品在欧洲市场的竞争中更加稳定与安全，收入增长约 10%。

目前，随着绿色建筑倡议、政府公共采购政策以及针对木材合法性贸易法规的实施，通过森林认证的产品能够获得更多采购合同的机会，从而提高了认证林产品的市场准入。

3.1.2　认证产品溢价

认证产品的价格可能比未认证产品的价格高。认证产品按照类别的不同可以获

得一定比例的提价。而且，由于通过认证可以获得长期的供应合同并扩大了市场份额，企业可能获得更多的市场利益。消费者认为通过这种方式可以保证他们购买的木材产品不会造成对环境的破坏。他们把认证作为保证产品质量的一个基本属性。根据联合国欧洲经济委员会和粮农组织提供的信息，FSC 认证的硬锯木将有 12% ~ 20% 的市场溢价。

2010 年发表的一项研究报告称，73% 的绿色建筑的建筑师表示，他们已为使用 FSC 认证的木材支付溢价。在认证和非认证产品之间存在着 10% ~30% 的价格差异。最近的研究表明，欧洲获证企业的认证木制品平均有 6.3% 的价格溢价，韩国平均溢价为 5.6%，美国平均溢价 5.1%，加拿大只有 1.5%（UNECE，2012）。

3.1.3 改善企业形象，提高企业产品在国际市场上的竞争力和信誉

认证为企业参与公平竞争创造了良好的外部环境，企业拥有良好的原料采购、生产和销售系统，可以增强企业自身的可信度。同时，认证可以树立企业在“绿色市场”中的良好形象，增加了企业的市场竞争力。

3.1.4 区分产品

林产品企业希望在市场上能将他们的产品与其它企业的产品区分开来。认证提供了区分产品的一种途径，即经过认证的产品有权使用认证标签。随着越来越多的认证产品在市场上销售和获得市场认可，第三方认证越来越被作为沟通环境政策和市场最可信的工具之一。

3.1.5 促进收入的多元化

森林认证鼓励森林经营单位开展多种经营，寻求单株树木和用材树种的最大和最优化利用；鼓励开发和利用“欠知名树种”和林区内的多种非木质林产品；促进产品的多元化利用；鼓励产品的深加工以提高产品的附加值，以上措施直接增加了企业的收入，促进了企业森林经营收入的多元化。

3.1.6 获取更多的财政和技术支持，降低投资者的风险

开展森林认证的企业更有机会争取到多边银行和国际组织的资金和技术援助，这些银行和国际组织一般都有促进森林可持续经营的意向。由于认证得到非政府组织的支持，有利于认证企业的风险管理、声誉和市场营销。

3.2 全球认证林产品市场现状

由于各国海关和贸易统计部门尚未将认证林产品作为单独的统计类别，因此很难得到认证林产品生产、消费和贸易的准确数据。总体来说，目前认证林产品的消费需求和供给在全球林产品贸易中所占的比例还较小。认证林产品的供需呈现结构性差异，在一些认证森林比例较大的欧洲国家，认证林产品的供应超过了需求，而在某些环境敏感市场，认证林产品需求量超过了供应量，特别是热带材。

从认证林产品的供应来说，全球认证森林的潜在木材供给量是巨大的。根据 FAO/UNECE 2011~2012 林产品年度报告，全球认证木材的供应量约为 4.69 亿立方米，约占全球原木供应量的 26.5%，但仅有少部分是作为认证木材进行贸易的。这主要是因为一些加工企业对此不感兴趣，以及一些主要的零售商更喜欢使用自己的

商标，而非认证标志。

对认证林产品的需求主要集中在欧洲(英国、荷兰、德国和比利时较多)和北美(美国和加拿大等)所谓的“环境敏感市场”。在这些市场上，认证林产品的比例是全球最高的，但也不到5%。这些国家对认证林产品的需求超过供给。供给不足也迫使这些“环境敏感国家”的购买商支持他们的供货商进行认证，因此一些国家(如波兰、克罗地亚等)的认证经常是由购买商或外国的团体支付认证费用的。

纸业是FSC认证市场最主要的行业之一，包括利乐公司(Tetra Pakc)，Otto以及麦当劳餐厅欧洲公司(McDonalds Europe)在内的许多大公司都承诺优先使用FSC纸和包装产品。主要纸业生产企业，如Arjo Wiggins、Mondi和Suzano等已经制定了支持生产FSC认证纸的政策。2008年9月在德国杜塞尔多夫举办的“全球纸业论坛”证实，纸业生产、销售和采购公司对经过FSC认证的负责任来源的纸张的需求不断增长。这些采购政策对认证林产品市场的影响是显而易见的。例如，2010年5月在美国颁发的3645个FSC产销监管链证书中，至少有1/3出自印刷和出版公司，另外20%为纸浆及纸制品的供应商。

3.3　全球认证林产品市场发展趋势

森林认证是一种市场机制，开展森林认证的核心推动力是认证林产品可以获得额外的市场收益。因此，认证林产品的市场发育程度关系到森林认证在全球的推广和应用。自森林认证出现的20年间，认证林产品市场也从无到有，市场份额逐步扩大，对林产品供应链的影响也日益增强。纵观全球认证林产品市场，可以总结出如下发展趋势。

3.3.1　认证林产品市场在一些地区将持续扩大

在欧美一些环境敏感国家，无论是迫于环境组织的压力，或是基于市场准入和提升自身形象的考虑，越来越多的企业和零售商开始销售认证的林产品，尽管目前认证林产品所占的市场份额仍然很小，但从其发展趋势看，认证林产品市场在持续扩大，并越来越受到重视。例如，从2012年5月到2013年5月，全球来自认证森林的原木所占比率为28.3%，意味着5.01亿立方米的原木，同比增长了1.8%。而在2009年，全世界认证森林生产的原木约4.1亿立方米，占世界原木总产量26%。

3.3.2　各国政府的“公共采购政策”将成为认证林产品市场的主要推动力量

欧洲一些国家制定的公共采购政策中已经列入了优先或只采购认证林产品的要求。国际上一些大型的活动，如体育比赛、国际会议、展览会等将更多地使用认证林产品。公共采购政策中不涉及使用认证林产品将可能会受到国际环保组织的较大压力。英国2012年伦敦奥运会要求建筑项目中使用的所有木材都可追溯来源，要求这些木材必须合法、来自可持续经营的森林，以此来保证伦敦奥运会成为真正的绿色奥运会。伦敦奥运会需要的认证林产品包括60万立方米的阔叶材、胶合板和其他木材产品。

3.3.3 中国、美国、日本等林产品消费大国的态度影响着全球认证林产品市场的发展

目前认证林产品的市场主要在欧洲，但在对全球林产品的消费中，中国、美国、日本具有举足轻重的作用。如果林产品的消费大国对认证的态度不积极，将很难带动林产品生产国积极寻求认证。认证林产品市场的发展有赖于消费大国采取积极的态度和行动。中国森林认证体系在2014年获得国际体系PEFC认可后，很快就带动了周边越南、缅甸、尼泊尔等10多个亚太国家加快其森林认证进程。因为中国对森林认证的积极态度，将在很大程度上影响这些国家的木材原料出口贸易。

3.3.4 认证林产品市场的发展还需要漫长的过程，发展中国家在推动认证林产品市场方面的作用还很微弱

大多数发展中国家是作为林产品的原料生产国，在森林认证方面既缺乏资金，也缺乏知识和能力，单纯依靠部分发达国家的推动是很难使认证林产品市场得到很大发展的。因此，在目前的情况下，认证林产品的市场还需要经历漫长的发展过程。非洲、亚洲、南美洲的发展中国家，是木材原料的主要来源地，尤其是热带材。但这些国家认证的森林很少。在基本上不存在国内认证林产品市场的情况下，森林认证很难有较大的发展。

第四章 森林认证对我国森林经营和林业产业的影响

从全球来看，森林认证正逐步得到全世界生产企业和消费者的认可，将成为解决世界森林问题、促进森林可持续经营和林产品负责任采购的一种有效手段。林业产业是我国国民经济不可或缺的一部分，森林认证的引入不仅会在生态、社会方面影响我国林业发展，也会在经济方面影响林业产业的发展。

1 森林认证对我国林业的重要意义

森林认证不是解决我国林业问题的“万能药”，但毫无疑问，它对我国林业建设具有积极的促进作用。在我国建设现代林业的进程中，作为从国外引进的一种新的政策工具，森林认证对完善我国林业体制、促进资源管理、推动林业产业和树立我国大国形象具有重要意义。

1.1 完善林业体制提升林业发展水平

1.1.1 创新和发展现代林业制度

按照党中央、国务院关于林业工作的一系列重大部署以及新时期林业的新变化、新地位、新使命，我国确立了“发展现代林业、建设生态文明、推动科学发展”的林业工作总体思路。全面推进现代林业建设的过程，实际上是一个不断深化林业改革，建立新型体制机制，理顺生产关系的过程；是一个改造和提升传统林业，转变增长方式，发挥多种功能，满足社会多样化需求，实现可持续经营的过程。要完成这一历史使命，林业必须进行自身的制度创新。作为一项具有创新意义的手段和工具，森林认证通过独立的第三方评估森林经营，以“非国家管理”为特点，强调公众参与，强调执行森林经营方案的重要作用。同国家法规政策相比，森林认证具有更大灵活性，更能发挥企业的积极性和自主性。它是通过市场的力量，促使森林经营单位向可持续经营转变，自觉地将森林经营活动纳于可持续标准框架之内。通过认证，企业也能获得经济效益，是林业政策法规的有益补充。开展森林认证有助于促使我国森林经营纳入可持续发展原则的轨道，有助于我国林业的跨越式发展。

1.1.2 进一步优化林业产业结构

据统计，我国2014年林业第一、二、三产业的比重为34∶52∶14。由此可见，我国林业产业仍存在一定的结构问题。众多木材加工企业普遍素质不高、规模小、产品质量档次低，木材利用率仅为60%左右，在国际市场上大多以数量取胜而非质量。这种情况对于我国林业产业的健康发展、特别是林产品贸易的健康发展极为不利。引入森林认证，一是能够帮助第二产业中出口型加工企业维持其在国际市场上的份额甚至加大份额，接触到高端市场的加工企业在市场机制的引导下会逐步改进自身加工程序，促进加工技术的改进，与国际接轨；二是获得森林认证的企业的发展壮大，必然会引发第二产业内企业的整合，在优胜劣汰法则的作用下，林业第二产业内一些木材利用率低、产品质量档次低的企业必会被淘汰，最终优化林业第二产业内部结构，提高林业第二产业素质。

1.1.3 有效解决木材供给问题

按照认证标准进行经营，从长远来看，能增加木材总产量，提高森林生产力，有助于解决我国目前的木材供需矛盾，实现木材的供需平衡。2013年我国进口林产品折合原木达到2.49亿立方米，占全国年木材消费量的48%左右。随着经济的发展，我国木材需求量还将大幅度增加。而全球保护森林资源的呼声日益高涨，许多国家开始限制原木出口，维护木材安全已成为我国一个重大战略问题。根据有关专家的统计，中国森林中约有1.1亿公顷作为用材林。如果在这些地区采取良好的森林经营机制，有望将现有每公顷92立方米的平均蓄积量提高到每公顷115立方米或120立方米，加上3%的年增长量，将使中国有能力满足目前的木材需求量，而不必大量提高进口量。

目前中国许多林业企业经济危困，这与企业只注重眼前的经济利益、忽视企业的长远发展有很大关系。林业企业为实现利润最大化，不顾长远利益，采用资源耗竭式经营，超限额采伐林木，结果是森林资源越采越少。同时，由于森林培育周期长，很多企业不愿长期投入。森林认证通过保证和开拓企业林产品市场，并提供一定的利润回报，鼓励企业开展可持续经营，在一定程度上可以限制企业只顾盲目采伐森林而忽视木材可持续生产的短视行为，发挥企业的积极性与主动性，解决我国的木材供应问题。

1.2 促进森林资源的有效管理

1.2.1 有利于推动森林可持续经营

全世界的森林面积平均每年以1700万公顷速度递减，森林生物多样性也在减少。预计在2015年之前，世界每年将丧失8000~28000个物种。这一严峻的事实说明，不但森林资源本身的不断减少使木材及木材产品的短缺越来越严重，而且森林面积的减少和生物多样性急剧下降还会使全球温室效应和气候变暖过程加剧，从而对全球生态环境产生严重的影响，对人类未来的生存形成了威胁。1992年的世界环境与发展大会提出了一系列的文件，包含了加强森林资源保护和合理利用及对森林可持续经营的要求。

随着森林问题的突出，全球对森林问题关注达到了空前的水平。国际上不少机构和学者纷纷指出森林可持续经营的重要性，提出要逐步开展森林的可持续经营，实现人与森林的和谐共存。森林可持续经营已经成为全球范围内广泛认同的林业发展方向，也是各国政府制定森林政策的重要原则。

森林可持续经营是21世纪国际林业发展的方向，是实现林业可持续发展的关键。开展森林认证的主要目的是通过森林认证这种市场机制促进森林的可持续经营，从而实现对社会负责任、对环境友好、经济可行的森林资源持续利用，长期为人类造福。

1.2.2　有利于完善森林资源管理模式

尽管我国对森林资源的保护和管理较之从前已经有了很大的改观，但仍需要不断地加强森林资源的有效管理，以适应建设现代林业的需求。实施森林认证制度，是提高森林可持续经营管理模式的一种制度创新，为保护与可持续利用森林资源提供了一种独立的社会监管机制。将森林认证纳入森林资源管理体系，有利于通过市场的力量，以我国的森林保护和可持续经营标准与指标为技术支撑，监督、检验森林经营单位的森林经营实践，控制森林资源不合理消耗，促使森林经营单位向可持续经营转变，自觉地将森林经营活动纳于可持续标准框架之内。

1.2.3　有利于提高森林经营管理水平

对森林经营单位进行的认证，是按照科学、公开的原则和标准，对其森林经营管理的过程及绩效进行经济、社会和环境方面的评估，评估内容包括经营规划、营林、采伐、林区基础设施、动植物保护、劳动者保护等方面。森林认证提倡森林资源的有效利用，并强调生物多样性的保护，同时关注员工健康、开展培训、加强基础设施建设，同时确保所有利益相关者的权利得到尊重和实现等，这些都有助于森林经营单位提高森林经营水平。

1.2.4　促进林改后集体林可持续经营

森林认证也为拥有小面积林地的林农开展联合认证提供了渠道，从而促使个体林农联合起来，发挥集体组织的作用，有利于解决我国林权制度改革后林农分散经营、不可持续经营的问题。实施森林认证制度，为创新集体林业经营体制和机制提供了一个新模式，为提高生产的组织化程度、降低生产成本、增加林农收入开辟了一个新渠道，为林农或林业新型合作组织提高森林经营水平、增强风险抵御能力提供了一个新手段，对巩固和发展林权制度改革成果、实现林农增收、生态良好、林区和谐的目标，具有积极的意义。

1.3 推动林业产业发展

林业作为重要的基础性产业，在促进国民经济发展中发挥了重要的作用。2009年，我国林业产业产值1.75万亿元，林产品进出口贸易额702.2亿美元，占世界林产品贸易总额的18%；2014年林业产业总产值达到5.40万亿元，全国林产品进出口总值为1380亿美元、同比增长8.4%。我国已跃升为世界林产品生产和贸易大国。开展森林认证对我国林业产业的效益主要体现在以下几个方面：

1.3.1 促进林业产业管理与经营体制改革

森林认证的认证内容中包括了对森林经营管理的认证，认证标准要求申请认证的森林经营单位必须不断改善管理体系，承担政策义务，依照制定的规章制度和经营指南开展经营活动，并解决有关的环境、社会问题。尽管我国已经实行了诸多政策引导，但当前我国林业系统中，仍缺乏真正的现代企业制度，组织管理体制仍未摆脱计划经济的束缚。我国林业企业获得森林认证得以进入国际市场的过程将极大推动林业产业管理体制与经营机制的改革。

1.3.2 提升林业企业经营管理水平

林业企业的产销监管链认证（COC）的实质是企业原料采购、生产加工、销售管理体系的认证。首先，通过COC认证，可以促使企业建立先进的管理体系和经营体系，从而促进中国林业企业加工和管理水平的提高，加快林业企业的发展。其次，森林认证可改善企业在国内外消费者心目中的形象，提高认证企业在国际、国内的知名度；第三，促进了我国林业企业把视野和目标从国内扩展到全球，促使企业认真分析如何在一个更加开放、更加互相依存的世界中更好地生存与发展，有利于企业的长期可持续发展。

1.3.3 推动林业企业发展

新中国林业经过了60多年的发展，实现了森林面积和森林蓄积量双增长。但我国森林资源总量仍然严重不足，质量依然不高，森林生态系统整体功能仍然非常脆弱，与经济社会发展的需要相比还很不适应。森林可持续经营需要森林经营新技术和林业企业能力的提高。中国森林要实现可持续经营，需要在经营技术和管理方式上有很大的转变，相应林业企业的能力也要得到提高。通过森林认证，可以提高林业企业森林经营和利用方面的技术水平。认证为企业提供了一套先进的管理体系和经营体系，改善企业的经营管理状况，提高其生产效率和经济效益，从而推动中国林业企业向现代企业制度转变，加快林业企业改革。

1.3.4 提升林产品国际竞争力

开展森林认证，可以实现国内林业产业与国际林产品市场的对接，形成外在市场需求和我国林业产业的有机衔接，促进林业企业采用先进的林业经营技术和加工技术，从而有利于提高我国林产品的国际竞争力。同时，经过认证的木材或木制品还能够获得一定的“绿色补偿”——溢价。根据相关调查，我国经过森林认证的林产品出口到欧洲和美国市场后，平均增值10%~20%。

1.3.5 应对林产品国际贸易中的“绿色贸易壁垒”

近年来，由于国际社会对热带雨林毁林问题的日益关注，推动林产品合法可持续贸易的呼声不断高涨，加之欧美国家一定程度希望保护本国林产加工业，在林产品国际贸易中出现了一些“绿色壁垒”，使得各国出口到欧美的林产品受到越来越多的要求证明“合法性”和“可持续性”的约束。例如2008年美国政府通过的《雷斯法案修正案》(*Lacey Act Amendment*)和2013年欧盟实施的《欧盟木材法案》(*European Union Timber Regulation*)等法律或政策，均对林产品提出了与证明木材来源有关的要求。

2014年我国林产品出口额达到722亿美元，出口到美国和欧盟环境敏感市场的份额占到了我国林产品出口总额的40%左右，越来越多的欧美国家在进口林产品时关注其合法性与可持续性。森林认证作为第三方证明木材及产品来自合法、可持续经营森林的工具越来越被国外买家要求，这对我国林产品出口带来了一定的挑战。因此，开展森林认证，已成为提高我国林产品出口竞争力，维护我国林产品出口份额，解决林产品国际市场的“准入”问题、应对国际市场“绿色贸易壁垒”的有效手段。

1.4　有利于树立中国负责任大国的形象

1.4.1　反击破坏国外资源的指责

由于我国林业的对外贸易依存度逐年提高，特别是进口原木数量激增，2014年我国原木进口量达到5119.4万立方米。国外一些媒体和非政府组织，指责中国是全球最大的非法采伐木材集散地，只注重保护本国生态环境和资源，将生态危机转嫁他国。“中国经济高速发展所带动的对木材需求的迅速增长，正在对全球范围内的原始森林构成毁灭性冲击”的论调甚嚣尘上。国际社会的这些指责已经对我国的大国形象造成负面的影响，并波及到了国家的政治层面，对我国造成一定的政治、外交压力。

森林认证是国际公认的促进全球森林资源可持续经营，保护生态环境的一种市场机制，我国应逐步加强对来源于国外的木材的森林认证要求，作为维护我国国家利益、应对资源破坏论的一种重要方式。

1.4.2　应对国际林业热点问题

目前，从全球范围来看，环境保护的呼声日益高涨，强调森林资源的可持续开发和利用。世界各国也都已经意识到森林资源对本国社会、经济发展的重要作用，美国政府推出了《雷斯法案修正案》、欧盟出台了《欧盟木材法案》，一些国家建立了森林认证体系，对木材的来源进行合法性认定已经成为各国共同的要求。在此情况下，我国在此问题上也应积极应对。开展森林认证已成为国际公认的、促进森林可持续经营的重要途径和国际林业潮流之一。森林认证目前在全球90多个国家开展，约有30多个国家建立了森林认证体系。

1.4.3　践行国际承诺

中国是世界上最大的发展中国家，也是世界林业大国之一，对世界生态环境的影响必然受到各国的关注。2002年9月，在南非召开的可持续发展世界首脑会议上，中国政府承诺，中国将坚持不懈地做出努力，义无反顾地承担起责任，用行动来实践诺言，坚定不移地走可持续发展之路。2009 年 9 月，胡锦涛主席在联合国气候变化峰会上又提出大力增加森林资源，增加森林碳汇，争取到 2020 年我国森林面积比 2005 年增加 4000 万公顷，森林蓄积量增加 13 亿立方米。2009 年 11 月，国家林业局发布《应对气候变化林业行动计划》，其中规定实施的行动就包括：实施全国森林可持续经营、加强森林资源采伐管理等。开展森林认证对我国实现上述承诺无疑具有重要的意义。

2 我国森林资源及经营管理现状

2.1 我国森林资源现状

2.1.1 我国森林资源的现状及变化

森林资源是自然资源的重要组成部分，是国民经济和社会发展的重要物质基础，对保障陆地生态系统功能、维护地球生态平衡、缓解全球气候变暖发挥着不可替代的作用。

我国第八次森林资源清查结果显示：我国森林面积 2. 08 亿公顷，森林覆盖率 21. 63%，活立木总蓄积 164. 33 亿立方米，森林蓄积 151. 37 亿立方米。

我国森林覆盖率、森林面积、森林蓄积量、活立木总蓄积量的变化趋势如图 4-1 ~4-4 所示。

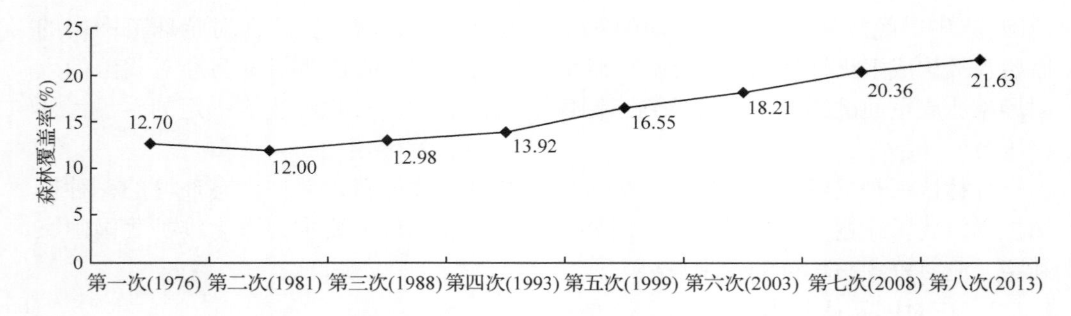

图 4-1 中国历次森林资源清查结果森林覆盖率的变化

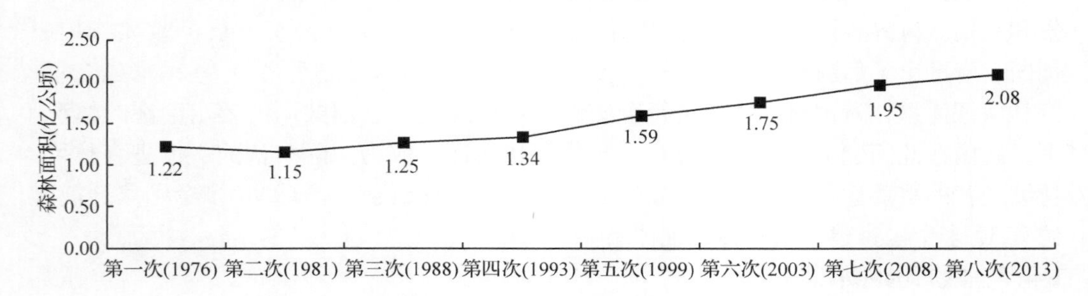

图 4-2 中国历次森林资源清查结果森林面积的变化

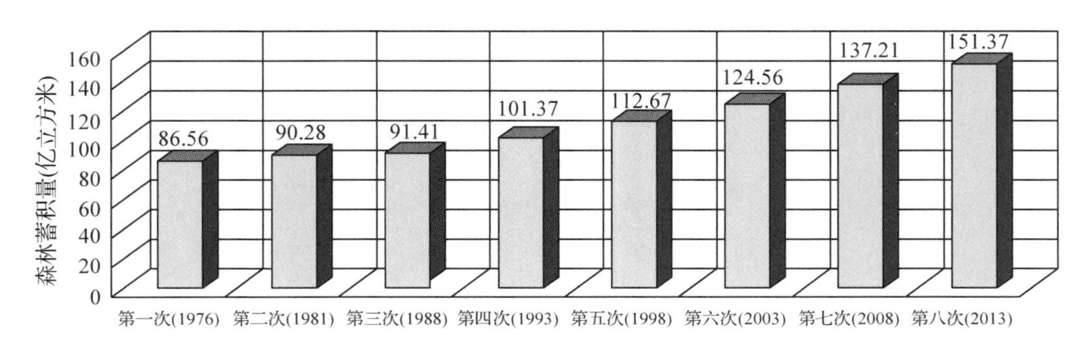

图 4-3　中国历次森林资源清查结果森林蓄积量的变化

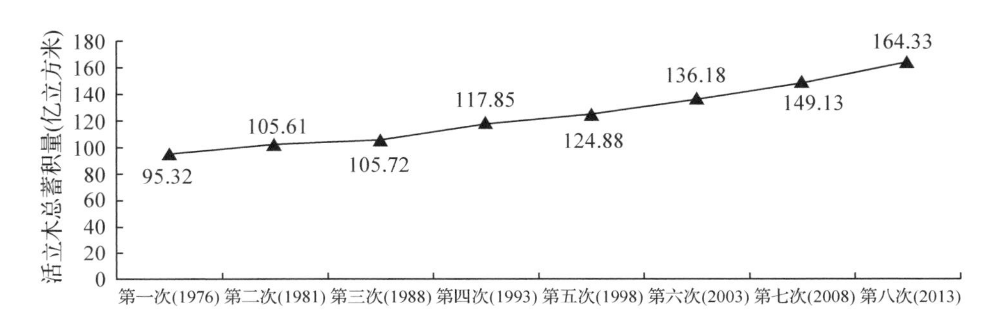

图 4-4　中国历次森林资源清查结果活立木总蓄积量的变化

连续八次的森林资源清查结果显示，中国森林资源发生了巨大变化，森林面积、蓄积量呈现逐步增长的趋势。特别是 20 世纪以来，森林资源增长速度明显加快，森林资源保护发展进入了一个新的阶段。

2.1.2　中国森林资源在全球的地位

根据《2010 全球森林资源评估报告》，中国森林面积占世界森林面积的 4.95%，居俄罗斯、巴西、加拿大、美国之后，列世界第 5 位；森林蓄积量居巴西、俄罗斯、美国、刚果民主共和国、加拿大之后，列世界第 6 位；人工林面积继续位居世界首位。2010 年世界森林面积状况，森林蓄积量状况如图 4-5、4-6 所示。

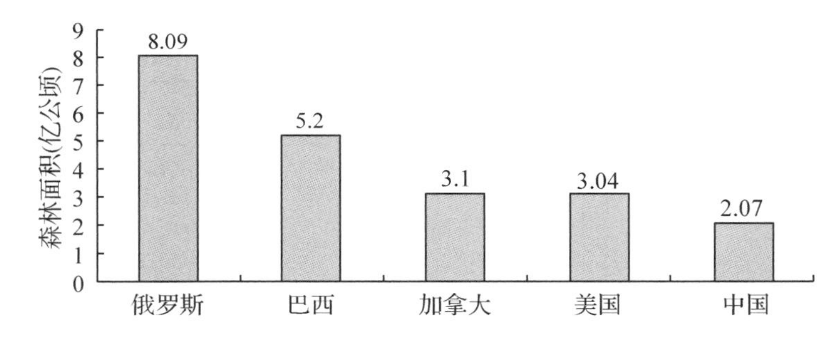

图 4-5　2010 年世界部分国家森林面积

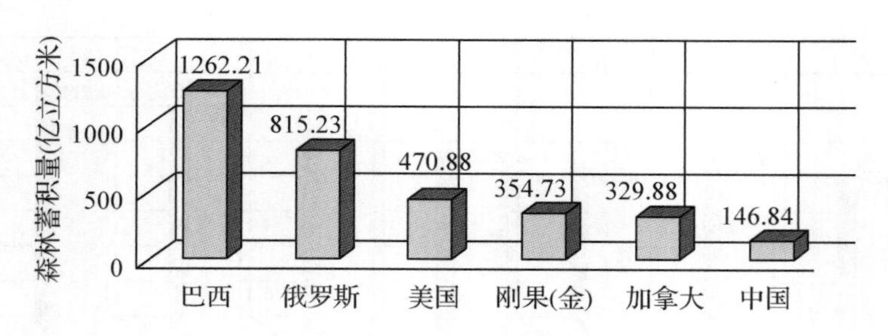

图 4-6 2010 年世界部分国家森林蓄积量状况

虽然我国的森林资源总量位居世界前列，但人均占有量少。我国人均森林面积 0.145 公顷，相当于世界人均占有量的 23.24%；人均森林蓄积量 10.151 立方米，相当于世界人均占有量的 14.81%。

2.2 我国森林资源经营管理现状

自改革开放以来，我国先后出台了《森林法》、《野生动物保护法》、《防沙治沙法》等 6 项与森林资源经营管理直接相关的法律，《森林法实施条例》、《退耕还林条例》、《森林采伐更新管理办法》等 14 部林业行政法规；《林木林地权属登记管理办法》、《占用征用林地审核审批管理办法》、《林业行政执法监督办法》等 31 件林业部门规章。此外，各地还出台地方性法规、规章 300 余件，森林资源经营管理的法律、法规体系日益健全，为依法强化森林资源经营管理提供了法律依据。从总体上看，我国的森林经营管理体制是基于国家指导性与指令性兼施的分类经营、分区施策的管理系统。

2.2.1 森林资源管理体系

我国森林资源经营管理工作在长期的探索和实践中，基本形成了以林政管理为主体，以资源监测、资源监督检查为两翼的森林资源经营管理体系，建立了林地林权管理、资源监测、资源利用、资源监督等基本制度，具体情况如图 4-7 所示。

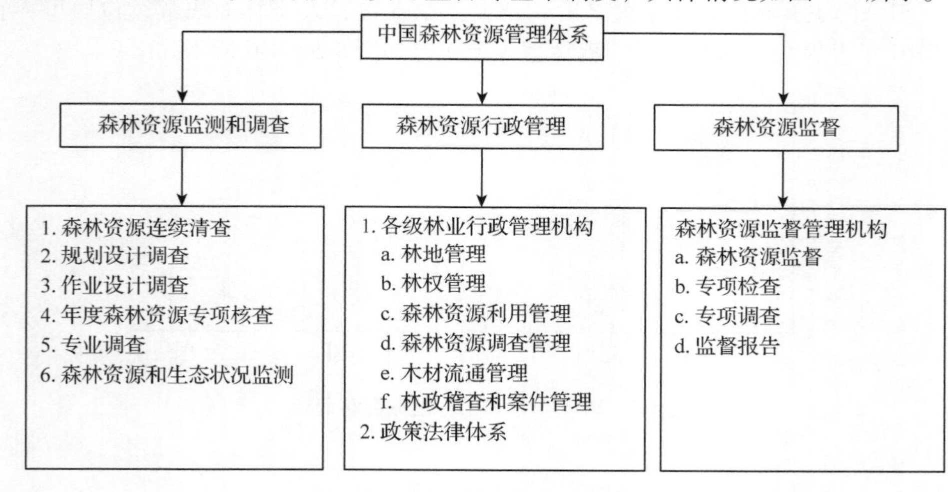

图 4-7 中国森林资源管理体系框架

2.2.2　森林资源管理制度

森林资源管理制度是森林资源管理的基础保障，目前我国的森林资源管理制度主要包括林地、林权管理制度；森林资源利用管理制度、森林资源监督制度及森林资源监测制度组成。

2.2.2.1　林地管理制度

林地管理的核心是用途管制。《森林法》和《森林法实施条例》对林地使用、管理、林地权属证书的发放做了明确的规定，把保护林地作为保护和培育森林资源的重要内容，纳入领导干部任期目标管理责任制的政治考核指标之一。随后，我国相继出台了《征占用林地审核审批管理办法》(2001)、《占用征用林地审核审批规范》(2001)、《森林植被恢复费征收使用管理暂行办法》(2002)等，对征占用林地审核审批的权限、程序和森林植被恢复费的征收、使用管理等都做出了详细的规定，林地管理工作不断加强。

2.2.2.2　林权管理制度

林权指的是森林资源所有权和使用权。1981年，国务院发布《关于保护森林发展林业若干问题的决定》，要求开展稳定山林山权，划定自留山，制定和落实林业生产责任制为主的林业“三定”工作。1998年颁布修正的《森林法》和2000年出台的《森林法实施条例》，进一步对林权管理和林权证发放等做出了明确具体的规定。国家林业局2000年还发布了《林木、林地权属登记管理办法》，并制定了全国统一的林权证样式。森林、林木和林地可以依法转让，也可以依法作价入股或作为合资、合作造林、经营林木的条件，但不得将林地改变为非林地。

2.2.2.3　森林资源利用管理制度

森林资源利用管理制度包括森林采伐管理制度、木材运输管理制度和木材经营加工管理制度三个部分。森林采伐管理制度又包括森林采伐限额管理、木材生产计划管理和林木采伐许可证管理三个方面的内容。

(1)森林采伐管理制度

森林采伐限额管理　按照《森林法》及其他有关法律、条例的规定，国家根据用材林的消耗量低于生长量的原则，严格控制森林年采伐量。国家所有的森林和林木以国有林业企事业单位、农场、厂矿为单位，集体所有的森林和林木以及个人所有的林木以县为单位，制定年森林采伐限额，由省(自治区、直辖市)人民政府林业主管部门汇总、平衡，经本级人民政府审核后，报国务院批准。国务院批准的年森林采伐限额，每5年核定一次。

木材生产计划管理　实行年度木材生产计划管理是根据我国国情、林情决定的，是国家用来控制、调节年度商品材消耗林木数量的法律手段，保证商品材年采伐量不突破相应的采伐限额的具体措施，年度木材计划一经国家批准，就成为指导木材生产单位生产木材的法定指标。按照《森林法》和《森林法实施条例》的有关规定，国家制定统一的年度木材生产计划，不得超过批准的年采伐限额，采伐森林、林木为商品销售的，必须纳入国家年度木材生产计划，超过木材生产计划采伐森林或者其他林木的，按滥伐林木处理。

林木采伐许可证管理 1981 年中共中央、国务院《关于保护森林发展林业若干问题的规定》明确了在全国实行凭证采伐制度。《森林法》和《森林法实施条例》规定，采伐林木必须申请采伐许可证，按许可证的规定进行采伐(农村居民采伐自留地和房前屋后个人所有的零星林木除外)。采伐许可证的发证机关为县级以上林业行政主管部门以及法律授权的部门和单位。

(2)木材运输管理制度

实行木材凭证运输是依法维护正常的木材运输秩序、防止非法采伐的木材进入流通领域的重要措施，是与采伐限额制度、凭证采伐制度相配套的一项重要森林资源管理制度。按照法律规定，从林区运出木材，必须持有林业主管部门发给的运输证件。依法取得采伐许可证后，按照许可证规定采伐的木材，从林区运出时，林业主管部门负责检查木材运输，对未取得运输证件或者物资主管部门发给的调拨通知书运输木材的，木材检查站有权制止。目前，我国实行的木材运输证分为出省木材运输证和省内木材运输证。出省木材运输证由国务院统一规定、统一印刷；省内木材运输证的式样暂由省级林业主管部门规定并印刷。

(3)木材经营加工管理制度

目前我国大部分地区实行了木材加工经营审批制度，凡是从事木材经营加工的单位和个人，在到工商部门领取营业执照之前，须由县级以上林业主管部门批准，否则，工商部门不得核发营业执照。

2.2.3 面临的主要问题

我国仍然是一个缺林少绿、生态脆弱的国家，森林覆盖率远低于全球31%的平均水平，人均森林面积仅为世界人均水平的1/4，人均森林蓄积量只有世界人均水平的1/7，森林资源总量相对不足、质量不高、分布不均的状况仍未得到根本改变，林业发展还面临着巨大的压力和挑战。

一是实现2020年森林增长目标任务艰巨。从清查结果看，森林蓄积量增长目标已完成，森林面积增加目标已完成近六成。但清查结果反映森林面积增速开始放缓，森林面积增量只有上次清查的60%，现有未成林造林地面积比上次清查少396万公顷，仅有650万公顷。同时，现有宜林地质量好的仅占10%，质量差的多达54%，且2/3分布在西北、西南地区，立地条件差，造林难度越来越大、成本投入越来越高，见效也越来越慢，如期实现森林面积增长目标还要付出艰巨的努力。

二是严守林业生态红线面临的压力巨大。5年间，各类建设违法违规占用林地面积年均超过200万亩，其中约一半是有林地。局部地区毁林开垦问题依然突出。随着城市化、工业化进程的加速，生态建设的空间将被进一步挤压，严守林业生态红线，维护国家生态安全底线的压力日益加大。

三是加强森林经营的要求非常迫切。我国林地生产力低，森林每公顷蓄积量只有世界平均水平131立方米的69%，人工林每公顷蓄积量只有52.76立方米。林木平均胸径只有13.6厘米。龄组结构依然不合理，中幼龄林面积比例高达65%。林分过疏、过密的面积占乔木林的36%。林木蓄积年均枯损量增加18%，达到1.18亿立方米。进一步加大投入，加强森林经营，提高林地生产力、增加森林蓄积量、增强生态服务功能的潜力还很大。

四是森林有效供给与日益增长的社会需求的矛盾依然突出。我国木材对外依存度接近50%，木材安全形势严峻；现有用材林中可采面积仅占13%，可采蓄积仅占23%，可利用资源少，大径材林木和珍贵用材树种更少，木材供需的结构性矛盾十分突出。同时，森林生态系统功能脆弱的状况尚未得到根本改变，生态产品短缺的问题依然是制约我国可持续发展的突出问题。

3　森林经营认证对我国的影响与效益

森林认证对森林经营有着广泛的影响。从总体上看，森林认证的影响是积极的，在某些情况下影响是巨大的。森林认证对森林经营的影响主要体现在环境、经济和社会三个方面。

3.1　森林经营认证对我国森林经营的影响

3.1.1　改善经营管理

森林经营单位需要根据森林认证的原则和标准，加强管理体系的建设工作，使之规范化，更有计划性，更加有效，按规章按计划经营，切实提高经营管理的整体水平。

森林认证要求森林经营单位在森林管理过程中必须注重组织、规划和监测等一系列操作程序，通过对森林资源的制图、清查、规划、监测、评估、登记和建档，及时掌握森林资源的发展态势，为森林作业提供参考和依据，这种森林管理的规范化操作长期的影响无疑有助于提高森林管理的质量。

3.1.2　保护生态环境

森林经营单位通过对不符合项的整改，使企业的森林经营活动对环境更加负责任。如浙江昌化国有林场，认证机构要求林场制定对经营区域及其附近环境影响（包括水质）的监测计划，确认要收集的基本数据及监测频率，且要说明林业将如何结合监测结果改进经营管理，监测中必须考虑场区内清凉峰国家级自然保护区野生动植物保护名录中的物种；林场的造林应局限于本地树种。这些都促进了林场对森林生态环境的保护，生态良好、社会有益和经济可行的统一。

3.1.3　促进科学决策

通过森林认证，利益相关方参与度大大提高，提高了认证企业经营决策的科学性。森林认证标准和指标要求为当地公众提供参加森林资源管理的机会，维护自身的利益。尊重当地公众的利益，增强了企业经营管理的透明性和公正性，减少了经营失误。如黑龙江友好林业局、吉林白河林业局将森林经营方案的摘要进行公示，听取员工和当地居民的意见和建议，增强了公众、员工对企业经营活动的了解，有利于森林经营计划的有效实施。

3.1.4　获得社会关注

开展森林认证不但可以提高森林经营单位的整体经营水平，也使森林经营单位获得社会更多的关注。例如友好林业局和白河林业局获得认证后，引起了国内许多重要新闻媒体的极大关注。中央电视台报道了两个林业局通过认证的新闻。中国绿色时报等多家报社对此事进行了大量的宣传报道。WWF 中国分会在《森林认证通讯》上详细报道了此消息。同时，因为这两个林业局通过了认证，并加入了“中国森林和贸易网络(CFTN)”，在其网站上得到广泛宣传。通过宣传报道，增强了公众对这两个认证企业负责任森林经营的了解，改善了企业在国内外消费者心目中的形象，提高了在国际、国内的知名度，为企业扩大国内外市场奠定了良好的基础，必将给企业带来更多的机遇。

3.2 森林经营认证的效益

森林经营认证的目的是提高森林经营单位的森林经营水平和森林生产力，促进森林的可持续经营。目前，各森林认证体系制定的标准中都包含了尊重国家法律，明确林地和森林资源所有权和使用权，维护当地权利，促进森林效益的发挥，保护森林生态环境，制定合理的森林经营规划的条款，并要求对其进行监测和评估，同时也包括维护高保护价值森林等内容，这些都是从生态、经济和社会方面来衡量森林可持续经营的重要指标。

3.2.1 社会效益

通过认证，企业干部和职工得到教育和培训，素质得到提高。企业在认证前，职工要参加关于森林可持续经营、森林认证方面的各种培训，通过培训，能使职工的整体素质得到一定的提高，保护森林的意识进一步增强。如浙江昌化林场，其干部职工多人次到浙江林学院、北京等地参加相关培训。此外，每次采伐之前都要对林场工人及雇佣的当地民工进行包括安全、运输、采伐及环境保护等内容的培训。

(1)促进了森林经营和周边社区关系的和谐

森林经营单位为周边社区提供各种支持和帮助。如友好林业局，新建了一个社区公园，为职工提供了休闲娱乐的场所；白河林业局采取有效措施，改善社区环境、完善社区服务系统，现在已经建成花园式的社区，林业局员工能够安居乐业；昌化林场与当地村民签订包括采伐、造林、新修道路以及道路维护等经营活动的工作合同，出资帮助附近村庄修路，使林场和当地村民关系融洽。

(2)改善了职工的福利待遇

白河林业局结合现代企业改制，以森林认证为契机，加强企业规范化管理，提高了企业的生产效率、知名度，企业的经济效益有所提高，员工的福利待遇得到一定的改善。

(3)加强了森林旅游和游憩的规划和管理

白河林业局根据森林认证的要求，加强森林旅游和游憩的管理，增强了森林经营的社会服务能力。

3.2.2 经济效益

(1)认证后林产品溢价

产品价格的提高取决于消费市场，取决于消费者的支付意愿。一项研究结果表明，消费者对认证木材的支付意愿平均水平高于非认证木材价格的13.6%。另外，在收入水平及受教育程度都相对较高的消费者中，19%的人表示愿意为认证木材多付费；对欧洲消费者进行调查的结果显示，消费者愿意为认证产品支付的"绿色补偿"高于非认证产品价格的5%～15%。在加拿大的一个全国性调查显示，被调查者中80%的人表示愿意为认证产品支付高于非认证产品价格10%的"绿色补偿"。但从我国目前的情况来，由于受经济发展水平的限制及传统消费观念的影响，公众的这种绿色环保意识还不强，消费者对认证产品多付费的支付意愿还很低。

浙江昌化林场2005年认证的木材比没有认证的木材销售单价高出200～350元不等，认证带来的效益使林场职工福利等方面有所改善；吉林白河林业局年产15.3万立方米商品材，认证后平均售价提高1%，按2004年平均售价734.48元/立方米计算，2006年就能增加木材销售收入112万元；安徽龙华竹业有限公司，经过认证后的竹材，每根售价比没有认证的高出4元；福建金森林业有限公司认证后的木材，每立方米的销售价格比没有认证的高出10%；江西省资溪县南方林场，2009年经过认证的木材，销售单价为640元/立方米，比市场价格高出20%。

(2)维持或增加市场份额以及进入新的市场

无论是国际市场还是国内市场，消费者的环境意识都在逐渐提高，绿色产品在市场上越来越受欢迎。在欧美等环境敏感市场，森林认证已成为林产品进入国际市场的通行证之一。在国内，虽然大多数消费者的环境意识还不是很高，但已经成为一种发展趋势。在这种情况下，森林经营单位通过森林认证不但可以保证其原有的国内、国际市场份额，而且可以为其开拓新的市场创造条件。

通过森林认证，友好林业局进一步保持与宜家公司的贸易伙伴关系和出口贸易额。白河林业局宏图木业公司通过FSC森林认证后，2005年首次打开了国际市场，扩大了销售市场，认证产品的价格当年提高了20%以上。安徽龙华竹业有限公司经过认证后，竹地板和竹家具进入美国、加拿大等国际市场的份额提高了20%，销售价格也提高了10%。大部分森林经营单位认证后产品的市场份额增加了，对木材市场变动的适应性得到了加强，销售渠道比以前更宽了。

3.2.3 生态效益

(1)减轻了森林经营对环境的负面影响

通过森林经营认证，认证企业更加注重森林经营对环境的不良影响，积极采取有效措施减少这类负面影响。浙江昌化林场采伐树木、原木堆放全部为手工完成，作业方式对环境是低影响的，现场保留树皮和采伐剩余物使土壤肥力受到很好的维持；友好林业局过去采用机械、畜力和人力的集材方式。其中，机械集材工效高，费用低，但易危害保留木、幼苗幼树、林下灌木的健康，容易引起土壤板结，易造成采伐迹地、集材道的水土流失。认证后取消了机械集材方式，采用了对环境影响较小的畜力和人力集材方式；白河林业局也制定了减少采伐对环境影响的措施：减少机械集材，改用畜力集材，在冬天开展采伐作业等。

(2)加强了对水源的保护和水质的监测

白河林业局对三江(松花江、图们江、鸭绿江)源头水体进行了保护和监测；友好林业局开展了水源的保护和有关森林经营对水质影响的监测工作；广东五华县森晖林业发展有限公司每年对周江河的水质水源进行检测检验，同时公司林地内严禁使用农药，避免修建林道或其它营林作业等活动污染水源。

(3)保护了生物多样性及其价值

浙江昌化林场在梅花鹿栖息地和食草区，人工补种阔叶树种；对竹类纯林的面积进行控制管理；白河林业局建立了长白松省级自然保护区。友好林业局建立了湿地自然保护区。这些森林经营单位在开展认证后都加强了对生物多样性的保护和管理。

(4)保护了濒危物种及其生境

浙江昌化林场积极监测日本梅花鹿数量和它们的栖息地。在控制非法猎杀和设套扑杀方面工作成效显著。穆棱林业局建立了红豆杉自然保护区，并且规划了黑熊、红松的保护小区。福建省顺昌林场对其经营区内分布的特有种“乐东拟单性木兰”规划了专门的保护区域。

(5)判定了高保护价值森林

通过森林认证，森林经营单位接受和理解了“高保护价值森林”的概念，认识到了经营管理好这类森林的重要意义。友好林业局和白河林业局在新编制的森林经营方案中，增加了高保护价值森林的保护经营规划，加强了对高保护价值森林的经营和管理。

(6)提高了职工的环境保护意识

通过森林经营认证，职工的环保意识明显加强，减少了作业过程中对环境的人为破坏和污染。福建金森林业有限公司，采伐作业时能够做到及时清理垃圾、采伐后清理河沟内的剩余物；友好林业局对生活垃圾实施统一回收、定点焚烧和填埋；白河林业局对林业机械产生的废机油采取回收后统一处理的方法，减少其潜在的环境影响。

4 我国林产工业发展现状

林产工业是一个国家国民经济的重要组成部分，木材产品与国民经济建设和人民生活息息相关。近年来，随着国民经济的快速发展和居民生活水平的不断提高，特别是随着国内房地产行业的快速发展，国内市场对木材及木制品的需求急剧扩大。同时，由于全球经济一体化的快速发展和中国在劳动力成本、市场潜力等方面存在明显优势，全球林产品制造业正在逐步向中国转移，北美、欧洲和日本等发达国家和地区的一些企业纷纷将木材加工生产转移到了中国，中国成为了全球林产品市场的加工和贸易中心。因此，国内市场自身的需求增长加上出口需求的强劲拉动，木材的下游行业——林产工业发展迅速。例如，中国人造板产量从 1998 年的 1056 万立方米增加到 2013 年的 27221 万立方米，增加了近 26 倍；木地板产量从 2000 年的 9420 万平方米增加到 2013 年的 68900 万平方米，增长了 7 倍多；家具产值从 1998 年的 870 亿元增加到 2012 年的 11300 亿元，增长近 13 倍。

4.1 我国的木制品生产

我国木制品行业近年来发展迅速，市场销售旺盛。特别是家具、人造板及地板等都有较快发展，设备水平、产品质量显著提升，中国目前已成为名副其实的世界木制品加工大国。

(1)锯材

根据中国林业统计年鉴的统计，2000年以来锯材产量呈逐年增长的态势，这主要是由于市场拉动造成的。在中国历年生产的锯材中，针叶锯材主要用于建筑业(包括施工、结构和部分装饰装修用材)，少部分用于家具和包装行业。阔叶锯材则以生产家具、实木地板和装饰材料为主，阔叶锯材大多是进口热带材，对国际资源的依存度很大。

(2)人造板

人造板主要包括胶合板、刨花板和纤维板，近年来我国人造板产量一直保持平稳增长，尤其是胶合板和纤维板发展迅速。目前，中国的人造板产量已跃居世界首位。

目前，我国人造板制造企业主要分布在两个重点区域，一是以东南沿海为重点的南方人造板产业集群和以东北国有林区为重点的东北人造板产业集群。二是以华北、华东等省为重点的人造板产业集群。其中，中密度纤维板生产企业集中度较低，内地除西藏、青海和宁夏外的其他省份均有生产。到2013年年底，全国共有中密度纤维板生产企业约600家，平均生产规模约为13万立方米/年。具体来说，我国主要的人造板生产基地主要包括以下几个：江苏邳州人造板生产基地、山东临沂人造板生产基地、江苏宿迁人造板生产基地、河北文安人造板生产基地、浙江嘉善人造板生产基地、山东菏泽木材加工基地。

(3)木地板

我国木地板生产始于20世纪80年代中期，经过20多年的发展，已形成了具有多种类、多规模和多档次产品，从生产、销售到售后服务相配套的产业体系。目前，全国从事与木地板生产有关的企业约3000家，从业人员约100万人，行业总产值约500亿元，已跻身世界木地板生产大国的行列。从产区来看，中国木地板的主要企业分布在浙江和江苏，其产量占到了全国产量的2/5以上。

(4)木家具

中国的家具制造业集中在珠江三角洲和长江三角洲地区(含上海、浙江和江苏的17个城市)，主要是以出口贸易为主导的家具企业。尤其是广东的珠三角地区，外资企业云集，多年来其家具出口额一直占全国50%左右。另外，四川、湖南、江西等地的竹制家具企业近年来发展也很迅速。

总体来说，中国家具制造业已经形成东北、华北、华东、华南和西部五大生产区。以出口为主导的企业主要集中在从北到南的东部沿海地区。西部企业主要面向国内市场。家具生产量和出口值最高的地区位于中国南方(主要是广东)和东部地区(浙江和江苏)。

目前，中国家具业已从传统上的手工业发展成为一个以机械化生产为主，门类齐全的重要产业，而且2000年我国就已成为全球的家具生产和出口大国。

中国生产的家具以木制家具为主，约占市场份额的80%，此外尚有以金属、塑料、玻璃和竹藤为原料的家具。然而在全部木制家具中，因木材稀缺，近年来纯实木家具日趋减少，大部分木制家具市场已被人造板家具和人造板与实木混合家具所占领。

4.2 我国的林产品贸易状况

自1999年以来，我国对木材及木制品贸易政策进行了一系列调整，即：原木、锯材及木浆进口实行零关税，木材进口取消核定公司经营制等。为此，木材及木制品进口一直保持高速增长的趋势，目前木材及木制品已成为我国最主要的进口大宗商品之一。与此同时，中国木制品的出口量也快速增长，在全球木材及木制品市场中发挥着越来越重要的作用。中国已经成为了全球林产品市场的贸易中心，木材及木制品也成为我国林业发展的主要经济增长点之一。

4.2.1 中国木材及主要木制品进口情况

中国进口的木材及木制品主要包括原木、锯材、人造板(以胶合板为主)、单板、木浆、废纸、纸和纸板和少量的木制家具。

(1)原木

随着国内市场需求的增加和一些木制品(如木制家具和胶合板等)出口贸易的快速发展，2000年以来中国进口原木数量急剧大幅上升。2014年我国原木进口量达到5119.4万立方米。

中国进口的原木分别来自全球的70多个国家和地区。除亚洲外，从其他各洲的原木进口量均有不同程度的增长。尤其是俄罗斯针叶原木进口量、巴布亚新几内亚和所罗门群岛热带材进口量持续增长。此外，从新西兰、美国和加拿大进口原木的数量亦有较大幅度增长。

(2)锯材

近10年来，由于中国建筑装饰装修业和家具制造业的快速发展，锯材进口量也出现了迅猛上升的态势。根据中国海关统计，在2002～2013期间，锯材进口量由548万立方米快速上升到2404.3万立方米，进口金额由3.48亿美元增加到68.3亿美元，涨幅分别高达339%和1863%。

我国进口的锯材分别来自全球的30多个国家和地区。从来源国来看，我国进口锯材相对比较分散，但俄罗斯、美国和加拿大依然是最主要供材国，另外，来自缅甸的锯材进口量也大幅增加。

(3)胶合板和单板

2013年中国共进口胶合板15.4万立方米，用汇1.03亿美元，同比分别下降13.44%和34.8%；进口单板42.5万吨，用汇42.6万美元，同比数量增加了29.57%，进口额增加了38.17%。与2000年相比，胶合板分别下降了99.5%和73.4%；单板进口量下降了87.4%，进口额下降了54.2%。

目前国产胶合板不仅在价格上占有明显优势，在质量上亦可完全取代进口胶合板。但是，单板进口在此期间却出现了量减价升的局面，这主要是由于进口材种结构改变和单价上涨造成的。我国进口的胶合板依然主要来自印度尼西亚和马来西亚两国。

(4)纤维板和刨花板

我国纤维板进口量在2003～2004年达到高峰，其后开始出现明显的下滑，而刨花板进口量在2013～2014年首次出现负增长。其原因主要是国内的非单板型人造板工业经过近10多年的发展，产品在数量和质量方面已可以满足国内市场和出口产品的要求。我国目前已成为全球中密度纤维板第一生产大国，刨花板生产亦将迎来高速发展期，显而易见，纤维板和刨花板进口量持续大幅减少将是今后必然的发展趋势。

(5)木浆和废纸

近年来，为适应国民经济持续快速发展的需要，我国造纸工业每年都以8%～10%的速度向前发展，特别是1995年以后，国内纸张消费大幅度增长，平均年增长达13%～15%，其中对高档纸和纸板的需求尤为突出。在这种形势下，为了弥补国产木浆的严重不足，近几年来开始大量进口木浆和废纸。实际上，目前我国造纸工业的增长在很大程度上是依靠进口废纸来实现的，我国已成为全球最大的废纸进口国。

(6)木家具

目前，在我国的家具市场上，国产家具依然占有绝大部分，但近几年国外木家具进口出现了快速发展的态势。由于我国进口的家具主要是中、高档家具和特色家具，其价格一般都比国产同类产品要高出1～2倍，因此进口总量却不是很大，其增长速度也远不及原木、锯材、纸浆和废纸等原料性商品。我国进口的木家具主要包括厨房用木家具、木框坐具、卧室用木家具、办公用家具和其他木家具。主要的进口贸易伙伴为：德国、意大利和美国。

4.2.2　木制品出口情况

我国由于木材资源紧缺，近10多年来基本上已不出口原木。过去出口较多的木片，近年来因国内纸浆和非单板型人造板对原料需求迅速增加，出口量亦在逐渐减少。目前，我国出口的木制产品多为制成品或半成品，主要包括5大类，即木制家具、各类木制品(含建材、工艺品、餐具、厨具和其他)、人造板、纸和纸制品及锯材。从出口额看，木家具类遥遥领先于其他产品，但按出口增长速度分析，则胶合板高居各类林产品之首。

(1)木制家具

伴随我国家具工业的飞速发展，木家具出口亦呈井喷式增长。我国出口的木家具主要包括：木框坐具、卧室家具、厨房家具和办公家具，出口的主要地区依次为北美洲、亚洲和欧洲。我国出口家具所用原材料，除相当一部分使用人造板外，实木家具用材主要为北美硬阔叶材、热带硬阔叶材、俄罗斯硬阔叶材(如柞木、水曲柳和桦木等)和少量来自欧洲的山毛榉。

(2)人造板

我国人造板近10年来的出口量与日俱增，尤其是纤维板和胶合板的出口更是增长了几十甚至上百倍。目前，中国已迅速发展成为全球纤维板和胶合板第一大出口国。中国出口的人造板远销全球160多个国家和地区。其中，进口最多的国家为美国，其余进口量较大的国家和地区依次为：日本、韩国、英国等。

4.2.3 中国木制品贸易特点

总体来说，我国木材及木制品的进出口已由过去的少数国家、少数品种、集中批次、较大批量逐渐过渡到目前的涉及几十个国家和地区、几十个品种、多批次、小批量、高附加值的新格局。同时，我国林产品进出口结构不断优化，进口逐步向以资源性产品为主转变，出口则向附加值较高的深加工产品和有比较优势的劳动密集型产品发展。劳动密集型产品诸如家具、木制品和胶合板的出口额所占比重逐年加大。结合上述对木制品生产和贸易情况的分析，可以看出我国的木制品贸易有如下显著特征：

(1)进口方面

进口木材及木制品的数量剧增，对外依存度进一步上升。俄罗斯木材占据中国木材进口市场第一的位置，其进口份额占1/3以上。而且进口木材及木制品的树种变化也很大，呈多样化趋势。中国过去为适应基建为主的需求，以进口落叶松、北美黄杉、铁杉等针叶材为主，近年来随着装修、家具、胶合板制造业的飞速发展，来自东南亚、非洲、大洋洲许多国家的阔叶材如山毛榉、柚木、樱桃木、橡木、枫木也纷纷涌入国门。特别是原木进口的主要来源地正逐渐转向大洋洲及非洲。此外，中国锯材进口不仅数量逐年增加，而且品种极为丰富，由原来的粗放型锯材向成品、半成品发展，产品附加值逐年提高。目前，中国已经成为全球林产品进口第一大国。

进口木材价格上升明显。例如，2014年我国原木进口单价平均为每立方米237美元，比2007年的每立方米144.26美元提高了64.3%，比2006年的122.21美元提高了93.9%。其主要原因在于：一是许多木材出口国调整木材采伐及出口政策，或限制数量、或提高关税、或实施木材初级产品许可制度，推动国际木材市场价格上扬。二是前些年国际市场原油价格上涨，带动海运、陆运及铁路运输费用大幅增加，加之国内公路严格限制超载，进口木材价格因运输成本增加而提高。三是国内一些通过森林认证的木制品制造企业由于在国内购买不到认证的原材料，不得不高价从国外进口认证木材。

进口产品结构变化明显。近年来，由于限制原木出口的国家日益增多，原木价格连续上涨，加上国内市场需求结构发生明显变化，原木进口量涨幅趋缓。同时，随着我国林产工业特别是人造板工业的快速发展，人造板的进口量持续下降，而各种纸产品、纸浆和锯材的进口量则逐渐增加，特别是纸产品和纸浆已分别上升至第1、2位。

(2)出口方面

林产品出口结构日趋优化。长期以来，我国出口的林产品一直以非木质林产品例如经济林产品和松香及其加工产品为主，木制产品出口量较少。但近10年来，随着中国木材加工业发展和外资企业的迅速增加，家具、胶合板、木制加工品等深加工和高附加值产品的出口量不断增加，呈现出强势增长势头。目前中国已成为世界上第一家具出口大国。同时，胶合板及锯材出口也稳步增长。

主要林产品出口市场过于集中。目前，美国、日本、欧盟、中国香港和韩国等国家(地区)集中了我国的大部分的木制产品出口份额，而且美国市场所占的份额还在不断提高。例如，2007 年中国出口的木家具前 50 位国家的出口额达到 28.27 亿美元，其中向美国、日本、英国、德国、法国等 5 国的木家具出口额就达到了 18.19 亿美元，占中国出口前 50 国出口额的 63.99%，并且仅美国的出口额就达 12.22 亿美元，占 45%。2007 年中国出口的胶合板前 50 位国家的出口额达到 34.33 亿美元，其中向美国、日本、英国、韩国等 4 个国家出口的胶合板金额达到 15.49 亿美元，占中国出口前 50 位国家的 45.11%，并且仅美国出口额就达 9.74 亿美元，占 28%。

2013 年以来，全球金融形势明显好转，世界经济继续呈低速复苏态势。国际市场的复苏基础趋于稳固，对我国林产品出口也产生了较大影响。2013 年我国林产品出口 625.6 亿美元，增长 8.7%，进口 634.3 亿美元，增长 3.7%，出口增幅快于进口增幅。拉动我国林产品出口贸易的林产品主要有木家具、纸、纸板和纸制品、胶合板、木制品、干鲜水果和坚果、干鲜菌菇等。另外，尽管刨花板出口额不大，但 2013 年出口增幅高达 39.7%。在当今经济金融乱象扑朔迷离、市场需求萎缩之际，我国出口在进一步尝试多头出击，建立起出口市场多元化的总体格局。传统林产品贸易市场中美国需求平稳增长。随着美国经济持续温和好转，房地产市场也表现出持续复苏的态势，2013 年对美国林产品出口同比增长 5.4%。尽管新兴市场国家在 2013 年中出现了整体疲软的态势，但新兴市场总体基本面仍保持平稳。2013 年中国对新兴国家市场出口除巴西负增长以外，其他国家均呈正增长态势，尤其是对南非和墨西哥出口增幅高达 20% 以上。

4.2.4　我国木制品出口的最新动向

近期，欧美等出口市场连续出台新法规。继 2013 年 3 月欧盟对木材和木制品开始实施“尽职调查”的要求之后，2013 年 5 月，美国环保局 EPA 又提出两项拟议法规提高进口木制品环保标准，其中，以刨花板为例，其甲醛释放量要求整整高出中国标准 1000 倍。经初步评估，如果按美方新标准生产，预计人造板的成本将提高 30% ~ 50%，以人造板为基材的木制家具成本将提高 15% ~20%。

因此，面对国际木制品出口市场的严峻形势，以及国际社会对非法木材采伐、非法木材贸易的日益关注和对我国的指责，我国的木制品加工业必须清醒地意识到：低成本劳动力不能带来持久坚固的竞争优势，今后木制品出口将受到来自国际市场方面多重的威胁。这就需要我们必须调整发展的思路，未雨绸缪，以“高品质 + 创新的设计 + 可持续的环保的材料”作为创造和提升“中国品牌”的新手段，通过使用经过认证的木材和产销监管链来确保木材的可持续供应，从而形成我国木制品制造业在国际林产品市场上新的、持久的竞争优势。从这个角度来说，也可将森林认证这一挑战看作是维持和提升我国木制品出口竞争力的一种新机遇。

5　产销监管链认证对我国林产工业的影响与效益

森林认证包括森林经营认证和产销监管链认证，产销监管链认证(COC)就是对木材加工贸易的各个环节，即从原木运输、加工、流通直至最终消费者的整个产销链进行认证，以确保林产品来源于经营良好的森林，从而向消费者传递有关生产所用木材原料是否来自可持续经营森林的信息。

5.1 我国林产品产销监管链认证现状

我国林产品产销监管链认证始于1998年，当时，外向型木材加工企业首先感受到了国际市场的压力，开始重视并寻求产销监管链认证，他们走在了中国森林认证的前列。经过近20年的发展，伴随着我国林产品出口贸易的迅猛发展，越来越多的木制品加工制造企业加入了COC认证的行列。

5.1.1 COC认证企业的数量

截至2014年11月，我国通过产销监管链认证的木材加工、制造、贸易企业已达到3715家(图4-8所示)。可以看出，近10年来我国COC认证企业数量呈现迅猛增加的态势，表明森林认证的理念已经得到越来越多企业的认可和接受，同时也意味着有越来越多的企业使用认证木材。

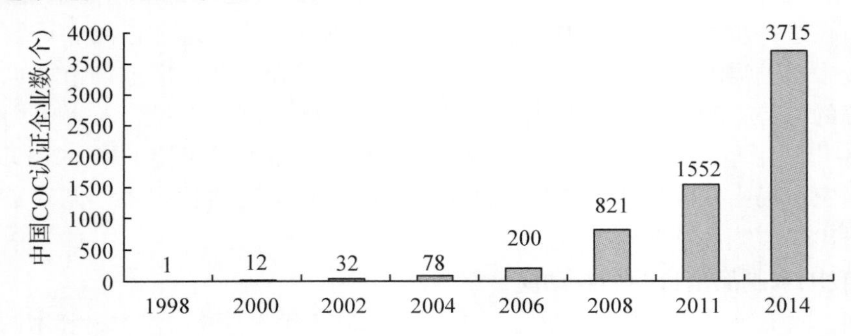

图4-8 1998～2014年中国COC认证企业数量的变化趋势

5.1.2 COC认证企业的分布

通过对COC认证企业的统计分析发现，我国的COC认证企业大多分布在东部沿海地区，包括广东、浙江、福建、江苏和上海等地(图4-9)。

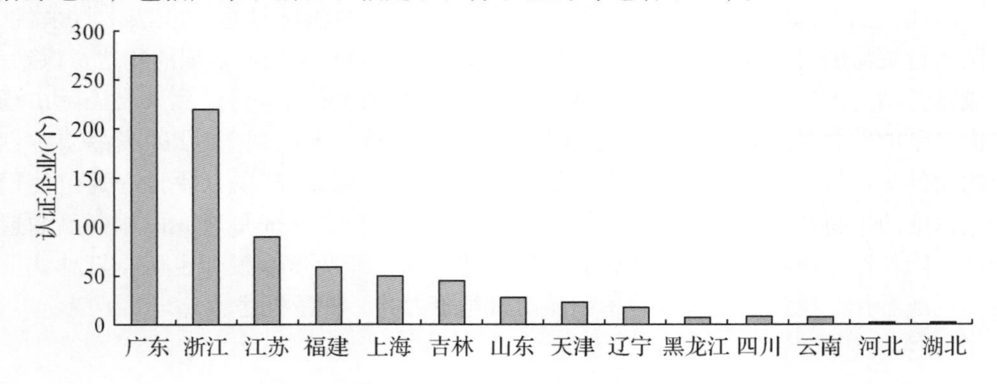

图4-9 我国部分地区COC认证企业的分布状况

（注：根据2009年12月的数据）

5.1.3　COC 认证企业的产品结构

从图 4-10 可以看出，我国 COC 认证企业的认证产品主要是家具，其次是木质工艺品、人造板、地板和门窗等。

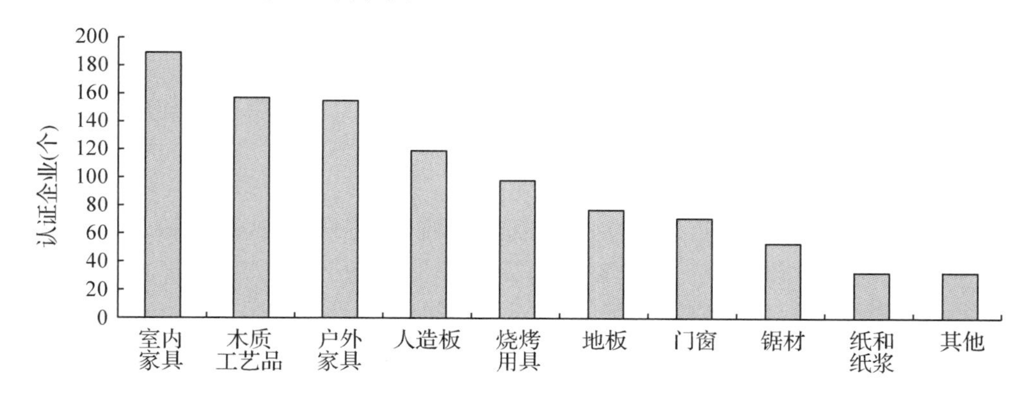

图 4-10　我国 COC 认证企业的产品结构

（注：根据 2009 年 12 月的数据）

5.1.4　COC 认证产品的终端市场

根据对我国 COC 认证企业的问卷调查，其认证林产品的销售流向主要是欧洲和北美市场，北美和欧洲市场占这些获证企业总销售额的 90% 以上(表 4-1)。

表 4-1　我国 COC 认证林产品的终端市场

终端市场	企业数量	占认证企业总数的比例（%）	终端市场的销售额比重（%）
欧洲	35	38.4	54.6
美国	30	33.0	29.8
加拿大	11	12.1	8.4
澳大利亚	5	5.5	1.6
日本	4	4.4	0.6
中国	3	3.3	2.8
其它	3	3.3	2.2
总计	91	100	100

注：表中为调查问卷统计数据

5.2　产销监管链认证的影响

虽然森林认证的推动者们并不承认森林认证是一种贸易壁垒，但森林认证确实形成了事实上的非关税贸易壁垒。近年来，我国林产品特别是家具和胶合板的出口量值迅速增长，而且大部分出口到欧美市场。在对环境较为敏感的欧美市场，一些没有 COC 认证标志的木材产品不能获得市场准入，COC 认证成为这些产品必备的“绿卡”。我国已经有越来越多的木材加工企业感受到了这种压力。如果不采取相应措施，我国外向型木材加工企业将可能面临着逐渐失去欧美国家市场份额的危险。COC 认证有利于我国企业在广阔的国际市场上争取主动，防止贸易壁垒对我国的不利影响。可以预料，COC 认证对我国木材加工企业的影响将越来越明显。

5.3 产销监管链认证的效益

森林认证的效益体现在经济、社会和环境三个方面，对于 COC 认证而言，其主要的效益体现在经济效益。

5.3.1 经济效益

首先，产销监管链认证的经济效益一方面体现在通过森林认证的林产品出口到国外可能会减免关税，这在一定程度上降低了出口成本；另一方面体现在环境敏感市场的“绿色消费者”也会为“绿色产品”支付更高的环境保护费用，并且这种支付意愿会随着消费者的收入水平和环保意识的增强而提高。因此，认证后的产品可以获得环境溢价。根据相关调查，我国 COC 认证产品出口到欧洲和美国市场的环境溢价在 10% 左右，但由于相应成本的增加，大多数被调查企业认为与未认证产品相比，认证产品的利润增加不足 10%。

其次，认证的经济效益还体现在维持甚至增加市场份额以及进入新的市场。目前无论是国际市场还是国内市场，消费者的环境意识都在逐渐提高，绿色产品在市场上越来越受欢迎。在欧美环境敏感市场，产品经过森林认证已成为林产品进入国际市场的基本条件。在这种情况下，我国林产品企业尤其是外向型木材加工企业，通过森林认证不但可以保证其原有国际市场份额，而且可以为其开拓新市场创造条件。根据对我国产销监管链认证企业的调查，结果显示通过产销监管链认证后大部分企业扩大了市场份额。

虽然现阶段从通过产销监管链认证的这些企业来看，申请认证多是一种被动的行为，认证产品还没有充分显示出其环境竞争力。但许多企业还是看中了产销监管链认证给企业带来的各种潜在的好处，可以预期，环境溢价将会在森林认证产品形成国际竞争力的过程中起到越来越重要的作用。以 2014 年我国家具出口额 220.9 亿美元来估计，如果全部是认证产品，其环境溢价可高达 22 亿美元。

5.3.2 社会效益

主要体现在 COC 认证还可以提升生产企业的企业形象，表明其承担了应有的保护环境的社会责任，展示企业的社会责任感。同时，认证还可以提高企业产品在国际市场上的竞争能力和信誉，提高企业的管理效率。当然，这也间接地有利于认证企业产品的销售。特别是在市场上同时存在认证和非认证产品且价格相同的情况下，消费者还是愿意购买认证产品的。

5.3.3 环境效益

COC 认证的环境效益主要体现在增加了对认证原材料的需求，从而间接促进了森林的可持续经营，有利于保护生物多样性及其价值、水资源、土壤、独特而脆弱的生态系统和自然景观，保护濒危物种及其生境，以及维持森林的生态功能和生态系统的完整性。

6　森林认证的成本分析

森林认证的成本差别很大。有研究表明，森林经营认证的直接成本为每公顷1.33～22.93美元不等(Cubbage et al.，2003)。除此之外，林业企业还需支付为满足认证标准改进森林经营管理的间接费用，部分企业可能需要调减木材产量而减少了收入。COC认证同样需要认证费用。据统计，北美地区的COC认证主审费用约为3500美元，年审费用约为1800美元，5年有效期费用为10700美元。按此计算，现有的COC认证5年的总费用为3亿美元，平均每年6000万美元。与之相比，2011年欧洲原木和锯材的进口值为160亿美元。由此可见，企业为满足市场需求，投入了大量的费用(UNECE/FAO，2012)。

森林认证的费用一般由申请认证的企业或森林经营单位承担，它们通过获取市场利益和占领市场份额而得到一定的补偿。但相对认证的收益来说，认证费用较为昂贵，很多企业难以承受，特别是发展中国家的中小型企业。因此，有些国家森林经营单位的认证费用得到了政府、国际环保组织、采购商的支持。如马来西亚各州国有林的认证由政府出资。中小企业组织起来开展联合认证也是降低认证费用的有效途径。

6.1　森林经营认证的成本分析

由于我国自己的森林认证体系CFCC刚刚开始运转，还缺乏系统的数据，因此目前对森林认证的成本分析都是以FSC认证在我国的案例为基础。

森林经营认证的直接经济效益主要是通过对认证木材提价实现的。据对我国获得FSC认证的森林经营单位的调查，绝大多数都通过对认证木材提价，获得了较为明显的经济效益。如穆棱林业局，当年的认证收益就超过150万元，而其直接认证成本为50万元左右。南方某林场，认证木材比之前每立方米加价100元，预计木材年销售收入将因获得认证而增加500万~1000万元。部分森林经营单位是由购买其木材的加工企业出资开展认证的，认证木材提价较少或没有提价。

森林经营认证的成本由付给认证机构的费用等直接成本，以及经营单位为了使经营水平达到认证标准所花费的间接成本组成。森林经营认证的成本与企业的经营管理水平、森林类型以及规模等直接相关。

据调查，大型森林经营单位(一般10万公顷以上)的认证成本平均为50万元，其中直接成本35万元、间接成本15万元；南方私营林业公司或林场(一般1万公顷左右)认证成本平均为40万元，其中直接成本25万元、间接成本为15万元。

对于我国森林经营单位来说，森林经营认证从短期来看都有较好的投资收益率。从长期来看，认证原材料仍将长期处于供小于求的局面，同时，良好的森林也将给森林经营单位带来较好的收益。

6.2　产销监管链认证的成本分析

产销监管链(COC)认证的直接经济效益主要是通过获得更多市场份额和对认证

产品提价实现的。据对我国获得 COC 认证的木材加工企业的调查，绝大多数在通过认证后，稳定或增加了市场份额，通过订单量的增加获得了一定经济收益。但对认证产品进行提价带来的经济效益并不明显，主要原因是我国外向型木材加工企业大部分是贴牌生产，较少有自己的品牌，缺乏定价权。对认证产品的提价主要是为了平衡其购买认证原材料带来的成本增加。但也有部分木材加工企业在认证后，因其拥有自主品牌或拥有自己的认证原材料基地，其产品提价 10%~20%，获得了较为明显的经济效益。

COC 认证的成本由付给认证机构的费用等直接成本，以及企业购买认证原材料等所花费的间接成本组成。间接成本的多少取决于企业所需的认证原材料的稀缺性。

根据相关调查，我国木材加工制造企业或贸易企业获得 COC 认证的直接成本为 6 万~10 万元。根据对认证企业的调查，目前大多数企业对认证原材料的需求是 100~1000 立方米/年，其认证产品的产值平均在 50 万~100 万美元/年。按 500 立方米/年/家企业计，目前全国约 3800 家 COC 认证企业对认证原材料需求总量估算约达 190 万立方米/年；按 75 万美元/年的平均产值计，其认证产品的总产值达 28.5 亿美元。约占我国 2013 年林产品出口额的 5%。

从上述分析可以看出，对于我国木材加工贸易企业来说，产销监管链认证的直接成本并不高，购买认证原材料等间接成本则较高。从短期来看，认证的投资收益率并不好。但从长期来看，对于企业占有市场份额，获得长期盈利能力具有重要的作用。这也可以从我国 COC 企业的数量在 2001~2014 年的十几年间从 25 家猛增到 3800 家、增长了近 150 倍得以说明。

6.3 国内外森林认证成本比较

从森林经营认证来看，我国森林经营单位的平均认证总成本在每公顷 40 元左右，欧洲国家约为 22 元，美国约为 35 元(图 4-11)。我国森林经营单位的成本较高。其中一个主要原因是由于我国森林经营单位较之欧美国家经营管理水平有一定差距，在满足认证标准的过程中，需付出更多的间接成本。

从产销监管链认证来看，我国木材加工和贸易企业开展认证的直接成本在 8 万

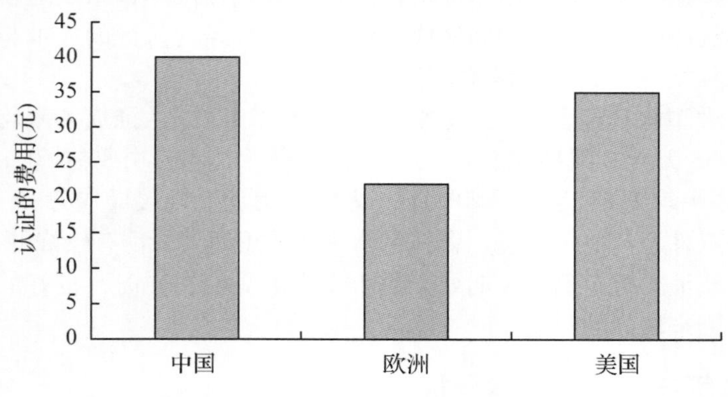

图 4-11　森林经营单位认证的费用比较

元左右，欧洲国家约为5万元，美国约为3万元(图4-12)。我国产销监管链认证企业的间接成本要明显高于欧美企业，这是因为我国企业购买认证原材料大部分还是依赖进口，运费等成本也较高，而欧美国家有较大比例的森林已经获得了认证，基本上在本国或邻近地区就可购买到认证的原材料，费用较低。

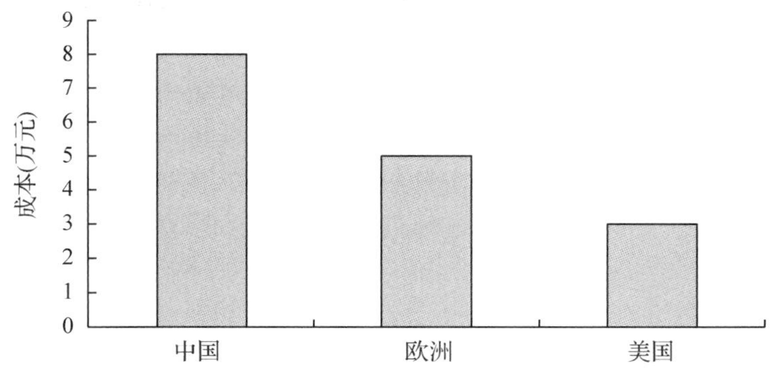

图4-12　企业COC认证的直接成本比较

7　我国开展森林认证的利弊分析

正如任何事物都存在着正反两面性一样，我国开展森林认证工作可能存在着下列风险。

7.1　影响我国木材进口

近年来，随着经济社会的快速发展和人民生活水平的不断提高，加上建筑装饰装修业和木制品(如木制家具和胶合板等)出口贸易的快速发展，国内市场对木材，以及各种林产品的需求急剧扩大，国内木材的供需缺口一再加大，木材(主要是原木和锯材)的进口量出现了迅猛上升的态势。目前，木材的进口量已经占到了我国木材消费量的50%以上，主要来自俄罗斯、巴布亚新几内亚和非洲一些国家和地区，几乎都是非认证的木材。原木、锯材的这种进口格局在未来相对较长时间内还会维持，在这种形势下如果急速推进森林认证工作，要求众多的木材加工企业进口时购买认证的原材料，必然会影响我国木材进口，导致我国木材供需更加失衡，或是由于不得不购买价格较高的认证木材而挤压国内木材加工企业有限的利润空间。同时，也可能会影响目前我国“更好地利用两个市场、两种资源”，可持续利用全球森林资源战略方针的实施。

7.2　加重我国木材加工企业的成本负担

如上所述，由于我国森林认证体系刚刚开始付诸实施，目前认证的企业大多是申请FSC认证，认证直接成本较高。另外，由于我国林产品企业多数为中小型企业，经营比较粗放，为通过认证还需要在购买认证原材料、改进管理体系、人员培训等方面花费较多的间接费用。这将直接导致我国木材加工企业COC的认证成本过高。因此，认证成本过高而导致的企业负担加重对于森林认证在我国的推广也是一个潜在的风险。

7.3　不能获得国际市场认可的风险

目前，国际的 FSC 和 PEFC 体系已经得到世界各国的广泛认可和环保组织的一致推崇，国际市场接受度很高。我国森林认证体系作为一个新兴的体系，虽然目前已经得到 PEFC 认可，但得到欧美主流市场的广泛认可尚需时日。如果我国的森林认证体系不能获得欧美市场大型采购商的认可，就意味着按照我国森林认证标准进行认证的林产品并不能在突破“绿色贸易壁垒“限制进入国外环境敏感市场时得到加分，不能获得森林认证应有的各种市场溢价效益。这也是我们必须考虑到的风险之一。

8　我国森林认证体系与国际体系互认分析

8.1　国际认可的必要性

只有将我国的森林认证体系与国际接轨，得到国际森林认证体系的认可，才能确保将我国的森林可持续经营及标准纳入全球森林可持续经营体系，才会在未来的认证活动中，维护我国的主权和利益；同时还能使我国森林认证体系认证的林产品打上国际森林认证体系的标志，增加我国林产品的国际认可度，促进我国林产品的出口，维护和扩大我国林产品在国际市场中的份额。

中国是世界上最大的发展中国家，在国际事务中具有举足轻重的作用。国际政治、经济、社会环境赋予了我国森林认证新的职能就是维护我国国际形象，争取在国际谈判中有同等的发言权和决策权。在开拓国际市场和消除绿色壁垒中就涉及互认问题，我们如果拥有了自己的认证体系并将其与国际接轨，就能真正与发达国家进行磋商与谈判，维护中国在国际社会中负责任大国的形象、地位与利益。如果我们的森林认证体系没有得到国际认可，不被环境敏感国家的采购商承认，我们的森林认证工作也就不可能实现以上目的。经过我国森林认证体系认证的产品也就得不到国际市场的认可，我们森林认证体系就失去了意义。因此，我国森林认证体系与国际主要的森林认证体系达到互认是非常必要的。

8.2　国际认可的途径

森林认证发展至今形成了 FSC 与 PEFC 占主导地位的两大国际森林认证体系。中国森林认证体系要与国际接轨，就要得到这两个体系的认可。不管哪种国际体系，它们在森林认证体系的建立、标准制定、认证机构的认可及认证等诸方面都遵守 ISO 相关指南的要求，因为 ISO 提供了建立并维持可信认证体系的国际认可的指南。

FSC 起源于非政府组织，但它制定了全球性的认证标准，也是最早对中国森林认证产生影响的体系。同时，FSC 认证由其认可的认证机构按照 FSC 的标准开展认证，通过认证的林产品可以使用 FSC 的标志。

PEFC 已经由原先主要以欧洲为根据地的区域森林认证体系发展成了全球性的认证体系，它是一个认可森林认证体系/标准的伞形组织。它虽然没有制定全球统一的认证标准，但它建立了自己的技术文件体系与指南性文件体系，并制定了认可国家森林认证体系的评估标准，该标准建立在各国政府间国际公约及国际进程的基础上。此外，PEFC 体系承认认可机构为国家森林认证体系所在国的认可机构，但 PEFC 要求认可机构须为国际认可论坛的会员，由该国的认可机构负责认可认证机构。如果国家森林认证体系得到 PEFC 的认可，则认证机构按照国家森林认证标准开展森林认证，通过认证的木材及林产品可以使用 PEFC 的标志，并进入国际市场。两大体系虽有诸多不同，但具有一个共同的目标，即促进森林的可持续经营。

我国森林认证体系已于 2014 年与 PEFC 正式实现了互认，为我国认证林产品获得国际市场认可奠定了坚实的基础。但由于 FSC 体系没有与其他认证体系互认的机制，目前我国森林认证体系还无法实现与 FSC 的互认。尽管如此，由于我国目前不论森林经营单位还是木材加工企业，其欧美客户更多地提出的是 FSC 的认证需求，因此，我国体系也应与 FSC 加强交流与合作，即使短期内不能实现互认，也可以通过体系间的合作，为我国企业争取减少认证成本，增加我国认证林产品的竞争力服务。

第五章 森林认证在中国的实践

从 1998 年第一张认证证书颁发，截至 2015 年 1 月，中国范围内已经有约 3800 家企业通过 FSC 产销监管链认证，超过 280 万公顷的林地通过了 FSC 森林经营认证。FSC 森林认证伴随着中国经济的快速发展，历经了十多年稳步发展。科研机构、环保组织、国有林区以及大型企业都对 FSC 认证在我国的推广做出了积极的贡献。而中国森林认证体系也从无到有，在借鉴国外森林认证体系的基础上建立起来，不断发展和完善。我们回顾 FSC 森林认证在中国发展的实践，在众多开展森林经营认证的国内林业企业中，整理和归纳了四个典型案例，分别从森林监测、高保护价值森林、企业组织和政府主导的小农户联合认证等角度，阐述和分析了这些企业在筹备 FSC 森林认证中采取的解决方案和操作模式，为正在筹备认证的林业企业以及希望改善自身森林经营水平的森林经营单位，提供成功的经验和可供参考的样板。

1 FSC 森林认证在中国的推广

1.1 科研机构引入理念

从 1995 年开始，中国政府的有关人员参加了由联合国组织的“政府森林问题工作组”和“政府间森林问题论坛”会议，参与了一些涉及森林认证问题的国际研讨。1998 年，中国林科院和中国社科院等单位在一些国际组织的资助下，在国内开展了森林认证方面的研究。这些研究涉及 FSC 认证的引入、中国森林认证原则和标准的建立、森林认证国家工作组的组建，以及森林认证能力建设等方面的内容。

2001 年 5 月，由世界自然基金会(WWF)中国分会倡议，成立了“中国森林认证工作组”。该工作组由来自政府机构、非政府组织、研究机构、木材加工企业、森林经营单位和新闻媒体等各方面代表组成。工作组秘书处挂靠在中国林业科学研究院林业科技信息研究所。工作组召开了一系列研讨会和会议，各方代表就中国森林认证的发展道路、认证标准的制定以及所需要的政策措施各抒己见、集思广益，向政府和企业提供了一系列有关森林认证的政策建议，并通过出版《森林认证通讯》和开展研讨培训，以及媒体宣传和推广活动，推动了森林认证理念在中国的引入和传播。

1.2　WWF 全方位推动

自 2002 年以来，WWF 积极推动负责任森林经营。通过支持森林认证试点示范、支持省级高保护价值森林判定以及成立“中国森林贸易网络”等方式，全方位推动了 FSC 在中国的迅速发展。

1.2.1　支持森林认证试点项目

早在 2003 年，WWF 就与宜家集团(IKEA)及中国林业科学研究院合作，支持黑龙江省的友好林业局和吉林省的白河林业局开展森林可持续经营认证示范。这是我国国有大型森林经营单位首次接受 FSC 的理念，按照国际先进的经营理念改善经营管理。2004 年，这两个国有林业局顺利通过了 FSC 认证。

此后，WWF 在我国东北国有林区又支持了多个森林认证试点项目，包括穆棱林业局、绥阳林业局、东方红林业局、东京城林业局、松江河林业局、露水河林业局等。在 WWF 的支持下，这些森林经营单位的经营理念和作业方式得到较大改善。WWF 邀请的国内外专家帮助森林经营单位建立管理体系文件，培训管理人员、野外作业人员，指导判定和保护高保护价值森林等，极大地提高了我国东北国有林区森林经营单位适应森林认证要求的能力。

2010 年以来，WWF 支持的认证试点从东北国有林区扩展到了我国南方集体林区。在 WWF 的有力支持下，福建、云南、广西、广东、江西的森林经营单位逐步接受了 FSC 认证的理念，积极改善经营管理，按照国际先进标准开展林业活动。在 WWF 的大力推动下，我国南方集体林区已经成为我国森林认证新的热点地区。

在我国深化集体林权改革的大背景下，WWF 也努力推动广大个体林农加入森林认证。2014 年，WWF 与山东临沂市林业局组织 4000 多户种植杨树的农民通过了 FSC 小农户联合认证，成为中国第一个小农户联合认证的成功案例。

截至 2015 年 4 月，WWF 已经帮助中国 267 万公顷森林取得 FSC 认证，占全国获得 FSC 认证森林总面积的 85%。

1.2.2　支持省级高保护价值森林判定

2007 年，WWF 最先在吉林省珲春市和黑龙江省东宁市开展了高保护价值森林(HCVF)示范项目，成功地判定了当地的高保护价值森林，并绘制了高保护价值森林的分布图。随后，在森林经营单位试点示范的基础上，WWF 推动了在省级层面的高保护价值森林判定工作。在 WWF－宜家和 WWF－利乐项目的支持下，高保护价值森林的概念已在中国的西南和东北地区得到推广：福建永安林业集团有限公司、黑龙江穆林林业局、敦化林业局三个森林经营单位于 2009 年进行了高保护价值森林判定和管理。在 WWF 的支持下，云南、广西、吉林、四川、陕西也相继开展了高保护价值森林的判定与管理，改善其森林经营水平。作为 FSC 认证的重要内容，高保护价值森林的判定极大地增强了我国森林经营单位通过认证的能力。WWF 在各省开展的高保护价值森林判定工作为这些省份的森林经营单位寻求 FSC 认证提供了重要的应用工具和信息来源。

1.2.3　建立中国森林贸易网络(CFTN)

为了在认证的森林经营单位和木材加工制造企业之间建立联系，促进更多的认证木材进入市场，让更多的木制品加工制造企业使用认证的木材，2005 年 3 月，WWF 建立了中国森林贸易网络(China Forest Trade Network，CFTN)。CFTN 为中国负责任的企业提供了一个改善其经营管理，致力于合法木材贸易和可持续森林经营管理的平台。这些年来，CFTN 通过培训、宣传、实地评估、市场考察等一系列活动鼓励更多认同合法木材贸易和 FSC 认证的中国企业加入。

在 CFTN 的帮助下，吉林省白河林业局 2005 年向美国出口了第一批 FSC 认证的地板。2007 年 6 月，一家英国森林和贸易网络成员企业与黑龙江省友好林业局开展了贸易往来，实现了该林业局第一宗认证林产品出口贸易。

目前，包括中国最大的房地产商万科集团、木地板行业巨头圣象集团、家具制造企业宜华集团等国内大型企业已经加入 CFTN，这对国内木地板行业以及建筑领域实现木材原材料负责任采购起到了巨大的推动作用。CFTN 已经覆盖了地板、家具、人造板行业的生产商和零售商，以及房地产和森林经营单位的成员企业，且所有成员企业均承诺支持可持续森林管理和负责任林产品的制造和采购。

1.3　国有重点林区率先引领

黑龙江省的友好林业局和吉林省的白河林业局都是具有外贸出口权证的企业，每年林产品贸易额多达数百万美元。从 2003 年开始，欧盟及美国的客户就提出出口的林产品需具有 FSC 认证证书。在中国林科院及 WWF 等机构的帮助和指导下，两个林业局启动了森林认证进程。2004 年 11 月，友好林业局和白河林业局进行了 FSC 认证主评估，认证面积分别为 24 万公顷和 18 万公顷，并于 2005 年 4 月正式获得了 FSC 认证证书。成为中国国有林区首次获得 FSC 认证的森林经营单位，为东北国有林区开展森林认证提供了良好的示范和引领作用。友好林业局通过森林认证后，认证产品的销售价格提高了 10%，经营利润增加了 500 万元。白河林业局 2011 年的认证木材销售价格甚至从 900 元/立方米提高到 1286.09 元/立方米。

东北国有林区在友好林业局和白河林业局的示范带动下，在 2005 年之后成为中国 FSC 森林认证的热点地区。黑龙江省和吉林省的国有森工企业纷纷效仿，几年之内，有十多个国有林业局的 200 多万公顷林地获得了 FSC 认证。这些国有林区开展的 FSC 认证活动，使 FSC 的理念和森林可持续经营的思想在中国得到了迅速传播。

随着其它地区森林认证的工作逐渐开展，东北国有林区森林认证面积占我国森林认证总面积的比重有所下降，但是直到2011年占我国森林认证总面积的比重仍达76%。我国森林认证面积逐年增长的趋势，也主要得益于东北国有林区积极开展认证的贡献。

1.4 国际大公司引导市场需求

FSC在中国推广和兴起的十几年间，一些在华的国际大公司率先承诺优先购买认证的原料和产品，对我国开展FSC认证起到了巨大的市场推动作用，激励了我国从东北国有林区到南方集体林区的森林经营单位积极寻求FSC认证，以期从销售FSC产品中获得认证效益。

在这些积极推广FSC认证的国际知名企业中，最有代表性的是宜家集团(IKEA)。IKEA 2014年的年度报告指出该公司当年使用的木材原料41%都来自于可持续经营的森林(即FSC认证或回收再利用的材料)。

宜家要求其所有供应商都必须满足其自主建立的“IWAY林业标准”。宜家希望到2020年实现整个行业供应链“益于森林”的目标。宜家“益于森林”的承诺包括以下目标：

● 到2017年8月，宜家至少50%的木材来自可持续的来源——FSC认证或回收的木材。根据现状推测，这一比例意味着超过900万立方米的木材。

● 到2017年8月，宜家从优先区域(风险较高的国家或地区)采购的全部木材将来自更可持续的来源。

● 到2020年8月，宜家100%的木材、纸张和纸板来自可持续的来源。

● 到2020年8月，宜家将协助优先区域拥有1000万公顷FSC认证的森林，这相当于目前宜家预计供应量总森林面积的两倍多。早前，宜家已经通过一些合作项目，协助3500万公顷森林获得FSC认证。

正是诸如宜家、斯道拉恩索、利乐、沃尔玛、百安居、金佰利等大型国际公司对FSC认证产品的市场需求，有力地带动了我国森林经营单位寻求认证的热情。截至2015年，FSC认证在中国的运作已经进入第16个年头。在各方的共同推动下，中国通过FSC认证的森林面积达到222万公顷，认证的产销监管链企业多达约3800家。

2 中国森林认证体系的建立

随着森林认证在全球的迅速推广，我国作为林业大国，充分认识到森林认证在促进森林可持续经营、提高森林经营水平、促进林产品国际市场准入和维持并扩大林产品国际市场份额方面的作用。20世纪90年代末，我国开始逐步探索森林认证的发展道路。

2.1 启动体系建设进程

2001年，国家林业局在科技发展中心新设立了森林认证处，主要负责我国森林认证体系的建立及森林认证相关活动的规划制定和管理工作。2001 年 7 月，国家林业局又成立了中国森林认证工作领导小组，其主要职责是：协调建立中国森林认证标准与指标体系，负责制定森林认证政策、组织机构建设与运作，以及加入国际森林认证组织等重大问题。国家林业局党组成员、中国林科院院长江泽慧任领导小组组长。与此同时，国家林业局提出了要在广泛学习借鉴国际先进经验的基础上，建立符合我国林业实际和国际惯例的中国森林认证体系（China Forest Certification Council，简称 CFCC）的总体战略思想。

2002 年，国家林业局加入了"全国认证认可部际联系会议"，森林认证作为一种新的认证制度纳入国家统一推动的认证认可制度中。

2003 年《中共中央　国务院关于加快林业发展的决定》中明确提出"积极开展森林认证工作，尽快与国际接轨"。这是中央文件中首次提到森林认证，为森林认证在中国的发展指明了方向。

2.2　制定认证标准和规范

中国森林认证标准的制定工作开始于 2003 年。2004 年 6 月，国家林业局审定通过了《中国森林认证》行业标准。2007 年 9 月，国家林业局正式发布《中国森林认证 森林经营》（LY/T1714－2007）和《中国森林认证 产销监管链》（LY/T1715－2007）两个林业行业标准，从 2007 年 10 月 1 日起正式实施。中国森林认证标准的发布标志着我国森林认证体系建设步入了科学、规范发展的新阶段。

2008 年，全国森林可持续经营与森林认证标准化技术委员会正式成立，主要负责中国森林可持续经营和森林认证领域的标准化工作，为中国森林认证体系提供技术支持。我国森林认证标准制定工作进入快速发展阶段。2012 年 11 月，中国森林认证标准由行业标准上升为国家标准，《中国森林认证 森林经营》（GB/T28951－2012）和《中国森林认证 产销监管链》（GB/T28952－2012）两个国家标准发布。随后，我国森林认证领域的主要认证标准和技术规范陆续制定完成和发布。目前已经正式发布的标准和技术规范已达 16 个（表 5-1）。

表 5-1　我国已经发布的森林认证标准、审核导则和指南

标　准　名　称	标　准　号
中国森林认证　森林经营	GB/T28951－2012
中国森林认证　产销监管链	GB/T28952－2012
中国森林认证　森林经营认证审核导则	LY/T 1878－2014
中国森林认证　森林经营操作指南	LY/T 2280－2014
中国森林认证　产销监管链认证审核导则	LY/T 2281－2014
中国森林认证　产销监管链操作指南	LY/T 2282－2014
中国森林认证　非木质林产品经营	LY/T 2273－2014

（续）

标　准　名　称	标　准　号
中国森林认证　非木质林产品认证审核导则	LY/T 2274－2014
中国森林认证　生产经营性珍贵濒危野生动物饲养管理	LY/T 2279－2014
中国森林认证　森林公园生态环境服务	LY/T 2277－2014
中国森林认证　森林公园生态环境服务审核导则	LY/T 2278－2014
中国森林认证　人工林经营	LY/T 2272－2014
中国森林认证　森林生态环境服务 自然保护区	LY/T 2239－2013
中国森林认证　森林生态环境服务 自然保护区审核导则	LY/T 2240－2013
中国森林认证　竹林经营	LY/T 2275－2014
中国森林认证　竹林经营认证审核导则	LY/T 2276－2014

2.3　拓宽认证领域

2010年9月，国家林业局发布了《关于加快推进森林认证工作的指导意见》(以下简称《意见》)。《意见》从充分认识开展森林认证工作的重要意义、开展森林认证工作的总体要求、建立健全国家森林认证体系、积极开展森林认证试点工作、切实加强森林认证能力建设、保障措施等6个方面提出了明确要求。《意见》首次将我国森林认证的领域扩展到森林经营认证之外。目前，我国森林认证涵盖以下领域：森林经营认证、产销监管链认证、竹林认证、碳汇认证、非木质林产品认证、森林生态环境服务认证、生产经营性珍贵濒危稀有物种认证。这也意味着我国森林认证的产品将不只限于木材及木制品，将包括非木质林产品等更广泛的种类。

2.4　开展认证试点示范

在中国森林认证体系的建立过程中，为检验我国森林认证体系运行的有效性和森林认证标准的科学性，从2006年开始，国家林业局先后在全国19个省(自治区、直辖市)开展了森林认证试点示范工作，同时对中国森林认证标准进行测试。试点内容涵盖森林经营、产销监管链、非木质林产品、竹林、生产经营性珍稀濒危物种、森林生态环境服务等领域。

2006年，在吉林、黑龙江、浙江、福建、广东和四川等6省开展了第一批森林认证试点工作；2007年1月在内蒙古(大兴安岭)、广西、云南、海南、安徽、河北六省开展了第二批试点，同时，为了探索与FSC体系的合作，增加黑龙江穆棱林业局为两种认证同时试点单位。2007年12月，在山西、辽宁、江苏、江西、湖南、广东、贵州和陕西等8个省开展第三批试点；2008年12月，开展第四批试点工作。2011年，国家林业局正式启动南方集体林区森林认证，江西省靖安县成为我国南方首个试点。

2011~2014年，国家林业局在全国范围内共新设立各类森林认证试点38个。其中，黑龙江7个，吉林和江西分别4个，浙江3个，内蒙古、福建、广东分别2个，其余省份各设1个试点。森林认证试点的顺利进行，为探索我国森林可持续经营的模式、方法和标准指标，测试中国森林认证标准提供了重要依据。

2.5 培育森林认证市场

作为中国森林认证体系的管理机构，由多方利益方代表参加的非营利性的中国森林认证委员会(CFCC)于2003年成立。2009年11月，经国家认监委批准，我国国内第一家具有森林认证资质的认证机构——北京中林天合认证中心正式成立。2014年，吉林松柏森林认证有限公司和江西山和森林认证有限公司也成为我国首批森林认证机构并开展认证业务。

截至2015年3月，中国森林认证体系共认证了29家森林经营单位的727.86万公顷森林。非木质林产品认证面积达578.32万公顷，已有坚果、菌类、山野菜、蜂产品等四大类非木质林产品通过认证并使用认证标志。还有21家林产品加工制造企业通过了产销监管链认证。

2.6 实现国际互认

2009年，中国向两大国际森林认证体系之一的PEFC提交了会员意向申请。2011年7月，中国森林认证管理委员会正式成为PEFC国家管理机构会员。2012年9月，CFCC正式向PEFC秘书处提交了互认材料。2014年2月，CFCC与PEFC实现互认完成，标志着中国森林认证体系获得了国际主流森林认证体系的认可。按照互认协议，今后凡是通过中国森林认证体系认证的林产品，将获准使用中国森林认证标识和PEFC标识，通过CFCC认证的林产品将因此而获得进入国际市场的“绿色通行证”。

3 我国特色森林认证实践

随着我国经济的快速发展，森林认证也经历了10多年的稳步前进，越来越多的森林经营单位获得了森林认证证书，越来越多的企业也获得了产销监管链认证证书。这些经营单位和企业在开展森林经营或产销监管链认证的同时也结合自身条件创建了具有自身特色的森林认证实践与模式，为完善我国森林认证体系提供了宝贵的经验。

3.1 珲春林业局FSC森林经营认证

森林认证是世界林业发展的一个重要趋势，然而FSC认证又是目前全球最具影响力的森林认证体系。珲春林业局作为我国早期的国有林管理单位，肩负着保护和利用珲春地区国有森林资源的重任，因此引入森林认证机制对于珲春林区实现森林可持续经营有着重要的意义。为满足FSC森林经营认证的要求，珲春林业局制定了完善的森林监测体系，该体系覆盖的监测指标广泛，使用的监测方法先进，监测结果能够得到有效应用，充分体现了森林可持续经营理念，为其他森林经营单位在森林监测方面提供依据。

3.1.1　珲春林业局概况

吉林省珲春林业局自1994年成立以来，经营面积已达40.5万公顷，企业现有员工2096人，资产总额5.33亿元。企业目前已经形成了集林产工业、林地经济、能源矿产、房地产开发、森林旅游、生态保护、森林食品、营林、采运等为一体的复合经营型产业体系。同时，积极探索实践以“林农军”(企业、地方和军警部队)互相促进、资源共享、功能互补、共同提高的三位一体党建共建模式，形成了区域“大党建”工作新格局。

3.1.1.1　自然地理条件

珲春市位于吉林省延边朝鲜族自治州东部，是中、俄、朝三国交界的边境地区。该区地理坐标为东经129°52′~131°18′，北纬42°25′~43°29′。西南以图们江与朝鲜隔江相望，东、东南与俄罗斯接壤，北部与黑龙江省东宁县、吉林省汪清县、汪清林业局相连，西部与图们市毗邻。属中纬度温带近海洋季风气候。年平均气温在10℃左右，年降水量为731毫米，无霜期为128天，最高气温36.3℃，最低气温-32.5℃。属长白山脉东部中低山区，东西长、南北短，高低悬殊。整个地势由北向南逐渐倾斜，形成东南、东北、西北部高，中部、西南部低的箕状盆地。境内最高峰老爷岭海拔1447.4米，最低处敬信平原海拔5米，为全省最低处。水资源非常丰富，水域面积15570公顷，水资源总量为24.3亿立方米。共有一江一河33条支流，均属图们江水系，其中一级支流5条，二级支流28条，10千米以上支流有密江河、英安河、石头河、兰家趟子河、清泥瓦河等26条。珲春的自然条件十分复杂，从丘陵山区至珲春平原，随地形、植被及气候条件的变化及开发利用的不同，形成了不同的土壤类型和演替规律。东北部山区主要以暗棕壤为主；中部平原及周围丘陵山区，土壤以水稻土、白浆土、冲积土为主；南部敬信平原以草甸土为主，间有少量白浆土、冲积土、风沙土。

3.1.1.2　社会经济条件

珲春市隶属于延边朝鲜族自治州，下辖13个乡镇。截至2006年末，珲春市总人口217671人；民族主要有汉族、朝鲜族、满族、回族，其中汉族和朝鲜族为主。国内生产总值260019万元，人均国内生产总值12005元。耕地面积25666公顷，粮食总产量104911吨。

3.1.1.3　珲春市森林资源情况

珲春植被属长白山植物系，由于水热条件较为优越，为植物生长提供了有利条件，植物种类繁多，结构复杂，森林植被主要代表树种深山区针叶树以红松、云杉、臭松为主；阔叶树以水曲柳、胡桃楸、黄波罗、椴树、柞树、枫桦、榆树、色树、杨树、白桦及杂木等。林相以阔叶或针阔混交为主。浅山区经长期砍伐，森林以柞树次生林林相为主。常见的下木有忍冬、榛子、刺五加、胡枝子、绣线菊、珍珠梅、花楷子等。草本植被有莎草、山茄子、轮叶王孙、宽叶苔草、羊胡苔草、小叶樟、小叶芹、蕨类、苔藓等。藤本有山葡萄、五味子、猕猴桃等。

3.1.1.4　珲春市林业经营管理

珲春林区原属清政府皇家禁区，1881年清政府解除封禁政策，实行移民从边新政策，关内移民和朝鲜移民涌入珲春，森林正式开发。日本侵略东北后，自1937年起，日本人开始大量采伐，经过8年多时间，使阳坡变成柞树萌生林，阴坡变为阔叶混交次生林，有的变成荒山秃岭。自1950年珲春县人民政府成立了林业科开始，森林逐步得到恢复和发展。1963年由珲春县林业科改称为珲春县林业局。1986年5月成立珲春林业局筹建处，1992年11月中华人民共和国林业部颁发“国林证字第217号”，确认吉林省珲春市342138.46公顷的经营范围内的森林资源为国家所有，由珲春林业局经营管理，其合法权受法律保护，任何单位和个人不得侵犯，1994年经国务院批准正式成立珲春林业局。

珲春林业局下辖九个林场、两个营林站、一个管护站、两个贮木场、一座苗圃及两个林产工业加工企业。建局时设计年木材生产能力24万立方米，至2003年木材产量已调减到位，限定在7.2万立方米。经营面积40.5万公顷，2008年企业实现总产值56400万元(含活立木产值)，利润292.8万元，上缴管理费150万元，上交育林基金100万元。

3.1.2 珲春林业局FSC认证情况

3.1.2.1 认证目的

林业局领导班子着眼于将珲春林业局打造成为维护东北亚区域生态平衡的窗口和图们江地区资源安全的窗口，促进企业更好更快发展，把森林认证引入企业，运用国际先进的森林经营理念和森林认证管理机制整合、改进、完善森林经营管理。

3.1.2.2 认证情况

认证机构：瑞士SGS集团中国公司

获证时间：2011年4月

采用标准：SGS中国区森林管理认证标准

认证范围：珲春林业局329029.9公顷的林地

3.1.3 FSC森林认证重点项——森林监测

FSC森林认证的森林监测标准涉及面广，除了传统的森林资源监测之外，还包括重大经营活动环境影响监测、产销监管链监测、生物多样性监测等，而且对于将监测结果用于森林经营决策有特定的要求。很多调研和案例表明，在已经通过认证的林业企业中，产生不符合项的指标中涉及“森林监测”的比例很高，森林监测一直以来是通过FSC森林经营认证的难点之一。监测难度大，监测面广，是企业准备FSC森林认证所面临的挑战。珲春林业局根据制定的《森林监测方案》，结合FSC森林认证的要求，对森林资源、环境以及社会等方面进行了综合监测。珲春林业局针对不同的监测对象采取相应的监测方法和方案，分析监测结果以确定森林经营的影响。

3.1.3.1 设定专职管理和监测机构

珲春林业局设专职管理和监测机构，对本局森林经营进行管理和监督。监测的费用已包含在各部门的办公费用当中。经营区面积及权属，林地变化管理及监测由林政稽查处负责；林木资源管理由资源林政处负责；森林野生动植物及高保护价值森林管理与监测由保护局资源保护处、营林处、资源林政处负责；森林病虫害防治管理与监测机构设在营林处；森林林副产品管理监测机构为创业办；环境质量状况管理监测的机构是营林处、生产处、创业办；社会影响管理与监测机构是计划处、劳动处、信访办、营林处、生产处、创业办。

3.1.3.2　明确监测目的和范围

森林综合监测的目的在于通过监测方案的实施，获取监测指标的动态变化数据，掌握森林经营过程中各项因子的变化规律以及各种经营活动对环境和社会的影响，从而为改进经营措施提供依据，最终达到改善经营管理的目的，实现森林的良好经营。

监测范围主要是珲春林业局的405262公顷的林地空间内动植物、水文气象、生产生活和相应社会环境的监测。

3.1.3.3　确定监测对象、设计相应的监测方法

（1）监测指标

根据FSC森林认证的要求，珲春林业局将监测指标划分为8个大类，23个项目，包括社会、经济、生态的各个方面(表5-2)。

表5-2　珲春林业局监测指标明细表

监测指标类别	监测指标
一、森林资源监测	林地权属变化情况
	各类土地面积变化
	森林蓄积量变化
	木材生产变化
	营造林完成情况
	非木质林产品产量监测
二、野生动植物资源监测	野生东北虎及豹监测
	有蹄类及其它野生动物监测
	迁徙鸟类监测
	松茸资源监测
三、森林环境质量状况监测	水质监测
	大气监测
	土壤监测结果
四、森林安全监测	森林火灾监测
	森林病虫害监测
五、重大森林经营活动的环境影响监测	森林采伐活动环境影响监测
	林区道路环境影响监测
	森林多种经营活动环境影响监测
六、经济效益监测	
七、产销监管链监测	
八、高保护价值森林监测	

（2）监测方法

根据不同的监测指标，分别采取统计监测、固定样点监测、动态监测和信息系统监测等方式方法。监测期以不定期监测和持续监测为主。

固定样点监测，采用实地布设，实地调查的方法。建有国家级固定样地、省级固定样地、局级固定样地，以及高保护价值森林设立的固定样地。样地样块20米×30米或样圆半径13.82米，面积600平方米。分别进行长期、短期和不定期复查或抽查。

动态监测，采用遥感图像、地形图、“3S”技术和实地调查相结合，对森林资源进行监测，包括伐区、更新造林和森林抚育的调查设计、森林采伐、造林管理与检查验收、森林防火、气象水文、林地面积和森林病虫害。

信息系统监测，采用电话、电视、互联网和卫星等现代技术方法。通过建立跨地区、跨林区、跨行业、综合性的森林生态环境监测网络。及时监测发现森林生态环境变化及发展趋势，掌握森林经营对生态环境的影响，预测不良趋势并及时发布警报；使珲春林区生态系统呈良性循环健康发展。

具体到每个监测指标，采用不同的监测方法，详细情况见表5-3。

表5-3　珲春林业局监测方法明细表

监测指标	监测方法
一、森林资源监测	国家级森林资源连续清查、省级森林资源规划设计调查、林业局作业设计调查。
二、野生动植物资源监测	1. 野生东北虎、豹监测 (1)SMART巡护监测：按照SMART巡护体系模式，保护区内6个基层保护站共设置24条固定样线，保护区外5条固定样线。每月每个保护站SMART巡护监测开展4～8次。 (2)东北虎捕食家畜活动监测：依据东北虎捕食家畜信息数据确定东北虎活动情况的。 (3)利用红外线相机监测。 2. 有蹄类及其它野生动物监测 利用SMART巡护对有蹄类及其它野生动物进行适时监测。 3. 迁徙鸟类监测 在春秋两季对图们江下游的敬信湿地停留的迁徙鸟类蹲点监测。对迁徙鸟类的监测方法主要是采取样线法、样点法进行监测调查。 4. 松茸监测 珲春松茸产期主要集中在每年8月初至10月末，在此期间对松茸资源的采集以及产量等情况实施跟踪调查监测。
三、森林环境质量状况监测	向利益相关方咨询(珲春市环境监测站、珲春市环境保护局)了解水质和空气质量。
四、森林安全监测	监测林火主要以地面监测和瞭望台监测为主，与省、州上级森林防火指挥系统紧密对接，形成上、中、下全方位森林防火监测指挥系统。 森林病虫害防治监测通过对固定样地即时监测了解各种林业有害生物，林木受害情况。

（续）

监测指标	监测方法
五、重大森林经营活动的环境影响监测（森林经营活动主要有造林、抚育、采伐和非木质资源经营）	造林和抚育均实行二级验收。基层林场进行内部自检，局营林处进行质检验收。 森林采伐活动在每年秋季各林场批复伐区内按季度进行，资源林政处在第二年4月份开始验收，符合验收标准的小班由资源林政处开具伐区验收合格证，不符合的出具整改通知，林场整改合格后资源林政处验收合格发证。 林区道路的修建与维护每年秋季在采伐区内由各林场独立完成，计划处联合资源处、生产处等相关部门进行验收。 森林多种经营活动环境影响监测，主要是对林蛙养殖、放牧、采集等可能产生环境负面影响的活动进行监测。
六、经济效益监测	监测对比企业林业产业总产值、上缴利润、上交育林基金、在职员工人均工资、居民入山采集林副产品收益等数据。
七、产销监管链监测	制定《珲春林业局 FSC 原木产销监控管理办法》。
八、高保护价值森林监测	详见(3)

（3）高保护价值森林的监测方法

通过定期、定点对高保护价值森林进行监测，及时掌握高保护价值森林变化趋势，获取高保护价值森林数量、质量与相关的动态信息，为维持和提高识别出的高保护价值提供依据。

监测的范围是已区划出的高保护价值森林区域，监测的对象是不同生态区位的高保护价值森林。

宏观监测、定位监测、即时监测构成高保护价值森林的监测体系。

宏观监测方法　利用卫星影像信息、地形图、航片，前期的林相图和小班数据，调查整个县(市)或森林经营单位的高保护价值森林。结合二类森林资源清查(间隔期10年)，用二类森林资源清查资料更新县(市)或经营单位的高保护价值森林地理信息系统和数据库。

宏观监测内容　县(市)或经营单位的高保护价值森林面积、蓄积和相关的林分因子信息，高保护价值森林的空间分布。

定位监测方法　珲春市高保护价值森林定位监测系统是利用第七次全国森林资源连续清查布设的样地建立的。按4千米×8千米机械布点，在珲春市境内共布设228块样地，具体分布如图5-1所示：

图 5-1 森林资源监测样地分布图

利用珲春市高保护价值森林小班空间数据库和珲春市高保护价值森林样地空间数据库在 GIS 平台中叠加，确定落入高保护价值森林分布空间的监测样地个数。结果如下：高保护价值森林范围内样地 124 个 。其中：具有高保护价值 1 的森林范围内样地 82 个，高保护价值 2 范围内样地 26 个，高保护价值 3 范围内样地 3 个，高保护价值 4 范围内样地 39 个，高保护价值 5 范围内样地 5 个，高保护价值 6 范围内样地 0 个，加设 3 个样地，详细样地分布如图 5-2 所示。

根据高保护价值森林监测的需要，对数据库中的数据属性进行了编辑，增加了 19 个高保护价值字段，同时去掉了各种代码字段，现在样地数据库 50 个字段。对数据库中的各类高保护价值森林面积、蓄积进行了重新计算。并与空间数据库进行了对接，建立了珲春市高保护价值森林监测样地空间数据库。

定位监测内容：利用一类森林资源清查的样地资料，进行必要的补充调查，每个监测样地面积 0. 06 公顷，采用 GPS 定位，记载监测点号，高保护价值森林类型、主要作用、管护和经营现状。是否有盗伐？经营单位的管护措施？是否有采伐措施？如有采伐，调查采伐强度。调查是否采取抚育措施？采伐或抚育后的林木生长状况如何？调查物种丰富度，样方内植物种类与数量，样地内鸟巢数量，野生动物活动

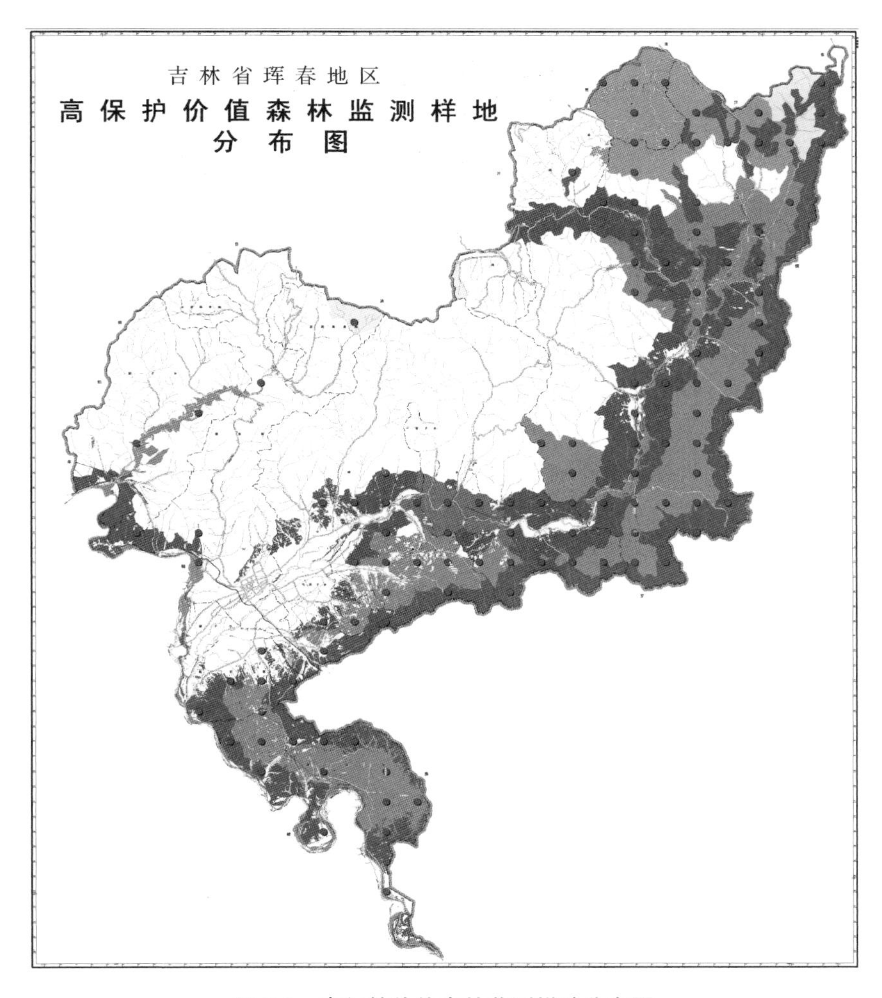

图 5-2　高保护价值森林监测样地分布图

的痕迹。

利用本次珲春市高保护价值森林监测样地空间数据库和监测数据库进行高保护价值、管护和经营措施比较，达到对高保护价值森林变化的监测。对每块样地给出调查结果：森林的高保护价值得到提高、维持、降低，以便有针对性地制定林业规划和经营措施。

即时监测　有经营活动随时记载；按年度测量监测指标，没有重大变化，每个年度测量 1 次。

监测指标

高保护价值 1：自然保护区是否禁伐、人为干扰程度和次数；野生东北虎、远东豹、丹顶鹤种群数量；长白落叶松林、赤松林的优势树种比例是否提高。

高保护价值 2：大片景观水平森林的采伐次数和强度，是否禁伐或限伐。

高保护价值 3：东北红豆杉是否受到人为破坏；天然红松阔叶林的采伐次数和

强度。

高保护价值4：集水区保护、侵蚀控制森林是否禁伐或限伐，如采取限伐，采伐强度多大。

高保护价值5：实验林的保护与经营措施，种源林的产种量和种子质量，水源地周围森林是否禁伐。

高保护价值6：保护与经营措施，林下更新数量。

3.1.4　2013～2014年度森林监测结果及分析

2013～2014年度森林监测结果中较2012～2013年度没有发生改变的不做详细阐述，只对发生变化的监测结果做分析和阐述。

3.1.4.1　森林资源方面

（1）林地权属变化情况

珲春林业局所辖林地权属为国有，与2012～2013年度相比权属没有变化。

（2）各类土地面积变化及分析

总经营面积　森林总经营面积为405262公顷，与2012～2013年度森林总经营面积相比没有变化。

林业用地面积　2013～2014年度为349842.1公顷，比2012～2013年度减少61.6公顷。

有林地面积　2014年有林地面积为32263.8公顷，有林地面积减少515公顷。

疏林地面积　2014年疏林地面积为351.4公顷，风倒木清理，伐后郁闭度为0.1，致使疏林地面积增加了300.7公顷。

灌木林地面积　2013～2014年度5318.9公顷，与2012～2013年度相同未发生变化。

未成林造林地面积　2013～2014年度未成林林地面积为896.3公顷，变化原因是造林159.7公顷，新成林晋级25.7公顷，所以未成林林地面积增加134公顷。

苗圃地面积　2013～2014年度35.5公顷，与2012～2013年度比没有变化。

无立木林地面积　2012～2013年度无立木林地面积1014公顷，2013～2014年度无立木地面积1013.3公顷，面积减少了0.7公顷。

宜林地面积　2013～2014年度宜林地面积为1309.5公顷，没有发生变化。

林业其它用地面积　2013～2014年度林业其它用地面积为18278公顷，增加了27.8公顷为防火瞭望塔占地、边境森林重点火险区综合治理占地，其中0.2公顷四舍五入原因未进行变化。

非林业用地面积　2013～2014年度非林业用地面积55419.9公顷，增加了64.5公顷，实际增加了61.6公顷，其中：2.4公顷设计为林业用地；0.5公顷四舍五入后小于0.1公顷，标注后未进行变化。

（3）蓄积量变化分析

2013～2014年度活立木总蓄积为45155757立方米，比2012～2013年度的44872266立方米，增加283491立方米。

（4）森林类别分析

珲春林业局2013～2014年度木材生产计划采伐量70600立方米，出材量40800

立方米，风倒木清理增加采伐限额采伐量57400立方米，出材量28700立方米。实际采伐109119立方米，出材69241立方米，年度森林资源消耗量远远低于生长量。

（5）营造林完成情况

2014年全年完成造林面积2066.67公顷，其中：择伐补植面积800.81公顷，市林业局结转45.88公顷，异地还林50.29公顷，改造培育133.3公顷，补植补造533.34公顷，风倒木343.23公顷，补植159.82公顷．平均成活率达90%以上；完成幼林抚育面积8055.6公顷。

（6）非木质林产品产量方面

2013年以来，珲春林业局在大力推进全民创业工作的同时，结合森林认证的要求，充分考虑到非木质林产品开发过程中出现的可持续问题，创业办结合日常工作，通过咨询、访谈调查等多种形式对主要的非木质林产品的开发实施了有效监测。林业局主要非木质林产品监测情况见表5-4。

表5-4　2013～2014年非木质林产品产量监测

种类	面积（万公顷）	年产量		当年采集量		年采集量占年产量百分比	
		2013年	2014年	2013年	2014年	2013年	2014年
红松籽	14.70	57吨	64吨	34吨	36吨	61%	59%
薇菜	9.20	11.2吨	11.8吨	8.9吨	10.1吨	89%	91%
蕨菜	7.00	13.5吨	16.2吨	10.9吨	13.1吨	78%	83%
林蛙	20.41	378万只	398万只	284万只	-	83%	-

通过对主要非木质林产品采集量等情况的调查监测表明：2013～2014年春季以来，林区内主要非木质产品的采集量并没有超过生长量，开发利用处于正常合理的区间，与2012～2013年度同期相比其产量呈增长趋势，主要是珲春林业局不仅加强了林区非木质林产品的开发利用与保护管理工作，同时林区居民的生态保护意识正在逐步增强。

3.1.4.2　野生动植物资源状况

2013年，通过SMART共巡护1800多公里，记录人类活动信息120余多次，收缴捕猎工具300多件。2013年利用红外线相机拍摄监测到东北虎111次，豹10次。通过监测可以看出，珲春林业局辖区内的野生东北虎、豹等濒危物种活动情况与2012年度相比已经趋于稳定，野生虎豹种群数量也有逐步增长的态势。

2013年7月起截至目前，通过SMART巡护共记录有蹄类及其它野生动物监测信息760次。其中有蹄类动物活动主要是马鹿、梅花鹿、狍、野猪和东北兔的活动，其它鸟类主要是环颈雉、花尾榛鸡、普通鵟以及湿地鸟类和其它大型猛禽。与2012年度监测相比，活动的次数有所下降，但是并不能说明有蹄类动物以及其它野生动物的种群数量有所下降，应该是整体水平没有下降。

珲春保护区管理局在春秋两季对图们江下游的敬信湿地停留的迁徙鸟类开展了

蹲点监测工作。2013～2014 年度 7 月共监测到鸟类 5 目 6 科 60 余种，共监测鸟类数量达 40 万只。监测分析表明：敬信湿地是东北亚鸟类迁徙路线上的重要中转站，迁徙鸟类数量趋于稳定。鸟类迁徙时间大约持续 4 个月，有极少部分鸭类、鹭类在敬信湿地繁殖。春季从 3 月初开始一直持续到 5 月中旬，第一批迁徙鸟类为雁类(豆雁、白额雁)，丹顶鹤、白枕鹤等珍稀鸟类在敬信停靠时间一般在 5～7 天，雁类一般在 15～30 天，鸭类在 7～15 天。3 月末至 4 月中旬会有 1～2 次鸟类迁徙高峰，根据监测高峰期时敬信湿地迁徙鸟类数量(以雁鸭类为主)可达 8 万～10 万只。5 月中旬最后一批大雁迁走，春季鸟类迁徙结束。秋季鸟类迁徙规模较小，以小群迁徙为主，主要以雁鸭类、鹭类为主。一般在 9 月中旬开始持续到 10 月末。迁徙总数量在 2 万～3 万只。2013 监测与往年相比鸟类数量和种类没有明显变化。

据松茸期调查和松茸承包户反映表明：2013 年珲春地区松茸总产量约 1.5 吨左右，产量较大的区域主要是集中在解放、密江的三安和大荒沟一带，零散的区域主要分布在春化的六道沟、洋金沟、四道沟以及杨泡和板石的个别林班。2013 年的松茸产量与 2012 年度相比，产量降幅较大，主要原因是 2013 年春季气候干旱少雨，使松茸的菌丝发酵受到较大影响；秋季持续干旱，松茸产量极低。

3.1.4.3　森林环境质量状况

2013 年一、二季度和 2014 年一、二季度，珲春市东水源(春化大桥)的达标率达到了 100%；珲春河各监测断面的水质均达到了《地下水环境质量标准》中相应水体标准。

2013 年一、二季度和 2014 年一、二季度，珲春市的二氧化硫和二氧化氮含量及可吸入颗粒物达到标准，可吸入颗粒物监测结果与上一年度同期相比波动不大。珲春市环境空气质量良好。

珲春林业局共 7 种类型的土壤，土层厚度、肥力、结构较 2012～2013 年度没有改变。2013 年土壤基本理化性质数据见表 5-5。

表 5-5　珲春林业有限公司哈达门苗圃土壤基本理化性质

项目 样地	有机质 (克/千克)	全氮 (克/千克)	全磷 (%)	全钾 (%)	碱解氮 (克/千克)	速效磷 (克/千克)	速效钾 (克/千克)	pH
1	4.95	0.318	0.229	2.60	289	98	350	7.03
2	2.83	0.215	0.191	2.01	188	65	198	6.25
3	2.91	0.218	0.186	2.23	151	70	213	6.23
4	2.76	0.196	0.168	2.00	128	60	206	6.22

3.1.4.4　森林安全方面

2013 年 9 月以来截至目前，珲春林业局未发生森林火灾，实现了连续 34 年无重大森林火灾。

2013 年，全年有害生物防治总面积为 7840.4 公顷，其中落叶松枯梢病人工剪枝防治 474.6 公顷，天然针叶林蛀干害虫云杉八齿小蠹透光抚育、清林等营林措施预防 560 公顷，落叶松落叶病透光抚育、清林等营林措施预防 855.8 公顷，落叶松毛虫用赤眼蜂生物预防 1150 公顷，森林鼠害用不育灵预防 4800 公顷，美国白蛾监测 1647 公顷。2014 年珲春林业局无公害防治率为 100%。

3.1.4.5　重大森林经营活动对环境的影响

（1）营林生产活动对环境的影响

珲春林业局每年 4 月中下旬开始进行造林，5 月 10 日之前结束。5 月中旬到 6 月中旬进行镐抚，7 月中旬到 8 月中旬进行刀抚，抚育在 8 月 15 日前结束。通过对营林生产活动对环境影响的监测结果表明，造林和中幼林抚育等营林活动对森林环境产生负面影响极小，抚育有利于优化林分和林木的生长。

（2）森林采伐活动对环境的影响

2013 年 1、4 月份，林业局加强了木材生产管理，组织林场对森林采伐进行了适时监测，生产处和林场对小班作业情况进行了日常监测。具体对森林环境的影响有以下方面：一是普遍改善了林内卫生状况，促进了林地生产力的提高。对林地生产力有轻微影响的有 147 个小班，无影响的 239 个。二是虽然个别地段会产生轻微的水土流失，但在短时期内，随着植被的恢复，水土流失被控制在较低水平。对水土流失没有影响的有 100 个小班，有轻微影响的 286 个小班。三是楞场内的植被破坏比较严重。随着木材的存贮、运输以及机械对土壤的碾压，地表植被遭到了破坏。四是由于采伐数量适当，对生物的多样性不会产生较大影响，但是野生动物会因机械的噪声及人为活动的影响而受到惊扰，在采伐活动结束后，会逐渐得到恢复。对野生动物栖息地没有影响的有 262 个小班，有轻微影响的 124 个小班。五是对森林景观没有产生大的影响。没有影响的小班有 271 个，轻微影响的有 115 个。六是有害物及垃圾清理干净，对森林环境没有影响；对周边保护区没有影响。

（3）林区道路对环境的影响

2013 年 11 月计划处结合道路验收工作，对珲春林业局 7 个林场 11 条新修道路和 30 处取土场地进行了作业后环境影响监测，所有道路的建设与维护均按设计资料和有关规程要求进行，符合道路验收标准，详细情况见表 5-6。

表 5-6　修路及取土场对环境影响监测

评估指标	环境影响			
	无	轻微	一般	较重
林地生产力	31	3	0	0
水土流失	17	17	0	0
周边水体	31	3	0	0
植被	7	26	1	0
生物多样性	23	11	0	0
野生动物栖息地	30	4	0	0
森林景观	32	2	0	0
有害物、垃圾残留	29	5	0	0
周边保护区	33	1	0	0

监测结果表明：道路作业施工单位在道路修建施工过程中都采取了相应的预防保护措施，把取土场对环境的影响尽可能减到最低程度。但是仍然存在个别林场修路时取土点取土不规范的现象。

（4）森林多种经营活动对环境的影响

通过对森林各项多种经营活动的监测结果表明：林蛙养殖活动中，个别承包户设置的林蛙塑料趟子清理不及时，有少量遗留的现象发生；承包驻点生活垃圾处理不得当。家畜养殖放牧活动出现家畜聚集地块植被破坏严重，土壤板结。这些都在一定程度上对环境产生了负面影响。

3.1.4.6　经济效益状况

2013 年珲春林业局实现林业产业总产值 37210 万元，工业产值 3908 万元，实现销售收入 8797 万元，实现利润 1614 万元，税金 114 万元，上缴利润 1520 万元，上交育林基金 178 万元。

2013 年职工人均工资收入达到 30898 元，比上一年度年提高了 15%。

2013 年职工户均创业性收入达到 3.89 万元，人均创业性收入达到 2.64 万元。为企业外居民提供大量就业机会，使其增加收入 3295.4 万元，其中：营林生产为企业外居民增收 440.4 万元；木材生产为企业外居民增收 1601 万元；中幼林抚育为企业外居民增收 1254 万元。

允许企业外居民入山采集林副产品，增加收入 305 万元。

3.1.4.7　产销监管链状况

木材生产期间林业局产销监管各部门和单位都能严格执行监管规定，所有原木都得到了有效监控，没有流失；无违规、无林政案件情况发生。2013 年 12 月截至 2014 年 9 月底，累计共销售 FSC 认证原木 13381.634 立方米，所销售的认证木材流向清楚。

3.1.4.8　高保护价值森林方面

2013 年以来，珲春林业局通过对高保护价值森林（HCVF）监测来看，林业局范围内已经判定的 5 类高保护价值森林（HCVF）各项指标均趋于正常，森林增长稳定。珲春林业局对已判定高保护价值森林的区域实施了有效管护、禁伐等一系列的保护措施，使各类高保护价值森林其功能、价值得到了维系和提高。

3.1.5　经验总结

综上所述：珲春林业局各项经营活动符合森林经营方案和 FSC 认证标准的要求。一是森林面积没有减少，权属没有改变，保证了林权林地的稳定；二是森林林木蓄积资源实现了长大于消；三是森林覆被率保持了现有水平；四是高保护价值森林得到了有效保护，整体森林生态系统保持了平衡，没有重大野生动物疫情发生，野生动物种群数量呈增长趋势；五是没有发生大的森林火灾和森林病虫鼠害疫情，未对森林各项林分因子造成较大影响；六是森林非木质林产品保护与开发利用得到了较为合理的发展；七是各种重大森林经营活动严格按照规范操作，充分考虑这些经营活动所带来的正面以及负面环境影响和社会影响，各项重大森林经营活动并未对环境造成严重影响；八是林区经济实现稳步发展，林业多种经营管理得到逐步加强；九是进一步加大森林认证和环境保护宣传力度，进一步提高珲春林区广大干部职工对森林认证的认识和增强林区群众自觉保护森林、爱护环境的意识。结合珲春林业局“林农军共建”体系，统一协调珲春林区环保工作的组织领导，形成分工合作，齐抓共管林区环境工作的新局面。

3.2　腾冲县林业局国有林场 FSC 森林经营认证

腾冲县林业局国有林场自2009年开展FSC森林经营认证项目以来，始终坚持保护当地生态环境、社会文化和居民权利的原则，积极开展高保护价值森林的判定和经营工作，建立了完善的高保护价值森林体系，为其他森林经营单位开展高保护价值森林判定和经营提供了良好借鉴。

3.2.1　腾冲县林业局国有林场概况

云南省腾冲县是全国森林资源林政管理示范县之一，全县有林业用地面积610万亩，森林覆盖率70.7%。全县有国有林场7个，拥有固定资产1亿元、年经营收入1.8亿元。腾冲县国有林场是腾冲县林业的重要组成部分，肩负资源和生态建设的双重任务，不仅在林业建设中起着示范和骨干带头作用，也是腾冲林业发展的基础和方向标。1986年，腾冲县国有林场全部转为事业单位企业化管理，林场独立核算，自收自支，自负盈亏。发展多种经营，以短养长，成为了这些林场唯一的出路。建设小水电站、开展木材加工、营造特色经济林和开发林下资源等一系列新经营措施的实施，使林场的经营走上新的发展道路。

3.2.1.1　自然地理情况

腾冲属于亚热带气候。年均气温14.8℃。年均月最低温出现在1月为7.5℃，年均月最高温出现在8月为19.8℃。年均降水量为1463.8毫米，降水变率12.3%。腾冲的土壤主要由沉积物、堆积物或坡积洪积物发育而成。境内有两大水系，大盈江水系（古永河、缅箐河、槟榔江）和龙川江水系（明光河、龙江小江、龙江大江），其支流多沿断裂带发育，由北向南，最后汇入缅甸的伊洛瓦底江。河流一般流程很短，但落差却很大，超过1000米，形成众多的激流和瀑布。所有的河流都属于国际河流的上游，如伊洛瓦底江。腾冲植被隶属于南亚热带常绿阔叶林带和中亚热带常绿阔叶林带的交错地段，组成植物群落的植物种类繁多，成分复杂，水平地带和垂直地带交错叠置。自然植被类型主要有河谷稀树灌木草丛、暖性针叶林、季风常绿阔叶林、半湿润常绿阔叶林、中山温性常绿阔叶林、温凉性针叶林、山顶苔藓矮林、寒温性针叶林、寒温性竹林、寒温性灌木丛和草甸10个植被类型。腾冲为全球重要的生物多样性保护热点地区。全县有国家一级保护植物4种，国家二级保护植物20种，如大树杜鹃、秃杉、长蕊木兰、云南红豆杉、兰花等。有31种植物被IUCN的濒危植物名录收录。在已记录的野生动物中，有国家一级保护动物18种，国家二级保护动物49种，如孟加拉虎、羚牛，白眉长臂猿、灰叶猴、蜂猴、金钱豹、小熊猫、白尾梢虹雉等。

3.2.1.2　社会经济情况

全县国土面积570088公顷，国境线长148.075千米；辖18个乡镇，有汉族、傣族、傈僳族、回族、白族、佤族、阿昌族7个世居民族，2008年末总人口64.2万人，其中少数民族人口4.8万人；实现生产总值50.3亿元，财政总收入6.66亿元；实现农民人均纯收入3002元，城镇居民人均可支配收入11687元。

3.2.1.3 腾冲县国有林场概况

腾冲县林业局共有7个国有林场，国有林场辖区总面积90855.95公顷，其中：林业用地89294.12公顷，非林业用地1561.83公顷，详情见表5-7。森林覆盖率91.72%。国有林场职工总数365人，其中在职职工311人，退休职工54人。2008年生产木材89519立方米，生产竹材277.94万根，发电461万千瓦时，实现总收入7908.8万元，上缴税费590.86万元，实现利润2338.96万元，林场职工年平均收入2.07万元。

表5-7 腾冲林业局林地面积分布

林场	林地面积(公顷)
古永林场	13813.03
胆扎林场	13193.43
苏江林场	13845.21
瑞滇林场	9681.04
明光林场	22171.2
大河林场	10594.4
沙坝林场	7557.64

3.2.2 腾冲林业局国有林场FSC认证情况

3.2.2.1 认证目的

作为我国生物多样性最为富集和少数民族集中分布的地区之一，腾冲开展FSC森林认证尤其是高保护价值森林判定和经营，可以为更好地保护当地生态环境、社会文化价值提供更有利的保障。

3.2.2.2 认证情况

认证机构：瑞士SGS集团中国公司

获证时间：2014年12月

采用标准：SGS中国区森林管理认证标准

认证范围：云南省腾冲县林业局88482公顷国有森林，包括明光林场、沙坝林场、大河林场、古永林场和苏江林场。

3.2.3 FSC森林认证重点项——高保护价值森林

FSC森林认证包涵了很多国际林业领域的新理念，比如，“高保护价值森林”便是其中之一。我国林产品市场和林业研究领域将FSC森林认证引入到中国之后，“高保护价值森林”在国内逐渐被越来越多的政府部门、非政府组织和林业企业所认识、了解和接受。“高保护价值森林”作为一个全新的概念在国内推广，并在本土化的过程中遇到很多挑战。对于FSC森林认证来说，如何理解并制定高保护价值森林的判定标准也存在很多分歧。在我国生物多样性最为富集和少数民族集中分布地区开展高保护价值森林判定和经营，无论是对生态保护、还是社会文化价值保护和传承，意义都将远远超过 FSC 认证本身。

3.2.4　高保护价值森林判定与经营

腾冲县国有林场高保护价值森林判定与经营的技术路线如图 5-3 所示：

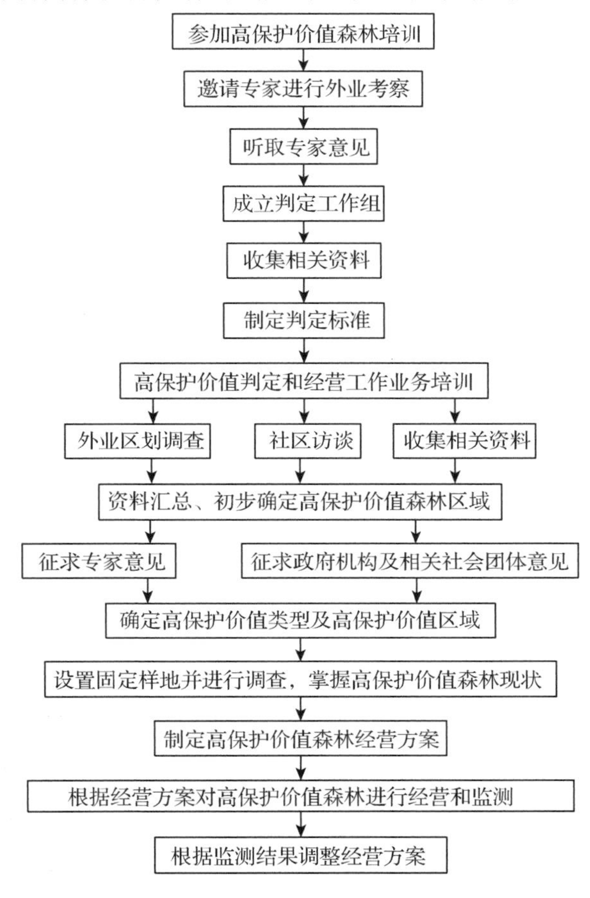

图 5-3　高保护价值判定与经营技术路线

（1）开展培训，成立工作组

参加 WWF 组织的高保护价值森林判定与经营培训，聘请 WWF 专家及林业专家一起到现地进行考察，并听取专家意见，成立高保护价值森林判定与经营方案编制工作小组。

（2）收集资料和数据

根据专家意见收集腾冲县森林资源调查、野生动物、植物调查资料及相关文献资料，具体所需资料见表 5-8。

表 5-8　相关文献资料名称列表

相关资料类别	资料名称
一、小班调查数据库	以腾冲县林业局为单位，收集 7 个国有林场最新的森林资源档案小班数据库。
二、森林资源林相图	收集腾冲县林业局 7 个国有林场的林相图或森林分布图。
三、生态公益林资料	收集腾冲县林业局 7 个国有林场的国家公益林、省级公益林的森林资源小班数据库与区划图。
四、高程图、影像图	收集腾冲县林业局 1∶50000 的地形图、卫星影像资料。
五、濒危和重点保护物种	依据国家重点保护物种名录、IUCN 红皮书、CITES 公约附录Ⅰ、Ⅱ、Ⅲ。
六、野生动植物资料	收集本地野生植物、动物资源调查成果资料及有关本地动植物区系的研究文献。
七、最新的林场界线图	

(3)判定标准和方法

在收集档案、地图、名录等相关资料的基础上，高保护价值森林判定与经营方案编制工作小组制定出符合腾冲实际的高保护价值森林判定标准和指标体系。根据指标体系的阈值设定，结合实际情况和现有资料数据，制定判定方法见表 5-9。

表 5-9　腾冲县高保护价值判定指标体系及判定方法

类型	指标	阈值	判定方法
1. 生物多样性价值	1.1 保护区	①国家级自然保护区；②省级保护区	国家级或省级保护区可判定为此类高保护价值，此次腾冲县林业局开展高保护价值森林判定的范围为国有林场，不涉及保护区，因此不考虑此项指标。
	1.2 受威胁种和濒危种的重要生境	包含 2 种以上受威胁种或濒危种的森林	收集威胁种及濒危种的名录，及国家重点保护物种名录，即，世界自然保护联盟(IUCN)红皮书、《国际濒危物种贸易公约》附录Ⅰ、Ⅱ、Ⅲ和《国家重点保护植物名录》、《国家重点保护动物名录》；调查国有林场范围内分布的动植物种类及其分布情况，将满足阈值条件之一的森林判定为具有高保护价值 1 的森林。
	1.3 地方特有种	①包含 3 种以上中国特有种的森林；②包括 2 种以上云南特有种的森林；③包括 2 种以上高黎贡山特有种的森林。	收集动植物的中国特有种、云南特有种、高黎贡山特有种名录，调查了解林场范围内分布的动植物种类及其分布情况，将满足阈值条件之一的森林判定为具有高保护价值 1 的森林。

（续）

类型	指标	阈值	判定方法
	1.4 物种季节性利用的重要生境	为某些重要物种提供繁殖栖息地、迁徙栖息地、越冬地、季节性取食地的森林。	收集腾冲县迁徙动物名录，调查了解其繁殖栖息地、迁徙栖息地、越冬地、季节性取食地的植被类型，与国有林场植被类型进行对比分析，确定可能为这些森林的地段，通过走访当地群众、护林员或实地调查，如这些森林地段确实是物种季节性利用的重要生境，则该森林判定为具有高保护价值1的森林。
2. 景观价值		连续面积5万公顷以上的，保护良好的天然林。	对腾冲县林业局国有林场而言，不存在这样的森林，因此不考虑此类高保护价值。
3. 珍稀、受威胁或濒危生态系统价值		①典型的地带性植被；②中国特有的植被类型；③云南特有或高黎贡山特有的植被类型；④珍稀、濒危或孑遗的群系；⑤为重要的保护物种提供关键栖息地的植被类型。	收集全球、区域、国家或省级意义的珍稀、受威胁或濒危的生态系统的信息及这些系统当前保护状况的信息，根据二类调查资料对林场的林地划分植被类型，对收集的信息进行对照，若林场范围内具有这样的生态系统，则应判定具有高保护价值3的森林。
4. 生态服务功能价值	4.1 对集水区非常重要	对重要河流、水库集水区具有重要作用的森林。	收集林场范围内的重要河流、水库，记录其名称，并进行现地踏查，对分布于这些河流、水库集水区且面积较大，对集水区有重要作用的森林应判定为具有高保护价值4的森林。对腾冲县林业局国有林场而言，主要涉及槟榔江、大盈江、龙川江源头和大河水库、素脑河水库周围的集水区。
	4.2 对侵蚀控制非常重要	①交通主干道边缘的森林；②坡度36°以上（含36°）的森林；③岩石裸露率30%以上的森林。	收集林场范围内的交通主干道情况，根据森林资源二类调查及森林分类经营资料了解森林的坡度、岩石裸露情况，满足阈值条件之一的应判定为具有高保护价值4的森林。
	4.3 对破坏性火灾起重要屏障作用	高森林火险等级地区的由耐火树种组成的森林。	收集林场内的高森林火险等级区域，利用森林资源二类调查资料了解该区域的树种组成，若为防火树种则判定为具有高保护价值4的森林。腾冲县国有林场范围内高森林火险地区主要是边境沿线，与集体林接界的地区，特别是与村寨连接的地带，腾冲的防火树种主要是木荷、马蹄荷、厚皮香等。
	4.4 特殊用途	国防林、母树林、环境保护林之一。	查看森林分类经营资料，若亚林种为国防林、母树林、环境保护林之一的判定为具有高保护价值4的森林。

（续）

类型	指标	阈值	判定方法
5. 满足当地社区的基本需求		森林为当地社区提供没有其它来源可以替代的基本需求。	收集林场周边社区对森林的需求情况，分析这些需求是否是必需的和不可替代的，如果是必需的和不可替代的，应判定为具有高保护价值5的森林。如果一片森林区域为当地的社区，提供基本的生活需求，如食物、工具、燃料等，且近期没有其它来源可以替代，那么这片森林区域就应该确定为具有高保护价值5的森林。
6. 传统文化价值		①属于世界遗产地、历史遗迹的森林区域；②对原住居民的传统文化具有重要作用的森林；③佛教、道教或其它宗教场所所在地的森林。	国有林场范围内没有属于世界遗产地、历史遗迹的森林区域，因此主要考虑原住居民的传统文化价值和宗教场所。①调查当地居民，特别是少数民族在林场范围内是否有重要的传统文化场所，并实地踏查，确实存在的森林应判定为高保护价值森林；②收集林场范围内的宗教场所名称，并将其周围一定范围内的森林判定为高保护价值森林；③如有当地居民不愿意透露具体位置的传统文化场所，应特殊记载。

（4）判定及判定结果

组织专业技术人员参加高保护价值森林判定方法的相关培训。培训后即开展外业调查和社区访谈，并征求专家、政府机构和社会团体的意见，判定腾冲县林业局国有林场高保护价值森林10173. 82公顷，占国有林场总面积的11. 70%，分布在7个国有林场的16个区域，分为3类高保护价值(表5-10)。HCV1的面积为7382. 18公顷，占高保护价值森林的71. 91%，占国有林场总面积的8. 42%；HCV4的面积为1516. 16公顷，占高保护价值森林的16. 09%，占国有林场总面积的1. 88%；HCV6的面积为1275. 48公顷，占高保护价值森林的12. 00%，占国有林场总面积的1. 40%。整个国有林场范围内没有高保护价值类型2、3和5。

表5-10　高保护价值森林面积分布　　公顷

高保护价值森林类型	古永林场	胆扎林场	苏江林场	瑞滇林场	明光林场	大河林场	合计
HCVF 1 生物多样性价值	905. 73	1116. 52	89. 15	909. 28	4361. 5	0	7382. 18
HCVF 4 生态服务功能价值	388. 32	0	140. 67	0	0	987. 17	1516. 16
HCVF 6 传统文化价值	216. 78	791. 77	0	266. 93	0	0	1275. 48
合计	1510. 83	1908. 29	229. 82	1176. 21	4361. 5	987. 17	10173. 82

（5）监测及经营

确定高保护价值森林区域后，设置固定样地，对样地进行调查，掌握高保护价值森林的现状，然后根据高保护价值森林的类型、区位、现状编制高保护价值森林经营方案。

高保护价值森林经营方案编制后，腾冲林业局国有林场将按照经营方案对高保护价值进行经营、管理和监测，并不断根据监测结果调整经营方案，以达到维护和提高森林高保护价值的目的。

3.2.5　经验总结

综上所述，腾冲高保护价值森林的判定标准和结果对于我国的森林分类经营、森林生态效益补偿以及自然保护区建设具有重要的参考价值。然而高保护价值森林判定不是最终目的，而是实现对高保护价值森林有效保护、探索森林可持续经营的途径和方法。通过科学合理的判定、划定范围，明确高保护价值森林的经营对象，实施区别于其他森林类型的有针对性的经营和管护，加强对高保护价值森林的监测，尤其要加强多年多点连续监测，实现对与森林休戚与共的其他生物和群落类型的保护，才是腾冲林业局开展高保护价值森林判定的最终目的和意义。

相较于开展 FSC 森林认证较为集中的东北国有林区，我国南方尤其是西南林区几乎没有开展 FSC 认证的先例，对 FSC 认证的理念了解不深，可以借鉴的成功经验较少。腾冲林业局的森林认证工作从 2010 年着手筹备起，历经四个年头最终获得认证。筹备过程中，遇到很多技术问题和障碍，比如天然林和人工林界定，人工种植红花油茶是否存在林地转化等问题。腾冲县林业局森林认证的试点工作可以为其他相同的类型的 FSC 森林认证提供经验和依据，对 FSC 认证在整个中国西南林区的推广具有十分重要的意义。

3.3　龙泉市能福营造林专业合作社 FSC 森林经营认证

浙江能福旅游用品有限公司为解决公司对 FSC 认证木材的需求，联合龙泉市当地林农，以公司为依托，建立了“龙头企业 + 农户 + 基地”的组织形式，开展 FSC 森林经营认证。这一组织形式对于保障企业材料供应，促进企业稳定健康的发展，促进森林可持续发展具有非常积极的作用；对于保障林农木材销售渠道，减少中间环节，增加林农收入都具有积极意义。同时也为我国其他森林单位开展森林认证提供了有益的经验。

3.3.1　龙泉市能福营造林专业合作社概况

龙泉市能福营造林专业合作社成立于 2007 年，是一家以浙江能福旅游用品有限公司为依托，由龙泉市住龙镇的周调、碧龙、白岩三个行政村的农户为基础而建立的。专门从事组织收购、销售合作社成员种植的林木。该合作社经营地位于龙泉市西北部山区，东与遂昌县龙洋乡为邻；南与龙泉市住龙镇的西井、建胜和建明三个村为邻；西与福建省浦城县忠信镇为邻；北与遂昌县拓岱口乡为邻。共分 3 个林班，集中连片，是典型的两山夹一沟地形，西北高，东南高，中间低。

合作社各类土地面积按林地所有权划分：集体所有土地 116579 亩，集体所有的林地 113445 亩。各类林木蓄积按林木使用权划分：集体林活立木蓄积 170 立方米，占 0.04%；农户个人所有 413430 立方米，占 99.96%。

3.3.1.1　合作社各类土地面积

合作社土地总面积 116579 亩。其中：林业用地 113445 亩，占总面积的 97.3%，非林业用地 3134 亩，占总面积的 2.7%。森林覆盖率 92.5%。

林业用地中，有林地面积 107661 亩，占林业用地面积的 94.9%；灌木林地 105 亩，不足 0.1%；未成林造林地 2777 亩，占 2.5%；无立木林地 2646 亩，占 2.3%；宜林地 149 亩，占 0.54%；辅助生产林地 7 亩，占 0.01%。

在有林地面积中，乔木林面积 105842 亩，占有林地面积 98.2%，竹林 1919 亩，占有林地面积 1.8%。其中乔木纯林 19427 亩，占乔木林总面积的 18.35%，乔木混交林 86415 亩，占 81.65%；在灌木林地 105 亩面积中：灌木经济林 105 亩，占灌木林地面积 100%。在无立木林地面积中：采伐迹地 1222 亩，占无立林地面积的 46.2%；其它无立木林地 1424 亩，占 53.8%。在宜林地中：其它宜林地 149 亩，占 100%。

3.3.1.2　合作社各类林木蓄积

全社活立木总蓄积量为 413600 立方米，毛竹总株数为 213900 株。在活立木总蓄积中，乔木林分蓄积为 413225 立方米，占 99.9%。乔木经济林蓄积为 375 立方米，占 0.1%。

3.3.1.3　森林经营情况

通过多年的探索，该区域已形成符合自身实际、特点的森林资源经营管理模式，各项林业建设有了长足的发展。最北部靠近遂昌县的林地与坡度 40°以上的林地以发展生态公益林为主；在立地条件较好，交通方便，林地生产力较高的地方，建立商品林基地，发展多树种结构的针阔混交林，形成以工业用材林为主的林业产业体系。经营上实施近自然经营技术，降低投入、提高产出、增加效益，同时增强在生态上的稳定性，兼具生态效益、社会效益。

3.3.2　龙泉市能福营造林合作社 FSC 认证情况

3.3.2.1　认证目的

能福旅游用品有限公司是一家专业生产木、竹制太阳伞、帐篷、户外家具、户外园艺及各种旅游用品，具有自营出口权的外向型企业。公司于 2003 年通过了产销监管链(COC)认证，公司产品的出口市场要求公司生产的产品原材料来源于可持续经营的林分。公司每年木材消耗量 16800 立方米，存在的问题是没有木材生产基地，缺乏稳定的木材供应渠道，影响公司的可持续发展；而龙泉市住龙镇周调、碧龙和白岩三村有连片森林面积 11 万亩，年产木材可达 1 万多立方米，存在问题是资金缺乏，影响森林资源培育与可持续经营。为了改善木材的供应源，维持并拓展公司的国际市场份额，公司决定与当地林农合作，成立合作社，开展 FSC 森林认证。

3.3.2.2　认证情况

认证机构：瑞士 SGS 集团中国公司

获证时间：2014 年 12 月

采用标准：SGS 中国区森林管理认证标准

认证范围：合作社位于住龙镇周调、碧龙和白岩 3 个行政村的林业用地，面积共计 7563 公顷。

3.3.3　FSC 森林认证重点项——专业合作社

我国森林资源权属结构中林木权属划分为国有、集体和个人三种类型，其中个人所有占32.08%。2009年全面推进林权制度改革后，进一步明晰了产权。个体农户对林地经营动力较强，但地理分布相对分散，导致南方集体林区进行FSC森林认证时遇到组织机制的瓶颈。龙泉市能福营造林专业合作社的森林认证实践案例，以林业农民专业合作社为依托，采用企业+农户+基地的组织模式突破FSC森林认证的组织瓶颈，为我国南方集体林区FSC联合认证提供了宝贵的经验。

3.3.3.1　能福营造林专业合作社组织模式

（1）合作社兴办方式

合作社兴办方式主要是以龙头企业浙江能福旅游用品有限公司带动住龙镇周边林农共同经营管理森林资源。这也是南方集体林区森林可持续经营的创新机制，它不仅给企业注入了可持续经营的活力，而且也极大地提高了林农的积极性和主人翁精神，从而从根本上解决了森林资源管理困难与可持续经营问题。

（2）合作社社员结构

合作社严格按照《中华人民共和国农民专业合作社法》第十四条中有关对社员的规定，登记社员15个，其中非农民社员2人，农民社员13个，分别为浙江能福旅游用品有限公司员工和碧龙、周调、白岩三村村民代表。其中碧龙、周调、白岩三村社员分别为村民代表，村民通过《授权委托书》委托给村民代表，并由村民代表合作社签订协议，享有法律效益。

（3）合作社组织机构和组织建设

合作社现有正式员工15人，护林员23人。合作社设董事长1人，总经理1人负责合作社全面管理，合作社设5个职能科室，按业务对口原则进行分工管理：行政办主要负责日常事务与劳动人事管理；财务办主要负责财务、业务结算和资产管理；营造林管理办主要负责资源培育、木材生产和木材销售管理；护林防火办主要负责资源管护管理；工会组织主要负责维护职工权益和队伍稳定。合作社分设周调、碧龙、白岩3个林班管理处，设专人负责现场综合管理。其生产基本采取外包的方式完成。具体的组织机构和职责(图5-4、表5-11)。

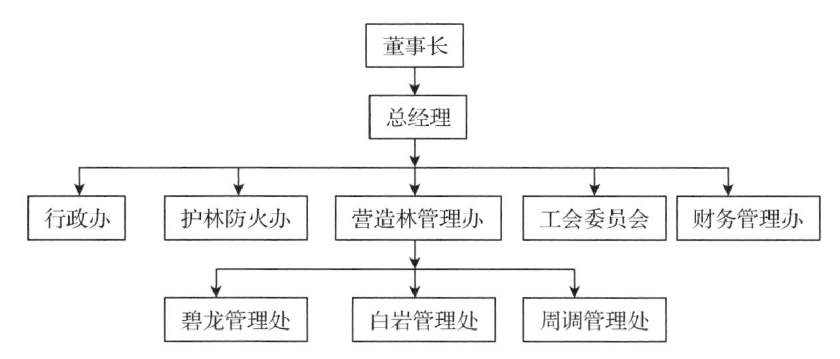

图5-4　龙泉市能福营造林专业合作社组织机构图

表 5-11　龙泉市能福营造林专业合作社组织结构与职责

人员	职责范围
总经理	1. 制定、贯彻执行公司的营林、环境保护政策 2. 全面管理公司的业务，协调各部门的运作，安排调配资源 3. 签署各类合同书 4. 审批、监督各类计划的实施进度及完成情况 5. 对各部门和人员进行业务指导
营林管理负责人	1. 负责年度生产计划的编制、报批和落实，制作生产进度示意图和造林点分布图 2. 根据设计方案对承包单位执行质量和进度监控 3. 每个造林年度完成时，组织年度生产验收情况抽查 4. 技术培训工作 5. 编制采伐计划，并负责落实 6. 组织承包工作，协调好与承包单位的关系 7. 处理社区村民投诉、咨询、意见反映等工作
安全部负责人	1. 组织和监督护林防火工作 2. 组织和监督安全保护工作 3. 编制道路建设和维修计划，并负责落实 4. 制订安全实施计划，负责员工的安全健康指导工作
工会负责人	1. 贯彻执行党的路线、政策和工会工作方针 2. 制定和实施公司工会规划、计划 3. 为职工群众做实事、做好事 4. 负责上情下达、下情上报
行政负责人	1. 负责各种会议的组织、记录、纪要，并整理成文，检查督促办公会议决定的执行情况 2. 组织起草有关行政文件、负责公司行政规章制度的管理 3. 制定培训的有关规定和培训计划，组织实施员工的培训和考核 4. 负责信访工作、接待来访领导和客人 5. 负责与工会联系 6. 监管公司规则的实施情况 7. 收集相关法律法规及其他要求 8. 根据实际情况，制定公司的生态环境保护项目和计划 9. 组织实施环境影响评价 10. 编制环境监测计划并组织实施 11. 落实和监督生态环境保护措施的执行情况 12. 撰写年度环境报告
财务负责人	1. 办理日常经济业务的财务处理，做到手续完备内容真实、数字准确、账目清楚、按期编制报表 2. 营林成本、产品成本经营盈亏的核算，并按期依法纳税 3. 保管会计凭证、账簿、报表等会计档案，按编号顺序装订成册，便于查阅 4. 办理员工福利(如社会保险)
技术专家组	负责合作社森林可持续经营的技术支持工作

(4) 合作社资本结构

龙泉市能福营造林专业合作社出资总额为100万元，其中5人为出资社员，出资情况(表5-12)；另外10人为非出资社员。

表5-12 龙泉市能福营造林专业合作社出资情况

类型	出资额(万元)	出资方式	出资比例(%)
非农民社员	50	货币	50
非农民社员	20	货币	20
农民社员	10	货币	10
农民社员	10	货币	10
农民社员	10	货币	10

(5) 合作社决策结构

社员大会是合作社的最高权力机构，每年至少举行一次。社员大会选举李能福为合作社理事长，并为该合作社法定代表人，任期三年，可连选连任。理事长行使以下职权：主持成员大会，召集并主持理事会会议；签署本社成员出资证明；签署聘任或者解聘本社经理、财务会计人员和其他专业技术人员聘书；组织实施成员大会和理事会决议，检查决议实施情况；代表本社签订合同等。

根据全社社员居住分布状况和生产经营状况，实行每个理事、监事(或者社员代表)分工联系社员制度，进行社情民意上传下达，开展生产经营指导服务，确保信息畅通，运作有序。合作社三个村的农民通过社员代表来参与合作社的各项决策，合作社在每个村设立意见箱，农民可以通过意见箱或直接向社员代表反映情况，社员代表定期收集农民反映的情况。

(6) 合作社业务范围

合作社在工商登记的业务范围主要是组织收购、销售成员种植的林木。合作社通过对经营的林地编制森林经营方案，运用FSC的经营管理手段，以达到对林地的可持续经营。

(7) 合作社利益分配机制

合作社每年提取的公积金，其中60%按照成员与合作社的业务交易量/额依比例量化为每个成员的份额，40%按照出资成员的出资额依比例量化为每个出资成员的份额。由国家财政直接补助和他人捐赠形成的财产平均量化为每个成员的份额，作为可分配盈余分配的依据之一。

合作社在理事会和监事会领导下进行FSC认证，认证经费由浙江能福旅游用品有限公司先垫付，在以后的合作社盈利中扣回；认证通过之后，合作社FSC认证增值盈利部分按照3:3:3:1原则进行利润分配：30%作为认证经费归还给浙江能福旅游用品有限公司，30%返回给入社村民，30%作为投资者入股分红，10%作为合作社的运转经费；增值盈利部分返还给入社林农为50元/立方米，合作社给入社村民补贴医疗保险费每人每年30元，具体分配方案由碧龙、周调、白岩三村两委研究讨论定案，并报理事会审批。

3.3.3.2 合作社组织开展 FSC 森林认证实践

(1) 筹备认证

在认证开展之前，合作社通过聘请专家向社员进行 FSC 基础知识培训以及相关文件的培训，村民通过《授权委托书》将林权所属的山林委托给村委会，由村民委员会加入能福营林专业合作社，按照 FSC 要求进行经营管理；村民代表通过《营林委托管理协议书》将三个村参加合作社的森林长期经营权委托给合作社管理，遵守 FSC 的森林管理标准要求；合作社同意接受委托并依照营业执照核准的经营范围及 FSC 的森林管理标准要求，安排开展经营活动。由合作社作为认证主体向认证机构提交认证申请，按照 FSC 标准要求准备认证，主要包括如下几个方面：

尊重当地传统习俗和文化 对有特殊文化、生态、经济或宗教意义的场所，加以确认和保护。在营林作业中切实尊重当地的风俗习惯，保护好当地的墓地、文物古迹、宗教林等有特殊意义的场所，促进企业与林区居民的和谐发展。

建立公众投诉反馈机制 合作社通过建立投诉、纠纷与争议处理程序和信息沟通程序，设立热线电话、接待日等形式接受来自向各相关方的各种诉求，设立专人负责处理各种投诉事项，建立制度化规范化的纠纷处理机制，及时有效地处理各项纠纷，化解社区矛盾与冲突。如果合作社的各项营林活动在开展过程中，损害了当地居民的正当利益，引起了纠纷与争议，由行政部负责受理，并对事件进行必要的调查。如果经调查后，确实应由合作社对事件负责，由行政部出面和当事人进行协商赔偿，补偿的方法和方式由双方协商决定。最后应由行政部将处理结果填写在《投诉、纠纷与争议处理表》，双方签字后，上交给合作社总经理进行审批。如果双方对补偿方法和方式难以达成一致意见，向市山林办申请，由市山林办作出最终处理决定。

高保护价值森林的判定和保护 集水区林地在当地传统的经营条件下是可采伐的，但是在 FSC 认证标准下对于集水区(饮用水源地)是作为高保护价值森林，禁止采伐。集水区主要由以下几种情况：①包括干流和河长 300 千米以上，且流域面积在 2000 平方千米以上的一级支流两岸的森林；②干堤以外 2 千米以上的一级支流两岸，干堤以外 2 千米以内从林缘起，为平地的向外延伸 2 千米，为山地的向外延伸至第一重山脊的森林；③年均降水量在 1000 毫米以上的地区库容达 6 亿立方米以上的水库；④国铁、国道两旁第一层山脊以内或平地 100 米范围内的森林。而碧龙源水库的防护林森林属于集水区保护森林，因此合作社遵循高保护价值森林的原则，针对这些集水区进行了保护。

合作社对森林采伐量的确定 合作社社员入社之前对于林地都是分散经营的，入社之后，由分散经营向规模经营转变，林农对于林地采伐受到合作社整体制定的年采伐量限制。年伐量参考了 2003 ~ 2007 年的平均实际年伐量并且征求合作社社员代表与林业工作站的意见，通过多次的公示征求意见，再利用二类资源调查与实际年采伐量及社员代表对本经营期的采伐小班落实意向，将采伐方案落实到小班地块。合作社社员可通过自行申报，以获得林地采伐的批准。

采伐管理工作流程包括以下程序与步骤：指标分解→勘察规划→提报伐区规划、初审、终审→设计机构设计→成果提报合作社审核并开展伐前准备作业→伐区经林业局抽审→办理采伐证→伐区拨交→采伐管理→检验管理（生产段、销售段）→办理运输证→加工、客户。

伐区拨交：各采伐单位根据所办采伐证，组织相关人员按设计书、采伐许可证规定的采伐范围、采伐数量、采伐方式、采伐强度、采伐面积进行现场拨交，填写拨交单并附图，手续完整。

伐中检查与管理：在采伐过程中，伐中检查是重要的监督手段，随时进行采伐过程中的检查并记录，作业质量不符合要求则按有关规定处理。每片伐区检查至少4次以上，及时发现、制止和处理违章作业，随时掌握山场生产进度，施工队伍除严格按采伐证和合同要求进行作业外，还必须分期分块对伐区按小块状、小批量逐块采伐，不得一次性将伐区树木大量伐倒，以保持木材的新鲜度。

伐后验收：伐区生产结束后，及时组织人员进行伐后检查验收，验收合格的及时移交营林段作业。

完善技术保障体系　合作社聘请技术专家负责合作社森林可持续经营的技术支持工作，通过与浙江农林大学、龙泉市林业科学研究所的合作，不断在森林经营中应用林业科研最新成果，并在实践中开发和完善森林培育和合理收获的实用技术，这种产、学、研的有机合作，极大地增强了合作社的经营能力，促进了科学技术更快更好地转化为生产力。此外，合作社还积极开展林业专业技术人员的培训工作，以聘请专家做报告和开展实用技术教育等多种形式加强对合作社各层次人员的培训，迄今为止，在合作社人员组成中高级职称1人、中级职称2人，为森林资源的可持续利用建立了人员基础。

（2）改进措施

建立与利益相关方之间的反馈与沟通机制　合作社将经营活动和社会经济影响评估的调查表发放到利益相关方，并且对表格进行回收分析，整理成册。例如向龙泉市林学会咨询有合作社范围内是否有古树名木，经龙泉市林学会确认，合作社范围内有珍稀一级保护植物1种（南方红豆杉）1株；名木古树15株。已经全部挂牌，按名木古树的规定给予全面保护，禁止采伐。

改进森林经营活动的环境影响评估　合作社委托浙江林学院，依据《环境影响评价技术导则——非污染生态影响》HJ/T19－1997和《生态环境状况评价技术规范》HJ/T192－2006，对合作社经营的林地的生态（动植物/水土/水源地和风景区）和环境影响（营林活动对生态环境的影响）进行了全面的分析和评估，并形成《环境影响报告》；该报告上报浙江省龙泉市环境保护局专家进行专项评价，并提出建议，并形成最终报告。

完善森林监测机制

管理性监测：森林管护人员每月填报护林工作月报表一份，如实反映林地现场林木生长情况和现场环境安全情况，在非造林季节须按设定的巡逻路线每月巡视辖区2次以上，对营林、采伐作业过程要实时监测与调查，并作好记录。

样地监测：依据造林面积在栽植当年设立一定数量的永久样地，以后每年重复测量一次林木各个调查因子及环境情况，并予统计分析，以了解林分生长情况，摸清林木资源质量和森林环境变化，综合分析与评价森林资源与经营管理现状。

定期全面监测：定期对合作社的林分生产力、生物多样性、社会经济和生态环境变化状况进行全面监测与评价，为制定更有针对性的环保措施，指导造林实践提供依据。

3.3.4 经验总结

综上所述，分析龙泉能福营造林专业合作社成功开展森林认证的关键在于：①企业+农户模式实现了企业和农户的双赢。能福旅游用品有限公司为外向型出口企业，对认证木材有市场需要、年消耗木材大，但缺乏原料林基地。而龙泉的三个村镇的林农，守着家门口的林木资源，却缺乏资金、技术和市场销售的能力。能福旅游用品有限公司与龙泉林农的结合，既满足企业对木材的需求又为当地林农提供销售渠道、技术和资金投入，达到了公司与林农的优势互补；②入股方式建立的合作社确保认证的顺利开展。合作社的建立将分散的林地集约经营和管理，既减少成本又可以将农村每家每户的林地使用权变成资本与其他形式的资本联合起来，在短时间内就能迅速形成经营规模和资源产业基础；可以有效防范林农失地带来的社会问题。实行林地股份合作，农户以承包经营权做股权，可以保持林农林地承包经营权的长期稳定，又可以股份的形式实现林地“社会化利用”，使林农拥有长期稳定的林地收益权。

龙泉能福营造林专业合作社在合作社社员结构、FSC 森林认证的执行、采伐限额的确定、从分散经营到规模经营的协调、集水区饮用水源保护、就地加工多种经营以及聘请专家队伍等方面的做法和经验，可为我国南方集体林区组织林农规模经营提供一种可行途径，为南方集体林区开展森林认证提供了有益的探索。

3.4 山东省临沂市林业局 FSC 森林经营联合认证

山东省临沂市林业局不断创新林业工作载体，积极推进森林和林产品认证工作。在杨树种植面积相对分散的情况下，为解决本市板材企业大量的 FSC 认证木材需求，临沂市林业局组织本市的林农开展森林经营联合认证。通过林业局相关人员的共同努力，于 2013 年 1 月获得了 FSC 森林经营认证证书，其建立的森林经营联合认证模式更为其他地区的森林经营认证提供了可供借鉴的样板。

3.4.1 山东省临沂市林业局概况

临沂市是山东省第一林业大市，把林业融入建设“大临沂　新临沂”的战略部署之中，明确提出建设"绿色沂蒙 生态临沂"的奋斗目标，以创建国家森林城市为目标，以林业体制机制改革为动力，以生态建设和林业产业发展为重点，制定出台了一系列加快林业发展的重大举措。先后做出了《关于加快全市林业跨越式发展的决定》、《关于实行市级领导班子包县区绿化、市直部门单位包荒山绿化责任制的通知》，有力地促进了全市造林绿化的快速发展。近两年，又制定了《关于保护发展国有林场和生态林场 大力推进生态建设的意见》、《关于进一步推进集体林权制度改革工作的指导意见》、《关于加强全市水系生态建设的实施意见》和《关于加快林业产业发展的意见》等重要文件，全市现代林业建设进入了一个新的发展阶段，各项林业工作走在了全省前列，开创了全市林业改革与发展的新局面。

3.4.1.1　自然地理情况

临沂市位于山东省东南部，地跨东经117°24′～119°11′，北纬34°22′～36°22′，南北最大长距228千米，东西最大宽距161千米。临沂市辖9县3区，180个乡镇、街道，人口1073万，总面积1.72万平方千米，是山东省人口最多、面积最大的市（图5-5）。临沂市属暖温带季风大陆型气候，全年平均气温12.5℃，无霜期244天，年平均降水量为800毫米。临沂境内山多河多，自北向南有3条主要山脉，有沂河、沭河两大河流纵贯南北，河流长度达10千米以上的有280余条。水资源丰富和有大面积的河滩及冲积平原。

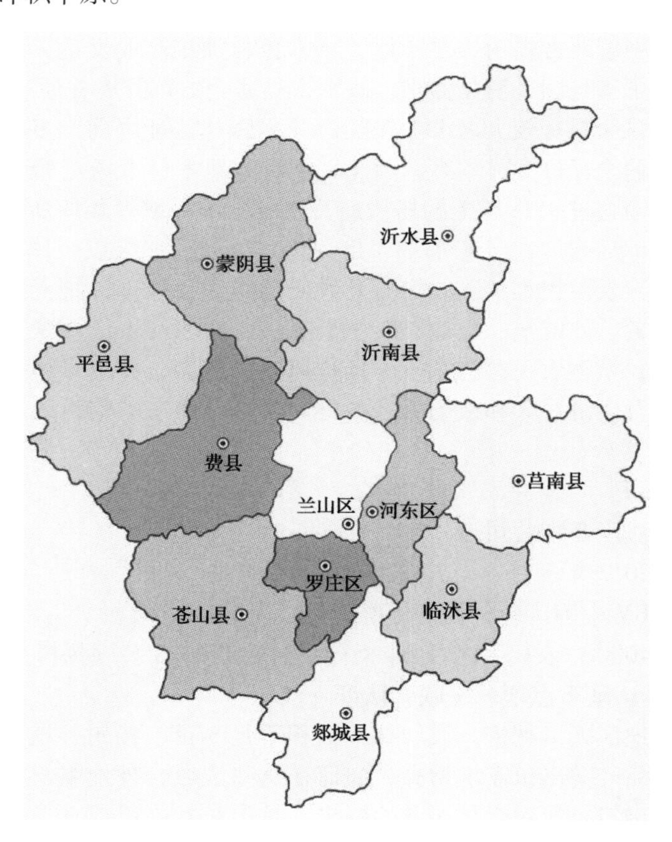

图5-5　临沂市政区划图

3.4.1.2　林业资源和产业发展

临沂市有林地面积达到655万亩，森林覆盖率已达到30.7%。全市杨树人工林面积300万亩，占有林地面积的46%，具体情况见表5-13。

表 5-13 临沂市林地主要树种情况表

项目	合 计		杨树		侧柏	
	面积（亩）	蓄积（立方米）	面积（亩）	蓄积（立方米）	面积（亩）	蓄积（立方米）
数量	35095	254988	32895	246179	2200	8809
比重(%)	100	100	93.7	96.5	6.3	3.5

临沂市拥有全国最大的板材加工生产基地。板材加工企业 2 万余家，其中规模以上企业 600 余家。2010 年人造板加工能力达到 1500 万方，实现劳动就业 150 多万人，年产值 440 亿元。板材产业成为全市八大经济支柱产业之一。

3.4.2 山东临沂市 FSC 联合认证情况

3.4.2.1 认证目的

临沂市作为中国北方杨树主要产地，杨木板材加工产业发达，而且半数以上是出口型企业。为了满足国外贸易需求，临沂市很多企业都开展并通过 FSC 的 COC 认证，对认证的木材原料有较大需求。在临沂开展森林认证之前，多从东北或者国外进口原材料，运输半径过大成本高。因此，临沂本地木材市场对 FSC 认证有较大需求。临沂全市范围超过 95% 以上的杨树经营权属于个人或者集体所有，杨树经营多是一家一户散户单独开展，经营水平、集约化程度低。如果以个体为单位申请 FSC 认证，成本过高，农户很难承受。为提升农民的组织化程度，把无序的分散经营变为有序的统一经营，使资金、土地、人才、信息、技术等生产要素有效整合，形成团队作战的优势；增强农民参与竞争、抵抗风险的能力，并引导他们朝着符合政策和法律规定，符合经济规律和市场需求的方向发展，山东省临沂政府组织林农开展了 FSC 森林经营联合认证。

3.4.2.2 认证情况

认证机构：法国必维公司

获证时间：2013 年 1 月

采用标准：BV 中国区森林认证标准

认证范围：4000 户农民、遍及 64 个行政村的 1763.8 公顷杨树人工林。

3.4.3 FSC 森林认证重点项——联合认证

在我国东部地区人口稠密，人均林地面积不足 3 亩，杨树种植面积大，板材加工产业发达、产品外向出口需求量高，如何在这些区域合理地组织林农可持续经营杨树，满足板材出口企业对森林认证的要求，是山东省临沂市林业部门急需解决的问题。森林认证自 2000 年左右引入中国之后，其发展得到我国各级政府、林业行政主管部门的大力支持。政府作为森林认证的利益相关方，在不同的认证模式中也发挥了不可替代的作用。山东临沂政府为解决日益增长的出口需求与缺乏供应的杨树认证原材料之间的矛盾，组织林农开展了联合认证，探索林农组织模式，并设定符合当地情况、操作性强的杨树可持续经营模式。

3.4.3.1　联合认证的组织模式

（1）统计符合认证需求的林农

2010～2011年，临沂市抽调60名专业技术人员，对全市杨树人工林现状进行了全面调查。通过调查，基本掌握了全市杨树人工林的分布区域和栽培面积，并对现有杨树人工林权属、经营方式和生长量等方面内容进行具体分类统计。同时临沂市林业局科技发展中心组织认证工作组，讨论建立一套划定认证范围的指标体系，主要有五个指标组成（表5-14），满足五个指标要求的杨树经营区域才能划入认证范围。

表5-14　杨树经营区划指标体系表

指标体系	所需条件
一、林地集中连片100亩	便于集中经营、管理和采伐
二、林地交通便利	降低运输成本
三、林地经营水平较高	满足FSC认证要求，进行经营管理改进的的间接成本较低
四、村民有较高参与FSC认证的意识	有意愿参与认证，为认证改进自身经营管理
五、村集体有较强凝聚力	

经过为期一年，三轮的调查筛选，临沂市筛选具备森林认证条件的杨树面积达到3万亩，涉及8个县。按单位分，其中祊河林场6892亩，农户28203亩。按林种分，生态公益林2200亩，商品用材林32895亩。按树种分，杨树32895亩，侧柏和刺槐2200亩（表5-15）。临沂市计划以这3万亩为认证范围，通过认证之后，再逐年扩大认证范围。

表5-15　临沂市森林认证面积分布表

县区	面积（亩）
平邑	569.1
蒙阴	1403.9
沂南	1947.7
莒南县	2829.9
苍山	3890.0
费县	8870.2
郯城	7298.0
沂水	8286.4
合计	35095.2

（2）成立认证实体

为了实现联合认证，首先必须成立一个具有独立法人资格的认证实体。山东省临沂市于2011年成立了绿达林业合作发展服务中心（以下简称绿达中心），目的是促进临沂市杨树人工林的持续发展，促进林农的增收，并作为杨树人工林联合认证的实体和管理者，以联合认证的方式申请杨树人工林 FSC 认证。中心由 6 个部门组成，分别负责行政管理、生产技术、采购销售、监督、财务以及县乡的协调等。中心现有 9 名专职工作人员和 30 名县乡森林认证协调员，负责组织大约 4000 农户和 1 个国有林场作为认证集体以获得 FSC 认证。

（3）组织管理体系

临沂市杨树人工林认证由临沂市绿达林业合作发展服务中心作为联合认证的实体机构，全面负责组建小农户联合认证的组织机构，并对其进行管理；建立有效运行的内部控制体系，制定明确的联合认证规章制度；与成员签订书面协议，并监督和指导成员按照 FSC 的标准经营杨树人工林；向成员提供有关联合认证的信息，并对成员进行林业技术和认证知识方面的培训；筹措运营资金以保证认证实体的运转和认证的费用；代表成员申请 FSC 认证，并持有认证证书等。

（4）建立村庄认证小组

在确定的认证范围内，林地经营所有制模式不尽相同，有占大多数的个体小农户，亦有林农合作社和杨树林地的承包大户以及林场。绿达中心将 8 个县的小农户，按照地理位置的不同，划归为 50 个村级认证小组，并与认证小组签订认证协议（图 5-6）。

合同编号：

杨树人工林森林认证合同

甲方：临沂市绿达林业合作发展服务中心
地址：山东省临沂市北城新区
电话：05398729832

乙方：郯城县李庄镇
地址：李庄三村
电话：1323539[illegible]03

一、本杨树林经营合同的依据

依照《中华人民共和国森林法》、《中华人民共和国合同法》、FSC 森林管理委员会标准，就甲方直属杨树认证联合实体——绿达林业合作发展服务中心与乙方开展杨树林合作经营管理相关事宜，经充分协商达成一致，签定本合同。

二、合作内容

乙方向甲方提供其位于郯城县李庄乡（镇）三村的自有经营杨树林 230. 亩，甲乙双方按照 FSC 森林委员会的标准开展经营管理、木材采伐、运输销售、迹地更新。

三、合作期限

自 2011 年 10 月 1 日起至 2016 年 9 月 30 日止，合作期限 5. 年。合同期满后如需续期的，双方应提前 6 个月重新签订协议。

四、甲乙双方的权利和义务

（一）甲方负责履行以下权利和义务

1. 编制 FSC 森林经营方案，制定各项技术规程和技术操作程序手册，提供相关的法律法规文本，编印相关的技术资料，管理林地资料的档案，所有档案必须保存 5 年。

2. 编印 FSC 杨树联合经营技术培训教材，并规范乙方的技术操作程序。

3. 制定 FSC 森林经营管理年度财务计划，并承担相应的投资。

4. 负责指导乙方杨树林经营的各项技术措施如：杨树林抚育、病虫害防治、森林防火、采伐运输、环境保护等。

5. 享有优先收购乙方种植的杨树木材的权力和对 FSC 商标的所有权。

6. 按照营林规划设计进行杨树林采伐和及时收购乙方的杨树原木。

图 5-6　杨树人工林森林认证合同

50 个村级认证小组中，面积最大的(集中连片)为 1300 亩，而最小的只有 5.8 亩。除了村级认证小组，参加联合认证的林地承包大户有 11 个，其中面积最大的(集中连片)为 800 亩。有 2 个合作社也参加了联合认证，它们的杨树林面积分别为 1260 亩和 400 亩。以林场为单元参加杨树林联合认证的虽然只有 1 个，但其经营的面积却达 4693 亩。临沂市的杨树林联合认证就是以上述 4 种模式把大约 4000 个农户有效地组织起来参加联合认证，联合认证组织机构如图 5-7 所示。

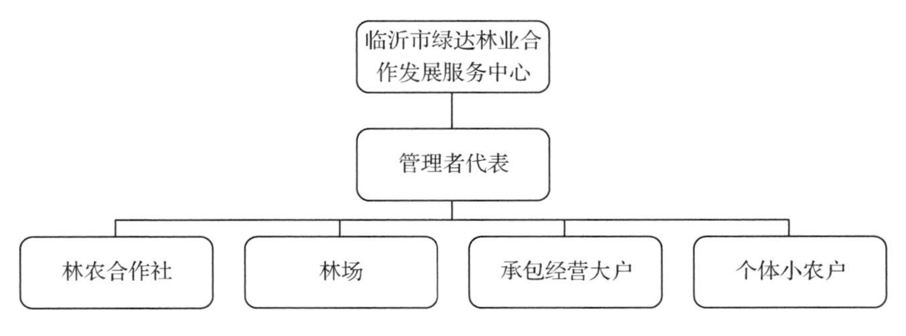

图 5-7　联合认证组织机构图

无论小组成员是何种成分，大家都是杨树人工林地经营权、使用权及林木所有权的拥有者或这些林权流转后的拥有者，都对以可持续方法经营管理森林感兴趣，都自愿参加杨树林人工林联合认证。

3.4.3.2　编制森林经营方案

考虑到森林经营的主体是以小农户为主的林农，绿达中心在编制森林经营方案时采取了简明、扼要的原则。编制森林经营方案的目的包括：充分发挥杨树林的生态效益和经济效益，提高林分质量和资源利用率，增加林农收入，提高广大林农营林、护林的积极性，促进杨树林的可持续经营。编制杨树林经营方案遵循 5 项原则：坚持生态、经济和社会效益兼顾的原则；坚持科学培育、合理利用杨树林资源的原则；坚持与林农的意愿和要求相结合的原则；坚持发扬民主、公平、公正、公开透明的原则；经营方案符合 FSC 森林认证的要求。

以村为单位，以经理期内可经营的小班、地块为基础，结合林农的意愿和生产能力进行编制。

(1) 经营目标

生态公益林经营目标：能够持续增加森林覆盖率和林木的蓄积，为区域社会发展和经济发展提供良好的保障，提高保持水土、发挥生态功能的能力。

杨树用材林经营目标：造林成活率提高到 95%，杨树每亩年生长量提高到 1.5 立方米，能够持续提高杨树林的经营管理水平，促进林农增收。

(2) 经营区划

以绿达中心为总的森林经营单位，统一制定杨树林经营方案，以村庄和林场为林班，分为若干个小班经营。

(3) 杨树林经营

树种选择原则　依据选定的造林地块的立地条件(表 5-16)，做到适地适树适种源；符合国家颁布的速生丰产林标准，达到速生、丰产、优质；选择乡土速生、优质树种和引进栽培成功的国外优良树种。

表 5-16 立地条件类型表

类型号	海拔高	地形地势	坡度	土壤种类	土层厚度及质地	树种
一	不分	平原滩地	不分	潮土	中壤或砂壤，>100 厘米	杨树

造林种苗 根据树种选择的原则，公益林树种主要为侧柏，用材林树种主要以107 杨、108 杨、土耳其杨、中菏 1 号杨为主。原则上全部采用当地生产的优质苗木。

选择壮苗的基本条件：苗木粗壮匀称，木质化程度高，根系完整，具有充实而饱满的顶芽，无病虫害和机械损伤的当年生一级苗、二年生苗或二年根一年干大苗。

种苗来源：当地国有苗圃或育苗专业户。

造林技术 造林地应选择河流两岸的次生林地、采伐迹地、退耕还林地等。

整地方法和深度要以立地条件决定，平原、沙滩的砂壤至中壤一般可采用全面深翻，或采取宽 2 米，深 1 米的带状整地。

培育小径材的造林密度一般为每公顷 825 ~ 1110 株，采用 3 米 ×3 米、3 米 ×4 米、2 米 ×5 米的株行距配置。培育中径材的造林密度每公顷 495 ~ 660 株，可采用 3 米 ×5 米、3 米 ×6 米、4 米 ×5 米的株行距。大径材每公顷 270 ~ 280 株，采用 4 米 ×6 米、5 米 ×6 米、6 米 ×6 米的株行距。对于速生性较强、树冠较大的 69 杨、72 杨、中林 46 杨等品种，在较好的立地条件上应适当稀植，每公顷 300 株左右，以培育工业大径材。

杨树秋栽时要在霜降后至立冬前顶梢带叶栽植，做到深栽 80 厘米，栽后浇透水，封冻前再浇越冬水，培土堆。春季栽植前应当整株置入池塘中“浸苗”2 ~ 3 天，栽植时要做到穴大、底平、根系舒展，深栽 60 ~ 80 厘米，分层填土踩实，栽后立即浇水，待水渗后培土保墒，剪梢留壮芽。

造林前要施足基肥，提倡施用圈肥、土杂肥，每亩施 3000 千克以上，掺入磷肥 50 千克左右。造林后于每年的 5 ~ 7 月结合浇水追施氮素化肥 2 ~ 3 次，即在 5 月下旬，6 月上旬，每亩追尿素 20 ~ 30 千克或碳氨 50 ~ 100 千克。提倡间种绿肥压青。

一般每年需浇水 3 ~ 5 次，2 月下旬至 3 月初浇萌动水，5 ~ 6 月浇丰产水，8 ~ 10 月浇抗旱水。

对于 1 ~ 2 年生幼树，要进行整形修剪，每次只修一轮枝为宜。

幼林间作 在造林后的前二年提倡幼林间作，在杨树幼林间种蔬菜、瓜类、花生、大豆等矮秆作物，既充分利用光能地力，增加经济效益，又通过间作施肥、浇水、以耕代抚。第三年后的林分已经郁闭或接近郁闭，可间种较耐荫的蔬菜或药材，如生姜、半夏等。

合理使用化肥 采购的农药必须符合 FSC 的要求和国家林业行业标准的有关规定。鼓励施用农家肥和环保生态肥料。

（4）森林健康与保护

造林实体要设立防火组织，配备防火设备，制定规章制度。

杀虫剂应选择高效、低毒和残留期短、容易自然分解的种类，不得施用国家法律和国际公约及 FSC 标准中禁止使用的种类。鼓励采用招引啄木鸟等生物措施结合人工捉拿羽化成虫防治杨树蛀干害虫。

使用农药时应采用必要的防护措施，安全使用，并且详细记录。

确保无机垃圾循环(回收)利用。在森林以外的处理点，以环境无害的方式处理不可(回收)循环利用的垃圾。化学药品的购买凭证由林地经营者负责保存，化学药品储放在安全位置。

（5）森林采伐

杨树人工林的主伐年龄为 6 ~ 8 年，主伐以小片皆伐(皆伐面积不超过 30 公顷)为主，带状伐区的长边方向一般应平行于等高线，以减少地表径流。容易引起水土流失的地段如河岸，应该采用块状皆伐的方式，避免沿河带状皆伐。伐后必须及时更新，一般在当年春天或者次年春天完成更新。择伐要优先选择生长不良、病腐木及对周围目的树种生长有较大影响的有害木，并依据培育目标分别按径级或树种选择采伐木。

年采伐量合计不超过年生长量的 30%。以保持森林资源的持续增长势头，做到青山常在，永续利用。

采伐管理工作流程包括以下程序与步骤：农户向林业局申请→实际踏查批准→伐前公示→发放采伐证→选择符合 FSC 要求的承包商、检查承包商的劳保装备→实地确定范围并签订合同→伐前培训→伐中检查→销售检尺→FSC 木材认证标签。

（6）生态保护措施

造林整地时要保护好原生植被以防止水土流失，在山区大于 15°的坡地严禁全垦方式整地，只能采用穴状或水平阶整地。幼林抚育采用扩穴、松土方式，尽量不破坏穴周围的地表植被以防止造成水土流失。

只可采用穴状施肥和开沟施肥的方法；拌匀复土，减少流失，提高肥效；严禁撒播以防止污染。剩余的化学品、化学容器不得丢弃在树林内。

国道和国防公路两旁 100 米范围内的林地，以及主要河流两岸平缓地带与河床等宽度的林地、湖泊、水库和鱼塘外围 5 ~ 10 米以内的林地设为缓冲区；在林地坡度在 10°以上时，在坡底、河流两岸、小溪两侧，公路两旁和村庄周围保留宽度不低于 10 米的缓冲区。不得采伐缓冲区内的任何林木；不得向缓冲区倾倒采伐剩余物、杂物和垃圾。一般选择当地的棉槐、柠条等作为缓冲区的树种。

采伐作业应严格执行《森林法》的规定，不得造成水土流失，也不得对河流和水体造成不良的影响。还应当避免机械漏油以及丢弃废物等造成环境污染的现象。

林下间种农作物使用的塑料薄膜应当及时清理。

（7）森林监测

认证小组成员将协助林业部门对杨树林地及其周边的环境和社区等方面进行监测，在重大的营林活动之前和之后，协助林业部门开展环境影响和社会影响评估；

如果发现山火、病虫害、环境污染和受保护动物等，将按照事先制定的程序及时向政府部门和绿达中心相关人员报告。

(8) 杨树林经营投资与效益分析

造林当年投资约为230元/亩，抚育费用由于管理水平差异而不同。造林计算至第8年，亩年生长量平均为1.5立方米，亩年产出为1200元。用材林6~8年后即可进入主伐期，效益比较可观。

3.4.5 经验总结

综上所述，山东临沂政府组织小农户开展联合认证的探索，为小农户认证在我国东部平原地区的推广开创了新的组织和发展模式。通过吸引小农户参加联合认证，遵循认证标准要求，改变了传统的粗放经营观念和做法，使杨树的育苗、造林、管护，乃至采伐和运输等各项程序都符合森林认证的要求。绿达林业服务中心的案例成功的关键，一是政府出面组织林农开展认证，充分发挥政府的服务职能，市、县林业局的工作人员的组织和管理确保分散的林农、大户、合作社、集体林场四种不同的经营主体的协同、协作；二是合理的联合认证框架确保认证的顺利开展；三是WWF等机构为临沂小农户认证提供了资金，并引入国内外专家的技术力量、组织开展各种类型的培训，提高了当地政府主管部门和林农的认证能力；四是临沂当地板材加工业的高度发展，提供了强大的市场动力。

然而，成功建立这种组织模式并确保其有效的可持续发展，尚存在难点。第一，确保小农户自觉的、长期的遵守FSC的原则和规定很难，需要做大量的宣传和培训工作才能促使农户们认真履行认证小组成员应尽的责任；第二，确保小农户在得到经济收益的同时共担风险，需要村级认证小组有强大的号召力和组织领导力。通过森林认证将农民组织起来，在技术人员、专业合作社和企业管理人员的指导下，让农民在市场经济的大环境中自觉接受新科技、新思想，实行标准化生产，既确保生产的农林产品销得出、卖得好价钱，取得好的效益，又使农民得到一定科技培训，提高了自身的素质，这样才能逐步适应现代林业的发展需要。

附　录

附录1

中国森林认证体系(CFCC)森林经营认证标准

1 范围

本标准规定了森林可持续经营认证应遵循的指标体系。

本标准适用于具有资质的森林认证机构对森林经营单位的森林经营活动进行审核和评估。

2 术语和定义

下列术语和定义适用于本文件。

2.1 森林认证 forest certification

一种运用市场机制来促进森林可持续经营的工具，包括森林经营认证和产销监管链认证。森林经营认证是通过审核和评估森林经营单位的森林经营活动，以证明其是否实现了森林可持续经营。产销监管链认证是对林产品生产销售企业的各个环节，即从加工、制造、运输、储存、销售直至最终消费者的整个监管链进行审核和评估，以证明林产品的原料来源。

2.2 产销监管链 chain of custody

林产品原料来源信息的处理过程，藉此企业可对认证原料的成分做出准确和可验证的声明。

2.3 森林经营单位 forest management unit

具有一定面积、边界明确的森林区域，并能依照确定的经营方针和经营目标开展森林经营、具有法人资格的森林经营主体。

[GB/T 26423-2010，定义7.4]

2.4 森林认证机构 forest certification body

具有一定能力和资质，经过国家相关机构认可，根据森林经营认证标准和产销监管链认证标准对森林经营单位的森林经营状况或林产品生产销售企业的产销监管链进行审核和评估的第三方机构。

2.5　当地社区　local community

居住在林区内或周边地区、与森林有利益关系的居民形成的社会群体。

2.6　森林权属　forest tenure

森林、林木、林地的所有者或使用者，依法对森林、林木、林地享有占用、使用、收益和处置的权利，包括森林、林木、林地的所有权和使用权。

2.7　利益方　stakeholder

与森林经营有直接或间接利益关系或受其影响的团体或个人，如政府部门、当地社区、林业职工、投资者、环保组织、消费者和一般公众等。

2.8　化学品　chemical

森林经营中所使用的化肥、杀虫剂、杀菌剂、除草剂、激素等化学制品。

2.9　环境影响分析　environmental impact analysis

分析森林经营活动对环境的实际或潜在影响，以规划如何减少或避免负面影响，扩大正面影响的过程。

3　指标体系

3.1　国家法律法规和国际公约

3.1.1　遵守国家相关法律法规

3.1.1.1　森林经营单位备有现行的国家相关法律法规文本，包括《中华人民共和国森林法》、《中华人民共和国森林法实施条例》、《中华人民共和国民族区域自治法》等(参见附录A)。

3.1.1.2　森林经营符合国家相关法律法规的要求。

3.1.1.3　森林经营单位的管理人员和作业人员了解国家和地方相关法律法规的要求。

3.1.1.4　曾有违法行为的森林经营单位已依法采取措施及时纠正，并记录在案。

3.1.2　依法缴纳税费

3.1.2.1　森林经营单位相关人员了解所需缴纳的税费。

3.1.2.2　森林经营单位依据《中华人民共和国税收征收管理法》、《中华人民共和国企业所得税法》以及其他相关法律法规的要求，按时缴纳税费。

3.1.3　依法保护林地，严禁非法转变林地用途

3.1.3.1　森林经营单位采取有效措施，防止非法采伐、在林区内非法定居及其他未经许可的行为。

3.1.3.2　占用、征用林地和改变林地用途应符合国家相关法律法规的规定，并取得林业主管部门的审核或审批文件。

3.1.3.3　改变林地用途确保没有破坏森林生态系统的完整性或导致森林破碎化。

3.1.4　遵守国家签署的相关国际公约

3.1.4.1　森林经营单位备有国家签署的、与森林经营相关的国际公约(参见附录B)。

3.1.4.2　森林经营符合国家签署的、与森林经营相关的国际公约的要求。

3.2　森林权属

3.2.1　森林权属明确

3.2.1.1　森林经营单位具有县级以上人民政府或国务院林业主管部门核发的林权证。

3.2.1.2　承包者或租赁者有相关的合法证明，如承包合同或租赁合同等。

3.2.1.3　森林经营单位有明确的边界，并标记在地图上。

3.2.2　依法解决有关森林、林木和林地所有权及使用权方面的争议

3.2.2.1　森林经营单位在处理有关森林、林木和林地所有权及使用权的争议时，应符合《林木林地权属争议处理办法》的要求。

3.2.2.2　现有的争议和冲突未对森林经营造成严重的负面影响。森林权属争议或利益争端对森林经营产生重大影响的森林经营单位不能通过森林认证。

3.3 当地社区和劳动者权利

3.3.1 为林区及周边地区的居民提供就业、培训与其他社会服务的机会

3.3.1.1 森林经营单位为林区及周边地区的居民(尤其是少数民族)提供就业、培训与其他社会服务的机会。

3.3.1.2 帮助林区及周边地区(尤其是少数民族地区)进行必要的交通和通讯等基础设施建设。

3.3.2 遵守有关职工劳动与安全方面的规定，确保职工的健康与安全

3.3.2.1 森林经营单位按照《中华人民共和国劳动法》、《中华人民共和国安全生产法》和其他相关法律法规的要求，保障职工的健康与安全。

3.3.2.2 按照国家相关法律法规的规定，支付劳动者工资和提供其他福利待遇，如社会保障、退休金和医疗保障等。

3.3.2.3 保障从事森林经营活动的劳动者的作业安全，配备必要的服装和安全保护装备，提供应急医疗处理并进行必要的安全培训。

3.3.2.4 遵守中国签署的所有国际劳工组织公约的相关规定。

3.3.3 保障职工权益，鼓励职工参与森林经营决策

3.3.3.1 森林经营单位通过职工大会、职工代表大会或工会等形式，保障职工的合法权益。

3.3.3.2 采取多种形式，鼓励职工参与森林经营决策。

3.3.4 不得侵犯当地居民对林木和其他资源所享有的法定权利

3.3.4.1 森林经营单位承认当地社区依法拥有使用和经营土地或资源的权利。

3.3.4.2 采取适当措施，防止森林经营直接或间接地破坏当地居民(尤其是少数民族)的林木及其他资源，以及影响其对这些资源的使用权。

3.3.4.3 当地居民自愿把资源经营权委托给森林经营单位时，双方应签订明确的协议或合同。

3.3.5 在需要划定和保护对当地居民具有特定文化、生态、经济或宗教意义的林地时，应与当地居民协商

3.3.5.1 在需要划定对当地居民(尤其是少数民族)具有特定文化、生态、经济或宗教意义的林地时，森林经营单位应与当地居民协商并达成共识。

3.3.5.2 采取措施对上述林地进行保护。

3.3.6 在保障森林经营单位合法权益的前提下，尊重和维护当地居民传统的或经许可进入和利用森林的权利

3.3.6.1 在不影响森林生态系统的完整性和森林经营目标的前提下，森林经营单位应尊重和维护当地居民(尤其是少数民族)传统的或经许可进入和利用森林的权利，如非木质林产品的采集、森林游憩、通行、环境教育等。

3.3.6.2 对某些只能在特殊情况下或特定时间内才可以进入和利用的森林，森林经营单位应做出明确规定并公布于众(尤其是在少数民族地区)。

3.3.7 在森林经营对当地居民的法定权利、财产、资源和生活造成损失或危害时，森林经营单位应与当地居民协商解决，并给予合理的赔偿

3.3.7.1 森林经营单位应采取适当措施，防止森林经营对当地居民(尤其是少数民族)的权利、财产、资源和生活造成损失或危害。

3.3.7.2 在造成损失时，主动与当地居民(尤其是少数民族)协商，依法给予合理的赔偿。

3.3.8 尊重和有偿使用当地居民的传统知识

3.3.8.1 森林经营单位在森林经营中尊重和合理利用当地居民(尤其是少数民族)的传统知识。

3.3.8.2 适当保障当地居民(尤其是少数民族)能够参与森林经营规划的权利。

3.3.9 根据社会影响评估结果调整森林经营活动，并建立与当地社区(尤其是少数民族地区)的协商机制

3.3.9.1 森林经营单位根据森林经营的方式和规模，评估森林经营的社会影响。

3.3.9.2 在森林经营方案和作业计划中考虑社会影响的评估结果。

3.3.9.3 建立与当地社区和有关各方(尤其是少数民族)沟通与协商的机制。

3.4 森林经营方案

3.4.1 根据上级林业主管部门制定的林业长期规划以及当地条件，编制森林经营方案

3.4.1.1 森林经营单位具有适时、有效、科学的森林经营方案。

3.4.1.2 森林经营方案在编制过程中应广泛征求管理部门、经营单位、当地社区和其他利益方的意见。

3.4.1.3 森林经营方案的编制建立在翔实、准确的森林资源信息基础上，包括及时更新的森林资源档案、有效的森林资源二类调查成果和专业技术档案等信息。同时，也要吸纳最新科研成果，确保其具有科学性。

3.4.1.4 森林经营方案内容应符合森林经营方案编制的有关规定，宜包括以下内容：

——自然社会经济状况，包括森林资源、环境限制因素、土地利用及所有权状况、社会经济条件、社会发展与主导需求、森林经营沿革等；

——森林资源经营评价；

——森林经营方针与经营目标；

——森林功能区划、森林分类与经营类型；

——森林培育和营林，包括种苗生产、更新造林、抚育间伐、林分改造等；

——森林采伐和更新，包括年采伐面积、采伐量、采伐强度、出材量、采伐方式、伐区配置和更新作业等；

——非木质资源经营；

——森林健康和森林保护，包括林业有害生物防控、森林防火、林地生产力维护、森林集水区管理、生物多样性保护等；

——野生动植物保护，特别是珍贵、稀有、濒危物种的保护；

——森林经营基础设施建设与维护；

——投资估算和效益分析；

——森林经营的生态与社会影响评估；

——方案实施的保障措施；

——与森林经营活动有关的必要图表。

3.4.1.5 在信息许可的前提下，向当地社区或上一级行政区的利益方公告森林经营方案的主要内容，包括森林经营的范围和规模、主要的森林经营措施等信息。

3.4.2 根据森林经营方案开展森林经营活动

3.4.2.1 森林经营单位明确实施森林经营方案的职责分工。

3.4.2.2 根据森林经营方案，制定年度作业计划。

3.4.2.3 积极开展科研活动或者支持其他机构开展科学研究。

3.4.3 适时修订森林经营方案

3.4.3.1 森林经营单位及时了解与森林经营相关的林业科技动态及政策信息。

3.4.3.2 根据森林资源的监测结果、最新科技动态及政策信息(包括与木材、非木质林产品和与森林服务有关的最新的市场和经济活动)，以及环境、社会和经济条件的变化，适时(不超过10年)修订森林经营方案。

3.4.4 对林业职工进行必要的培训和指导，使他们具备正确实施作业的能力

3.4.4.1 森林经营单位应制定林业职工培训制度。

3.4.4.2 林业职工受到良好培训，了解并掌握作业要求。

3.4.4.3　林业职工在野外作业时，专业技术人员对其提供必要的技术指导。

3.5　森林资源培育和利用

3.5.1　按作业设计开展森林经营活动

3.5.1.1　森林经营单位根据经营方案和年度作业计划，编制作业设计，按批准的作业设计开展作业活动。

3.5.1.2　在保证经营活动更有利于实现经营目标和确保森林生态系统完整性的前提下，可对作业设计进行适当调整。

3.5.1.3　作业设计的调整内容要备案。

3.5.2　森林经营活动要有明确的资金投入，并确保投入的规模与经营需求相适应

3.5.2.1　森林经营单位充分考虑经营成本和管理运行成本的承受能力。

3.5.2.2　保证对森林可持续经营的合理投资规模和投资结构。

3.5.3　开展林区多种经营，促进当地经济发展

3.5.3.1　森林经营单位积极开展林区多种经营，可持续利用多种木材和非木质林产品，如林果、油料、食品、饮料、药材和化工原料等。

3.5.3.2　制定主要非木质林产品的经营规划，包括培育、保护和利用的措施。

3.5.3.3　在适宜立地条件下，鼓励发展能形成特定生态系统的传统经营模式，如萌芽林或矮林经营。

3.5.4　种子和苗木的引进、生产及经营应遵守国家和地方相关法律法规的要求，保证种子和苗木的质量

3.5.4.1　森林经营单位对林木种子和苗木的引进、生产及经营符合国家和地方相关法律法规的要求。

3.5.4.2　从事林木种苗生产、经营的单位，应持有县级以上林业行政主管部门核发的“林木种子生产许可证”和“林木种子经营许可证”，并按许可证的规定进行生产和经营。

3.5.4.3　在种苗调拨和出圃前，按国家或地方有关标准进行质量检验，并填写种子、苗木质量检验检疫证书。

3.5.4.4　从国外引进林木种子、苗木及其他繁殖材料，应具有林业行政主管部门进口审批文件和检疫文件。

3.5.5　按照经营目标因地制宜选择造林树种，优先考虑乡土树种，慎用外来树种

3.5.5.1　森林经营单位根据经营目标和适地适树的原则选择造林树种。

3.5.5.2　优先选择乡土树种造林，且尽量减少营造纯林。

3.5.5.3　根据需要，可引进不具入侵性、不影响当地植物生长，并能带来环境、经济效益的外来树种。

3.5.5.4　用外来树种造林后，应认真监测其造林生长情况及其生态影响。

3.5.5.5　不得使用转基因树种。

3.5.6　无林地（包括无立木林地和宜林地）的造林设计和作业符合当地立地条件和经营目标，并有利于提高森林的效益和稳定性

3.5.6.1　森林经营单位造林设计和作业的编制应符合国家和地方相关技术标准和规定。

3.5.6.2　造林设计符合经营目标的要求，并制定合理的造林、抚育、间伐、主伐和更新计划。

3.5.6.3　采取措施，促进林分结构多样化和增强林分的稳定性。

3.5.6.4　根据森林经营的规模和野生动物的迁徙规律，建立野生动物走廊。

3.5.6.5　造林布局和规划有利于维持和提高自然景观的价值和特性，保持生态连贯性。

3.5.6.6　应考虑促进荒废土地和无立木林地向有林地的转化。

3.5.7　依法进行森林采伐和更新，木材和非木质林产品消耗率不得高于资源的再生能力

3.5.7.1　森林经营单位根据森林资源消耗量低于生长量、合理经营和可持续利用的原则，确定年度采伐量。

3.5.7.2 采伐林木具有林木采伐许可证，按许可证的规定进行采伐。

3.5.7.3 保存年度木材采伐量和采伐地点的记录。

3.5.7.4 森林采伐和更新符合《森林采伐更新管理办法》和《森林采伐作业规程》的要求。

3.5.7.5 木材和非木质林产品的利用未超过其可持续利用所允许的水平。

3.5.8 森林经营应有利于天然林的保护与更新

3.5.8.1 森林经营单位采取有效措施促进天然林的恢复和保护。

3.5.8.2 除非满足以下条件，否则不得将森林转化为其他土地使用类型(包括由天然林转化为人工林)：

——符合国家和当地有关土地利用及森林经营的法律法规和政策，得到政府部门批准，并与有关利益方进行直接协商；

——转化的比例很小；

——不对下述方面造成负面影响：

- 受威胁的森林生态系统；
- 具有文化及社会重要意义的区域；
- 受威胁物种的重要分布区；
- 其他受保护区域；

——有利于实现长期的生态、经济和社会效益，如低产次生林的改造。

3.5.8.3 在遭到破坏的天然林(含天然次生林)林地上营造的人工林，根据其规模和经营目标，划出一定面积的林地使其逐步向天然林转化。

3.5.8.4 在天然林毗邻地区营造的以生态功能为主的人工林，积极诱导其景观和结构向天然林转化，并有利于天然林的保护。

3.5.9 森林经营应减少对资源的浪费和负面影响

3.5.9.1 森林经营单位采用对环境影响小的森林经营作业方式，以减少对森林资源和环境的负面影响，最大限度地降低森林生态系统退化的风险。

3.5.9.2 避免林木采伐和造材过程中的木材浪费和木材等级下降。

3.5.10 鼓励木材和非木质林产品的最佳利用和深加工

3.5.10.1 森林经营单位制定并执行各种促进木材和非木质林产品最佳利用的措施。

3.5.10.2 鼓励对木材和非木质林产品进行深加工，提高产品附加值。

3.5.11 规划、建立和维护足够的基础设施，最大限度地减少对环境的负面影响

3.5.11.1 森林经营单位应规划、建立充足的基础设施，如林道、集材道、桥梁、排水设施等，并维护这些设施的有效性。

3.5.11.2 基础设施的设计、建立和维护对环境的负面影响最小。

3.6 生物多样性保护

3.6.1 存在珍贵、稀有、濒危动植物种时，应建立与森林经营范围和规模以及所保护资源特性相适应的保护区域，并制定相应保护措施

3.6.1.1 森林经营单位备有相关的参考文件，如《濒危野生动植物种国际贸易公约》附录I、II、III(参见附录B)和《国家重点保护野生植物名录》、《国家重点保护野生动物名录》等(参见附录C)。

3.6.1.2 确定本地区需要保护的珍贵、稀有、濒危动植物种及其分布区，并在地图上标注。

3.6.1.3 根据具体情况，划出一定的保护区域和生物走廊带，作为珍贵、稀有、濒危动植物种的分布区。若不能明确划出保护区域或生物走廊带时，则在每种森林类型中保留足够的面积。同时，上述区域的划分要考虑野生动物在森林中的迁徙。

3.6.1.4 制定针对保护区、保护物种及其生境的具体保护措施，并在森林经营活动中得到有效实施。

3.6.1.5　未开发和利用国家和地方相关法律法规或相关国际公约明令禁止的物种。

3.6.2　限制未经许可的狩猎、诱捕及采集活动

3.6.2.1　森林经营单位的狩猎、诱捕和采集活动符合有关野生动植物保护方面的法规，依法申请狩猎证和采集证。

3.6.2.2　狩猎、诱捕和采集符合国家有关猎捕量和非木质林产品采集量的限额管理政策。

3.6.3　保护典型、稀有、脆弱的森林生态系统，保持其自然状态

3.6.3.1　森林经营单位通过调查确定其经营范围内典型、稀有、脆弱的森林生态系统。

3.6.3.2　制定保护典型、稀有、脆弱的森林生态系统的措施。

3.6.3.3　实施保护措施，维持和提高典型、稀有、脆弱的生态系统的自然状态。

3.6.3.4　识别典型、稀有、脆弱的森林生态系统时，应考虑全球、区域、国家水平上具有重要意义的物种自然分布区和景观区域。

3.6.4　森林经营应采取措施恢复、保持和提高森林生物多样性

3.6.4.1　森林经营单位考虑采取下列措施保持和提高森林生物多样性：

——采用可降低负面影响的作业方式；

——森林经营体系有利于维持和提高当地森林生态系统的结构、功能和多样性；

——保持和提高森林的天然特性。

3.6.4.2　考虑对森林健康和稳定性以及对周边生态系统的潜在影响，应尽可能保留一定数量且分布合理的枯立木、枯倒木、空心树、老龄树及稀有树种，以维持生物多样性。

3.7　环境影响

3.7.1　考虑森林经营作业对森林生态环境的影响

3.7.1.1　森林经营单位根据森林经营的规模、强度及资源特性，分析森林经营活动对环境的潜在影响。

3.7.1.2　根据分析结果，采用特定方式或方法，调整或改进森林作业方式，减少森林经营活动(包括使用化肥)对环境的影响，避免导致森林生态系统的退化和破坏。

3.7.1.3　对改进的经营措施进行记录和监测，以确保改进效果。

3.7.2　森林经营作业应采取各种保护措施，维护林地的自然特性，保护水资源，防止地力衰退

3.7.2.1　森林经营单位在森林经营中，应采取有效措施最大限度地减少整地、造林、抚育、采伐、更新和道路建设等人为活动对林地的破坏，维护森林土壤的自然特性及其长期生产力。

3.7.2.2　减少森林经营对水资源质量、数量的不良影响，控制水土流失，避免对森林集水区造成重大破坏。

3.7.2.3　在溪河两侧和水体周围，建立足够宽的缓冲区，并在林相图或森林作业设计图中予以标注。

3.7.2.4　减少化肥使用，利用有机肥和生物肥料，增加土壤肥力。

3.7.2.5　通过营林或其他方法，恢复退化的森林生态系统。

3.7.3　严格控制使用化学品，最大限度地减少因使用化学品造成的环境影响

3.7.3.1　森林经营单位应列出所有化学品(杀虫剂、除草剂、灭菌剂、灭鼠剂等)的最新清单和文件，内容包括品名、有效成分、使用方法等。

3.7.3.2　除非没有替代选择，否则禁止使用世界卫生组织1A和1B类杀虫剂，以及国家相关法律法规禁止的其他高剧毒杀虫剂(参见附录A)。

3.7.3.3　禁止使用氯化烃类化学品，以及其他可能在食物链中残留生物活性和沉积的其他杀虫剂。

3.7.3.4　保存安全使用化学品的过程记录，并遵循化学品安全使用指南，采用恰当的设备并进行培训。

3.7.3.5　备有化学品的运输、储存、使用以及事故性溢出后的应急处理程序。

3.7.3.6　应确保以环境无害的方式处理无机垃圾和不可循环利用的垃圾。

3.7.3.7 提供适当的装备和技术培训，最大限度地减少因使用化学品而导致的环境污染和对人类健康的危害。

3.7.3.8 采用符合环保要求的方法及时处理化学品的废弃物和容器。

3.7.3.9 开展森林经营活动时，应严格避免在林地上的漏油现象。

3.7.4 严格控制和监测外来物种的引进，防止外来入侵物种造成不良的生态后果

3.7.4.1 森林经营单位应对外来物种严格检疫并评估其对生态环境的负面影响，在确保对环境和生物多样性不造成破坏的前提下，才能引进外来物种。

3.7.4.2 对外来物种的使用进行记录，并监测其生态影响。

3.7.4.3 制定并执行控制有害外来入侵物种的措施。

3.7.5 维护和提高森林的环境服务功能

3.7.5.1 森林经营单位了解并确定经营区内森林的环境服务功能。

3.7.5.2 采取措施维护和提高这些森林的环境服务功能。

3.7.6 尽可能减少动物种群和放牧对森林的影响

3.7.6.1 森林经营单位应采取措施尽可能减少动物种群对森林更新、生长和生物多样性的影响。

3.7.6.2 采取措施尽可能减少过度放牧对森林更新、生长和生物多样性的影响。

3.8 森林保护

3.8.1 制定林业有害生物防治计划，应以营林措施为基础，采取有利于环境的生物、化学和物理措施，进行林业有害生物综合防治

3.8.1.1 森林经营单位的林业有害生物防治，应符合《森林病虫害防治条例》的要求。

3.8.1.2 开展林业有害生物的预测预报，评估潜在的林业有害生物的影响，制定相应的防治计划。

3.8.1.3 采取营林措施为主，生物、化学和物理防治相结合的林业有害生物综合治理措施。

3.8.1.4 采取有效措施，保护森林内的各种有益生物，提高森林自身抵御林业有害生物的能力。

3.8.2 建立健全森林防火制度，制定并实施防火措施

3.8.2.1 根据《森林防火条例》，森林经营单位应建立森林防火制度。

3.8.2.2 划定森林火险等级区，建立火灾预警机制。

3.8.2.3 制定和实施森林火情监测和防火措施。

3.8.2.4 建设森林防火设施，建立防火组织，制定防火预案，组织本单位的森林防火和扑救工作。

3.8.2.5 进行森林火灾统计，建立火灾档案。

3.8.2.6 林区内避免使用除生产性用火以外的一切明火。

3.8.3 建立健全自然灾害应急措施

3.8.3.1 根据当地自然和气候条件，森林经营单位应制定自然灾害应急预案。

3.8.3.2 采取有效措施，最大程度地减少自然灾害的影响。

3.9 森林监测和档案管理

3.9.1 建立森林监测体系，对森林资源进行适时监测

3.9.1.1 根据上级林业主管部门的统一安排，开展森林资源调查，森林经营单位应建立森林资源档案制度。

3.9.1.2 根据森林经营活动的规模和强度以及当地条件，确定森林监测的内容和指标，建立适宜的监测制度和监测程序，确定森林监测的方式、频度和强度。

3.9.1.3 在信息许可的前提下，定期向公众公布森林监测结果概要。

3.9.1.4 在编制或修订森林经营方案和作业计划中体现森林监测的结果。

3.9.2　森林监测应包括资源状况、森林经营及其社会和环境影响等内容

3.9.2.1　森林经营单位的森林监测，宜关注以下内容：

——主要林产品的储量、产量和资源消耗量；

——森林结构、生长、更新及健康状况；

——动植物(特别是珍贵、稀有、受威胁和濒危的物种)的种类及其数量变化趋势；

——林业有害生物和林火的发生动态和趋势；

——森林采伐及其他经营活动对环境和社会的影响；

——森林经营的成本和效益；

——气候因素和空气污染对林木生长的影响；

——人类活动情况，例如过度放牧或过度畜养；

——年度作业计划的执行情况。

3.9.2.2　按照监测制度连续或定期地开展各项监测活动，并保存监测记录。

3.9.2.3　对监测结果进行比较、分析和评估。

3.9.3　建立档案管理系统，保存相关记录

3.9.3.1　森林经营单位应建立森林资源档案管理系统。

3.9.3.2　建立森林经营活动档案系统。

3.9.3.3　建立木材跟踪管理系统，对木材从采伐、运输、加工到销售整个过程进行跟踪、记录和标识，确保能追溯到林产品的源头。

附录A

（资料性附录）

国家相关法律法规

A.1　法律

中华人民共和国标准化法（1988）
中华人民共和国环境保护法（1989）
中华人民共和国进出境动植物检疫法（1991）
中华人民共和国劳动法（1994）
中华人民共和国枪支管理法（1996）
中华人民共和国促进科技成果转化法（1996）
中华人民共和国森林法（1998）
中华人民共和国防沙治沙法（2001）
中华人民共和国民族区域自治法（2001）
中华人民共和国税收征收管理法（2001）
中华人民共和国工会法（2001）
中华人民共和国环境影响评价法（2002）
中华人民共和国水法（2002）
中华人民共和国农村土地承包法（2002）
中华人民共和国安全生产法（2002）
中华人民共和国土地管理法（2004）
中华人民共和国野生动物保护法（2004）
中华人民共和国种子法（2004）
中国人民共和国企业所得税法（2007）
中华人民共和国物权法（2007）
中华人民共和国动物防疫法（2007）
中华人民共和国水污染防治法（2008）
中华人民共和国水土保持法（2010）

A.2　法规

森林采伐更新管理办法（1987）
森林病虫害防治条例（1989）
中华人民共和国陆生野生动物保护实施条例（1992）
中华人民共和国水土保持法实施条例（1993）
中华人民共和国自然保护区条例（1994）
中华人民共和国野生植物保护条例（1996）
中华人民共和国进出境动植物检疫法实施条例（1996）
中华人民共和国植物新品种保护条例（1997）
中华人民共和国土地管理法实施条例（1998）
中华人民共和国森林法实施条例（2000）
退耕还林条例（2002）
森林防火条例（2008）

A.3　部门规章

森林和野生动物类型自然保护区管理办法（1985）

林木林地权属争议处理办法(1996)

国有森林资源资产管理督查的实施办法(试行)(1996)

林木良种推广使用管理办法(1997)

中华人民共和国植物新品种保护条例实施细则(林业部分)(1999)

林木和林地权属登记管理办法(2000)

天然林资源保护工程管理办法(2001)

占用征用林地审核审批管理办法(2001)

林木种子包装和标签管理办法(2002)

林木种子生产、经营许可证管理办法(2002)

国家林业局林木种苗质量监督管理规定(2002)

林木种子生产经营许可证年检制度规定(2003)

引进林木种子苗木及其它繁殖材料检疫审批和监管规定(2003)

天然林资源保护工程档案管理办法(2006)

林木种子质量管理办法(2006)

注：以上部门规章均为国家林业局或原林业部颁布。

A.4 禁用或严格限制使用化学品文件

中国禁止或严格限制的有毒化学品名录(第一批)(1998)

中国禁止或严格限制的有毒化学品目录(第二批)(2005)

国家明令禁止使用的农药等(农业部公告第 199 号)(2002)

国家明令禁止使用的农药等(农业部公告第 322 号)(2003)

国家明令禁止使用的农药等(农业部、工业和信息化部、环境保护部公告第 1157 号)(2009)

国家明令禁止使用的农药等(农业部、工业和信息化部、环境保护部、国家工商行政管理总局、国家质量监督检验检疫总局公告第 1586 号)(2011)

附录 B

（资料性附录）

国家签署的相关国际公约

濒危野生动植物种国际贸易公约
关于特别是作为水禽栖息地的国际重要湿地公约
联合国气候变化框架公约
生物多样性公约
联合国关于在发生严重干旱和/或沙漠化的国家特别是在非洲防治沙漠化的公约
国际劳工组织公约
国际植物新品种保护公约

附录 C

（资料性附录）

相关技术规程和指南

国家重点保护野生动物名录(1988)
国家重点保护野生植物名录(第一批)(1999)
濒危野生动植物种国际贸易公约秘书处公布禁贸物种和国家名单(2001)
森林经营方案编制与实施纲要(2006)
中国森林可持续经营指南(2006)
GB/T 18337. 3 - 2001 生态公益林建设　技术规程
GB/T 15163 - 2004 封山(沙)育林技术规程
LY/T 1607 - 2003 造林作业设计规程
LY/T 1646 - 2005 森林采伐作业规程
LY/T 1706 - 2007 速生丰产用材林培育技术规程
LY/T 1690 - 2007 低效林改造技术规程
LY/T 1692 - 2007 转基因森林植物及其产品安全性评价技术规程
LY/T 2007 - 2012 森林经营方案编制与实施规范
LY/T 2008 - 2012 简明森林经营方案编制技术规程

中国森林认证体系(CFCC)森林经营认证审核导则

1　范围

本标准规定了森林经营认证的审核原则、审核方法、审核活动、审核类型以及审核指标的验证方法。

本标准适用于认证机构依据《中国森林认证 森林经营》(GB/T 28951 - 2012)进行森林经营认证的审核。

2　规范性引用文件

下列文件对于本文件的应用是必不可少的。凡是注明日期的引用文件，仅注日期的版本适用于本文件。凡是不注日期的引用文件，其最新版本(包括所有的修改单)适用于本文件。

GB/T 28951 - 2012　中国森林认证　森林经营

3　术语和定义

GB/T 28951 - 2012 界定的以及下列术语和定义适用于本文件。

3.1　森林经营认证审核 forest management certification audit

由第三方认证机构为获得审核证据并对其进行客观评价，以确定森林经营单位满足森林经营审核准则的程度所进行的系统、独立的并形成文件的过程。

3.2　审核准则 audit criteria

森林经营认证审核员用来作为参照，与所收集的关于森林经营的审核证据进行比较的一组方针、程序或要求，包括《中国森林认证 森林经营》(GB/T 28951 - 2012)及其他有关森林经营认证审核的国家或行业标准。

3.3　审核员 auditor

指有能力和资质实施森林认证审核的人员。

3.4　审核组 auditor team

受委派承担森林经营认证审核任务的一名或多名审核员。需要时，可由技术专家提供支持。

3.5　审核组长 auditor team leader

审核组内主持森林经营认证审核的人员。

注：审核组长应对审核组工作全面负责，具有一定的审核经验，并有领导、组织审核组工作的能力。

3.6　审核委托方 audit client

要求审核的组织或人员。

[GB/T 19011－2013，定义3.6]

3.7　受审核方 auditee

接受审核的组织。

注1：森林经营认证审核的受审核方通常是森林经营单位或其他开展森林认证的组织。

注2：改写GB/T 19011－2013，定义3.7。

3.8　审核证据 audit evidence

森林经营与审核准则有关的并且能够证实的记录、事实陈述或其他信息。

注1：审核证据可以是定性的或定量的，用于审核员评价审核对象是否符合森林经营认证审核准则。

注2：审核证据主要来自在审核范围内所进行的利益方访谈、文件审阅、对森林经营现场观察、现有的测定或通过其他方法得到的结果。

3.9　审核发现 audit findings

将收集的森林经营认证审核证据与审核准则进行比较所得出的评价结果。

注：审核发现是依据审核准则，在审核证据的基础上做出的。审核发现是编写审核报告的基础。审核发现能表明符合或不符合审核准则。

3.10　审核结论 audit conclusion

审核组考虑了审核目的和所有审核发现后得出的审核结果。(GB/T 19011)

注1：审核结论是在审核发现综合分析的基础上做出的，是对于森林经营绩效水平的结论性意见。

注2：改写GB/T 19011－2013，定义3.5。

3.11　符合 compliance

森林经营认证满足了审核准则的要求。

3.12　不符合 non－compliance

森林经营认证未满足审核准则的要求。

3.13　观察项 observation

森林经营认证存在的针对审核准则潜在的不符合事项。

3.14　审核报告 audit report

关于受审核方是否满足认证要求的一份详细的报告，包括受审核方现在的条件和审核员的建议。审核报告由公开和内部资料两部分组成。

3.15　审核方案 audit programme

针对特定时间段所策划，并具有特定目的的一组(一次或多次)审核。

注：改写GB/T 19011－2013，定义3.13。

3.16　审核计划 audit plan

对一次审核活动及安排的描述。

注：改写GB/T 19011－2013，定义3.15。

3.17　审核范围 audit scope

审核的内容和界限。

注1：审核范围通常包括对实际的位置、森林经营单元、活动和过程以及所覆盖的时期的描述。

注2：改写 GB/T 19011－2013，定义3.14。

3.18　文件　document

信息及其承载媒体。

注：改写 GB/T 19000－2008，定义3.7.2。

3.19　记录　record

阐明所取得的结果或提供已从事活动的证据的文件。

注：改写 GB/T 19000－2008，定义3.7.6。

3.20　验证　verification

通过提供客观证据对规定要求已得到满足的认定。

注：改写 GB/T 19000－2008，定义3.8.4。

3.21　验证方法 means of verification

审核员评估审核准则符合性可使用的途径、证据或潜在信息。

4　审核原则和审核方法

4.1　审核原则

4.1.1　**客观证据原则**

森林经营审核应以客观证据为依据。没有客观证据的任何信息不能作为判断符合性的依据，客观证据不足或未经验证也不能作为判断不符合项的证据。审核证据是建立在可获取信息的抽样样本的基础上，并且是能够证实的。审核结果应综合反映森林经营单位的实际情况。

4.1.2　**遵循标准原则**

森林经营认证审核应依据审核准则确定审核范围、要点和抽样方案，寻找客观证据并做出审核结论。超出审核准则范围的要求不应作为森林经营认证审核的依据。

4.1.3　**独立公正原则**

认证机构、审核员与受审核方没有利益关联。审核员应秉承诚信、正直、保密、谨慎和专业等职业素养和道德，保证审核的独立性和公正性。

4.1.4　**持续改进原则**

应关注受审核方对不符合的整改，以及对管理体系和森林经营的持续改进。

4.1.5　**系统均衡原则**

森林经营认证审核是一个有机整体，各项指标之间是相互联系，相互平衡的。

4.1.6　**信息保密原则**

认证机构应与客户签署保密协议。除公开的审核报告摘要，认证机构和审核员应对审核内容和受审核方经营状况保密。

4.2　审核方法

4.2.1　**文件审核**

4.2.1.1　文件审核包括到达受审核方前及进入现场后，对受审核方提交的文件和记录的核查，也包括对来自外部的文件或记录的核查。

4.2.1.2　文件审核过程中，应对照审核准则对受审核方的森林经营管理体系文件、规章制度、作业规程以及生产经营活动的记录等进行核查。

4.2.2　**现场审核**

4.2.2.1　现场审核的具体方法包括直接的现地观察和测定。现地观察和现地测定包括森林经营单位的政策或规程的贯彻实施情况，以及森林经营作业现场符合审核准则的情况，如林道的条件、立木的损害、土壤侵蚀、木材利用水平等。现地测定包括现地测定有关结构和特性符合标准或法律要求的情况，如缓冲区的宽度、采伐桩的高度等。

4.2.2.2　现场审核的地点应根据森林经营活动、森林生态系统类型及标准的要求等因素抽样确定，不能由受审核方指定。

4.2.3　**利益方访谈**

4.2.3.1　利益方访谈的目的是了解受审核方开展的森林经营符合认证准则的程度以及森林经营所产生的影响。

4.2.3.2　应建立利益方名录，采用电话、问卷、座谈、访问等形式访谈，并进行记录整理。

5　审核活动

5.1　审核方案

5.1.1　**总体要求**

5.1.1.1　根据受审核方的规模、性质、复杂程度和要求，认证机构应编制审核方案或审核建议书。

5.1.1.2　审核方案可包括一次或多次审核，如预审、主审或监督审核，也可包括不同的认证模式，如独立认证审核或联合认证审核。

5.1.1.3　审核方案应包括对审核的类型和数量进行组织，以及在规定的时间框架内为有效地实施审核提供的必要资源，如财务、设备、人力、技术、时间和后勤等。

5.1.1.4　审核方案的编制与管理应由了解审核准则、具备审核员能力和审核技术的一人或多人承担。管理人员应具有管理技能，了解审核活动相关的技术与业务。

5.1.2　**审核方案的目的**

应确定审核方案的目的以指导审核的策划和实施。审核方案的目的应考虑受审核方的要求、森林经营管理体系与经营水平、法律法规和标准的要求以及组织的风险等。

5.1.3　**审核方案的范围与程度**

应根据受审核方的规模、性质、复杂程度及审核的要求确定或调整审核方案的范围和程度，明确所需要的审核及需要开展的活动。

5.1.4　**审核方案的内容**

应包括审核方案的目的；审核方案的范围和程序；审核的策划和日程安排，如每次审核的范围、目的和审核时间、审核频率等；保证审核组长和审核员的能力；需要的资源以及审核方案的实施等内容。

5.1.5　**审核方案的实施**

审核方案的实施应包括以下主要内容：

——与受审核方及其他有关方沟通审核方案；

——协调审核及其他与审核方案的有关活动和日程安排；

——建立和保持审核员的专业能力与评价制度；

——安排审核组成员；

——向审核组提供必要的资源；

——指导审核活动，确保按审核方案进行审核；

——审核活动记录的控制；

——审核报告的评审和批准，并分发给审核委托方和其他特定方；

——审核后续活动的实施(适用时)。

5.1.6　**审核方案的记录**

应保持记录以证实审核方案的实施。记录应包括与每次审核相关的记录，如审核计划、审核报告、不符合报告、纠正措施报告、同行评审报告、审核后续活动的报告(适用时)；审核方案评审的结果；与审核员有关的记录，如审核员能力和表现的评价、审核组的选择、能力的保持与提高等。

5.2　审核启动

5.2.1　指定审核组长

负责管理审核方案的人员应为特定的森林经营认证审核指定审核组长。

5.2.2　确定审核目的、范围和准则

5.2.2.1　审核组长应在审核方案的总体目的范围内，与审核委托方或受审核方确定具体审核的目的、范围和准则。

5.2.2.2　森林经营认证的审核范围应包括审核的森林面积、实际位置、主要的森林类型和森林经营活动等内容。

5.2.2.3　审核目的、范围和准则的任何变更应征得认证机构、审核委托方或受审核方的同意。

5.2.3　选择审核组

5.2.3.1　认证机构或审核组长应选择确定审核组。

5.2.3.2　选择确定审核组的规模和组成时，应考虑以下因素：

——审核目的、范围、准则以及预计的审核时间；

——为达到审核目的，审核组所需的整体能力，包括森林经营、环境和社会的专业背景；

——确保审核组独立于受审核的活动并避免利益冲突；

——审核组成员与受审核方的有效协作能力以及审核组成员之间共同工作的能力；

——审核所有的语言以及对受审核方社会和文化特点的理解。这些方面可以通过审核员自身的技能或技术专家的支持予以解决。

5.2.4　编制审核计划

针对每次特定的审核活动，审核组长应根据受审核方的经营状况与经营特点，编制审核计划。计划内容应包括：

——审核的目的；

——审核准则和引用文件；

——审核范围；

——现场审核活动的日期、地点及日程安排；

——审核组组成及审核员分工；

——拟审核的森林经营单位文件清单；

——拟定利益方访谈形式、访谈对象及关注的主要问题；

——商定审核路线、抽样场所与现场审核地点。

5.3　审核实施

5.3.1　总体要求

5.3.1.1　审核员应实事求是地寻求证据并客观反映到审核报告中。

5.3.1.2　森林经营认证审核应采用文件审核、现场审核及利益方访谈三种形式相结合的方法。适用时应优先采取三种方式的交叉验证，从不同角度审核确认受审核方森林经营活动与审核准则的符合性。必要时，也可由审核组内部不同审核员对同一信息进行验证。

5.3.1.3　审核应在指标层次上进行，对每个指标的符合性作出判断。

5.3.1.4　审核员宜按照7章进行审核。

5.3.2　初步联系

在正式审核之前，应由负责管理审核方案的人员或审核组长与受审核方就审核的事宜建立初步联系。初步联系可以是正式或非正式的，其主要目的是：

——与受审核方的代表建立沟通渠道；

——确认实施审核的权限；

——提供有关建议的时间安排和审核组组成的信息；

——要求审阅的相关文件，包括记录；

——审核的安排，包括后勤安排等。

5.3.3　**明确分工**

在正式审核之前，审核组应召开内部会议，审阅审核计划和审核准则，明确审核分工。

5.3.4　**首次会议**

召开与森林经营者的首次会议，包括：

——介绍与会者和审核组成员及职责；

——确认审核目的、范围和准则；

——介绍实施审核所用的方法和程序；

——介绍森林经营单位的经营体系、组织架构和主要人员；

——确认保密事项；

——确定审核日程、地点以及相关的后勤安排等事项。

5.3.5　**内部会议**

在审核过程中，审核组应定期召开审核组内部会议，检查审核的主要发现、提出的符合和不符合及其证据以及审核计划的执行及调整等。

5.3.6　**末次会议**

在离开森林经营单位之前，审核组应与受审核方召开末次会议，包括：

——介绍和讨论现场审核过程中的主要发现、潜在的不符合及其他存在的问题；

——对一些不确定的问题进行澄清。

5.4　审核记录

5.4.1　**审核员在提问、验证、观察中，应随时作好记录。**

5.4.2　**记录可采用文字、照片等形式，并符合以下要求：**

——清楚、全面、易懂，便于查阅、追溯；

——准确、具体，如文件名称，部门或现场审核地块、陪同人或陈述人姓名、岗位等；

——及时、当场记录，尽量避免事后回忆、追记；

——必要时，记录应得到受审核方的确认。

5.5　不符合和观察项的确定

5.5.1　**客观证据的评价**

5.5.1.1　对审核收集到的客观证据应进行整理分析、筛选评价，形成审核发现。

5.5.1.2　审核发现可分为符合、不符合和观察项。在适当的审核阶段，特别是在与组织举行末次会议之前，组织应对审核发现的不符合进行确认。

5.5.2　**评定和分级**

5.5.2.1　不符合应在审核准则规定范围内，且有审核证据支撑。证据不充分或超出规定范围，不能判为不符合。根据审核组所收集的审核证据，不符合应被确定为严重不符合和轻微不符合。

5.5.2.2　无论单独存在还是与其他指标的不符合同时存在，导致了或可能导致严重不符合审核准则要求，将被判定为严重不符合。下列情况均可判定为严重不符合：

——不符合情况持续了很长一段时间；

——重复发生或系统性问题；

——影响范围广；

——发现问题后，森林经营者没有及时纠正或没有做出回应；

——对审核准则的目标造成严重影响。

5.5.2.3　轻微不符合是指孤立的、偶发性的，并对受审核方的森林生产经营不会造成全局性、系统性影响的情况，包括以下情况：

——临时的过失；

——不常见或非系统性的；

——仅在有限的时间和空间产生影响，发现后可立即纠正；

——采取纠正措施，可确保不再发生；

——不会对审核准则的目标造成严重影响。

5.5.2.4　观察项不属于不符合。出现观察项的情况有：

——可能导致相关经营活动达不到预期的效果，尚无证据表明不符合情况已发生；

——已产生疑问，由于客观原因在审核期间无法进一步核实并做出准确判断。

5.5.3　**不符合报告**

5.5.3.1　如根据审核准则中确定了不符合，审核员应进行记录，并在审核报告中撰写不符合报告。

5.5.3.2　不符合报告应包括：

——发现不符合部门或岗位、陪同或见证人员；

——不符合的事实；

——不符合现象结论(不符合审核准则及条款编号，文件、规定名称及条文编号)；

——不符合的性质；

——审核员、审核日期、受审核方的确认等。

5.5.3.3　不符合事实的描述应引用客观证据，描述清楚、正确、完整并可追溯。

5.5.4　**纠正期限**

5.5.4.1　如果在认证审核中确定了轻微不符合，审核员应提出纠正的期限，要求森林经营单位在规定的期限内进行纠正。一般纠正的期限在1年以内。

5.5.4.2　如果在认证审核中确定了严重不符合，审核员应要求受审核方在证书颁发之前进行纠正，或暂停证书至直接纠正。

5.6　审核结论和审核报告

5.6.1　**审核结论**

5.6.1.1　审核结论应根据审核发现进行综合评价，做出准确的符合客观实际的审核结论。

5.6.1.2　森林认证审核结论，可分为以下几种：

——推荐/保持认证。审核结果无不符合，审核组向认证机构推荐认证；

——有条件推荐/保持认证。审核结果有轻微不符合，审核组向认证机构推荐有条件认证；

——不予推荐/保持认证。发现的不符合中存在一项或多项严重不符合，受审核方在规定时间内未能完成整改，或审核组经验证不能确定整改有效，审核组不推荐认证。

5.6.2　**审核报告**

5.6.2.1　审核员应按分工撰写审核报告，审核组长负责总审核报告的汇总和撰写。

5.6.2.2　认证机构应在审核后的30天内向受审核方提交审核报告，接受受审核方的审阅。审核结果和审核报告应得到森林经营单位的认可。

5.6.2.3　主审报告的提纲与编制，参照附录A格式执行。预审和监督审核报告可在此基础上由认证机构简化。

5.6.2.4　主审报告应提交至少2名独立的专家进行同行评审，以判定审核报告的充分性和建议的认证结论的有效性。同行专家评审参照附录B执行。

6　审核类型

6.1　预审

6.1.1　预审是在主审之前，确定森林经营单位的森林经营与审核准则之间的主要差距或问题，并为主审做准备。

6.1.2　预审可根据所审核森林经营的特点(如经营的复杂程度、规模大小、存在争议的性质等)以及客户的特定要求灵活安排。

6.1.3　预审通常以森林经营的现场审核为主，也可结合森林经营单位的文件审核和利益方访谈。

6.1.4　预审根据森林经营的规模和强度，审核组由2名以上(含2名)审核员组成。

6.1.5　预审不作出审核结论，但应撰写预审核报告。

6.2　主审

6.2.1　主审是对森林经营活动作出的正式和全面的审核，以判定受审核方的森林经营活动与审核准则的符合性。

6.2.2　主审的内容应包括受审核方的整个森林经营体系及其实施情况，覆盖森林经营活动的主要类型，包括育苗、造林、抚育、采伐、更新、基础设施建设、病虫害防治、森林防火等。

6.2.3　主审的审核组至少应包括具有环境、社会和森林经营背景的3名审核员，按照严格的审核程序进行审核。

6.3　监督审核

6.3.1　监督审核是评价获证单位的森林经营与森林认证审核准则的持续符合性，确认森林认证范围与验证上次审核发现的不符合、观察项的纠正措施的有效性。

6.3.2　监督审核包括定期监督审核与特殊监督审核。监督审核的内容应综合考虑以下因素：

——上次审核结果和审核组长建议；

——经营活动变更；

——上一次评审不符合发生及整改情况；

——申/投诉情况。

6.3.3　定期监督审核一般为1年1次，第一次监督审核的时间在获证后的12个月内进行。

6.3.4　一个认证周期(5年)内，定期监督审核应覆盖森林认证评估的全部内容和森林经营活动的所有类型。

6.3.5　若获证组织发生了可能影响认证基础的变化或重要事件时，认证机构应组织特殊监督审核，如：

——对重要不符合的纠正情况进行核查；

——经营管理模式或林地利用模式发生重大改变；

——出现违反森林经营认证标准的重大投诉；

——发现其他重大违法违规行为；

——因变更企业所有者、组织机构、生产条件等，可能影响经营体系有效性。

6.3.6　定期监督审核时的现场审核地点，利益方访谈的对象，不宜与初次审核重复。

6.3.7　监督审核时，若发现认证范围发生变化，审核组应予以重新确认。

6.3.8　当评审结果需对获认证资格做出暂停/撤销建议时，应在审核结束后立即报认证机构。

6.4　再认证审核

6.4.1　再认证审核是在获证期间维持认证的基础上进行。如在整个认证有效期内均能保持良好的状态，则可采用简易的审核方式，不进行预审和同行专家评审，但审核范围应覆盖森林经营的所有活动类型。

6.4.2　再认证审核的其它程序和要求与初次认证审核相同。

7　验证方法

7.1　国家法律法规和国际公约

对“国家法律法规和国际公约”有关指标宜按照表1中所列的验证方法进行审核。

表1

GB/T 28951－2012 指标体系	验证方法
3.1.1　遵守国家相关法律法规	
3.1.1.1　森林经营单位备有现行的国家相关法律法规文本，包括《中华人民共和国森林法》、《中华人民共和国森林法实施条例》等。	查阅受审核方保存与森林经营活动相关的国家和地方法律法规、标准、规程、指南和政策文件，包括 GB/T 28951－2012 附录 A 列出的清单。
3.1.1.2　森林经营符合国家相关法律法规的要求。	1. 查阅受审核方保存的国家相关法律法规的培训计划、培训或学习宣贯记录； 2. 与管理人员访谈并查阅有关文件，核查负责法律法规跟踪与执行的部门与制度； 3. 查阅森林经营单位依法经营的证据、自检材料或上级部门的检查记录； 4. 现场核查有无违法行为； 5. 与林业主管部门、当地政府和周边社区居民访谈以核查有无违法行为。
3.1.1.3　森林经营单位的管理人员和员工了解国家和地方相关法律法规的要求。	与森林管理者和员工访谈，掌握其对国家相关法律法规的了解情况。
3.1.1.4　曾有违法行为的森林经营单位已依法采取措施及时纠正，并记录在案。	1. 与管理方及政府等利益方核查受审核方有无违法行为及有关违法行为的纠正情况； 2. 如有违反法律法规行为，核查违反法律法规行为与采取的纠正措施和相关记录； 3. 现场核查有关违法行为的纠正情况。
3.1.2　依法缴纳税费	
3.1.2.1　森林经营单位相关人员了解所需缴纳的税费。	与财务人员访谈，了解需要遵守的国家有关税费的法律法规情况、缴费种类、比率、额度与缴费时间。
3.1.2.2　森林经营单位依据《中华人民共和国税收征收管理法》、《中华人民共和国企业所得税法》以及其他相关法律法规的要求，按时缴纳税费。	1. 与财务人员访谈，了解交纳税费情况； 2. 核查相关的缴纳税费凭证和财务报表； 3. 必要时，走访当地税务部门，了解纳税情况。
3.1.3　依法保护林地，严禁非法转变林地用途	
3.1.3.1　森林经营单位采取有效措施，防止非法采伐、在林区内非法定居及其他未经许可的行为。	1. 查阅为防止林区内非法采伐及其他非法活动制定的相关制度、规定或采取的措施，包括森林资源管理机构与人员设置、管理人员岗位责任制、巡护管护制度文件等； 2. 核查有关针对非法活动的监督、检查、巡视或验收记录； 3. 核查采伐许可证及采伐验收记录； 4. 与员工和其他利益方访谈并现场核查，核实林区内非法采伐、非法定居及其他未经许可行为发生情况、采取的预防措施和处理结果。
3.1.3.2　占用、征用林地和改变林地用途应符合国家相关法律法规的规定，并取得林业主管部门的审核或审批文件。	1. 与管理人员访谈，了解占征用林地及改变林地途径及其审批情况； 2. 核查受审核方林地征用和占用记录、申报文件和相关部门的审批文件； 3. 现场核查受审核方征占用林地的使用，确定与法律法规和审批文件的符合性。

（续）

GB/T 28951－2012 指标体系	验证方法
3.1.3.3　改变林地用途确保没有破坏森林生态系统的完整性或导致森林破碎化。	1. 查阅征占用林地的申请书或批复文件，了解征占用林地的地点和性质； 2. 现场核查确定征占用的林地对森林生态系统的完整性和森林破碎化的影响。
3.1.4　遵守国家签署的相关国际公约	
3.1.4.1　森林经营单位备有国家所签署的、与森林经营相关的国际公约。	查阅受审核方保存的相关国际公约文本。
3.1.4.2　森林经营符合国家所签署的、与森林经营相关的国际公约的要求。	1. 查阅有关国际公约文本的培训、自查或学习宣贯记录； 2. 现场核查、利益方和员工访谈，了解相关国际公约与森林经营活动的关系和遵守情况。

7.2　森林权属

对“森林权属”有关指标宜按照表2中所列的验证方法进行审核。

表2

GB/T 28951－2012 指标体系	验证方法
3.2.1　森林权属明确	
3.2.1.1　森林经营单位具有县级以上人民政府或国务院林业主管部门核发的林权证。	查阅受审核方的林权证或其他具有有效、合法的有关林地所有权或使用权的证明文件。
3.2.1.2　承包者或租赁者有相关的合法证明，如承包合同书或和租赁合同等。	1. 查阅受审核方保存的林地承包、租赁合同、合作经营协议等证明合法有效的使用或经营林地的文件； 2. 与利益方访谈，了解林地承包、租赁的合法性情况。
3.2.1.3　森林经营单位有明确的边界，并标记在地图上。	1. 核查林权证、森林经营方案、承包协议中具有现地边界标记的地图、林相图、林班图或规划等； 2. 对照以上标有边界的地图，现场核查林区的边界位置及符合情况。
3.2.2　依法解决有关森林、林木和林地所有权及使用权方面的争议	
3.2.2.1　森林经营单位在处理有关森林、林木和林地所有权及使用权的争议时，应符合《林木林地权属争议处理办法》的要求。	1. 核查受审核方有关森林、林木和林地就所有权或使用权的争议与处理方面的制度或规定，包括可能出现争议的类型、处理部门、流程以及公布的途径等； 2. 查阅受审核方依法处理有关争议的文件、记录或案件卷宗； 3. 现场核查现有争议区域； 4. 与利益方或员工访谈，了解争议处理机制的执行、争议的类型、发生与处理情况。
3.2.2.2　现有的争议和冲突未对森林经营造成严重的负面影响。森林权属争议或利益争端对森林经营产生重大影响的森林经营单位不能通过森林认证。	通过查阅以上文件或记录、现场核查及利益方访谈，了解现有争议或冲突的性质和范围及对生产经营活动的影响，或重大争议区开展森林经营活动的情况。

7.3　当地社区和劳动者权利

对“当地社区和劳动者权利”有关指标宜按照表3中所列的验证方法进行审核。

表3

GB/T 28951－2012 指标体系	验证方法
3.3.1　为林区及周边地区的居民提供就业、培训与其他社会服务的机会	
3.3.1.1　森林经营单位为林区及周边地区的居民(尤其是少数民族)提供就业、培训与其他社会服务的机会。	1. 查阅制定的为林区及周边地区的居民优先提供就业、培训的规定、政策或制度，包括劳动用工制度等； 2. 查阅为当地社区及居民提供就业、培训与其他服务的记录，如用工报表、就业人数、培训记录等； 3. 与当地政府或社区等利益方或和管理人员访谈，了解受审核方为当地居民提供就业、培训和提供其他服务等方面的情况，包括对教育、文化设施和休闲场所等的投入。
3.3.1.2　帮助林区及周边地区(尤其是少数民族地区)进行必要的交通和通讯等基础设施建设。	1. 与当地社区或政府等利益方和管理者访谈，了解受审核方对林区及周边地区的交通、通讯等设施建设或投资情况； 2. 查阅有关在林区或周边林区进行交通与通讯等基础设施建设的记录； 3. 现场查看所建造的基础设施。
3.3.2　遵守有关职工劳动与安全方面的规定，确保职工的健康与安全	
3.3.2.1　森林经营单位按照《中华人民共和国劳动法》、《中华人民共和国安全生产法》和其他相关法律法规的要求，保障职工的健康与安全。	1. 查阅受审核方制定的保证职工健康与安全的制度、规定或规程，包括设立安生生产等相关部门的情况及职责等； 2. 与员工(包括承包方)访谈，了解职工健康与安全的保障情况。 在审核该条款时，应特别关注： ——用人单位必须为劳动者提供符合国家规定的劳动安全卫生条件和必要的劳动防护用品，对从事有职业危害作业的劳动者应当定期进行健康检查； ——国家建立伤亡事故和职业病统计报告和处理制度。县级以上各级人民政府劳动行政部门、有关部门和用人单位应当依法对劳动者在劳动过程中发生的伤亡事故和劳动者的职业病状况，进行统计、报告和处理。
3.3.2.2　按国家相关法律法规的规定，支付劳动者工资和提供其他福利待遇，如社会保障、退休金和医疗保障等。	1. 查阅当地劳动者工资、社会保障等政策或规定，如最低工资保障等； 2. 查阅受审核方制定的保障劳动者工资、社会保障、退休金和医疗保障等制度或文件； 3. 查阅工资单与福利待遇等相关说明文件或支付记录，包括工资、医疗、保险、住房、津贴、休息等方面； 4. 与员工(包括承包方)访谈，了解工资、福利待遇水平及支付情况。 在审核该条款时，应特别关注： ——用人单位应按国家做法实行劳动者每日工作时间不超过8小时、平均每周工作时间不超过40小时的工时制度； ——用人单位应当严格执行劳动定额标准，不得强迫或者变相强迫劳动者加班。用人单位安排加班的，应当按照国家有关规定向劳动者支付加班费； ——工资分配应当遵循按劳分配原则，实行同工同酬。工资水平在经济发展的基础上逐步提高。国家对工资总量实行宏观调控； ——国家实行最低工资保障制度。最低工资的具体标准由省、自治区、直辖市人民政府规定，报国务院备案。用人单位支付劳动者的工资不得低于当地最低工资标准； ——用人单位应根据本单位实际情况为劳动者建立补充保险。国家提倡劳动者个人进行储蓄性保险。

（续）

GB/T 28951－2012 指标体系	验证方法
3.3.2.3　保障从事森林经营活动的劳动者的作业安全，配备必要的服装和安全保护装备，提供应急医疗处理和进行必要的安全培训。	1. 查阅受审核方所制定或使用的劳动作业安全规程或应急医疗处理预案等相关文件； 2. 查阅受审核方制定的安全培训计划、培训记录； 3. 核查国家规定的特殊工种的培训措施、上岗证等； 4. 核查相关的工作事故处理记录（如发生）和事故发生率； 5. 核查受审核方在安全保护装备及必要的医疗用品的发放记录、存放地点等； 6. 与管理人员和作业工人访谈，核实安全保护装备、医疗救护用品的配备使用、安全生产培训的实施以及法律法规及规程的符合情况。 在审核该条款时，应特别关注： ——用人单位必须建立、健全劳动安全卫生制度，严格执行国家劳动安全卫生规程和标准，对劳动者进行劳动安全卫生教育，防止劳动过程中的事故，减少职业危害。
3.3.2.4　遵守中国签署的所有国际劳工组织公约的相关规定。	1. 查阅保存的中国已签署的国际劳工组织公约文本、有关符合公约规定的说明材料、证据或记录； 2. 与有关管理人员和员工访谈，了解相关国际劳工组织公约的执行情况，如禁止使用童工等； 3. 与有关管理人员和员工访谈，确认森林经营中不存在任何形式的强迫或强制劳动，并在实践中遵守了相关国际劳工组织公约的要求。
3.3.3　保障职工权益，鼓励职工参与森林经营决策	
3.3.3.1　森林经营单位通过职工大会、职工代表大会或工会等形式，保障职工的合法权益。	1. 核查制定的保障职工权益、鼓励职工参与森林经营决策、职工反映意见的制度、机构与规定，包括工会、职代会、妇联、信访办等机构及职责； 2. 与管理人员和员工访谈，核查上述机制的运行，职工提出意见、建议的反馈与落实，职工合法权益的保障情况； 3. 与有关管理人员和员工访谈，确认员工是否依法享有结社、建立组织（如工会等）和集体谈判的权利，并在实践中遵守相关国际劳工组织公约的要求。 在审核该条款时，应特别关注： ——在用人单位内，应设立劳动争议调解委员会。劳动争议调解委员会由职工代表、用人单位代表和本地选举出的工会代表组成。劳动争议调解委员会主任由工会代表担任。劳动争议经调解达成协议的，当事人应当履行。 ——企业职工一方与用人单位通过平等协商，必须就劳动报酬、工作时间、休息休假、劳动安全卫生、保险福利等事项订立集体合同。集体合同草案应当提交职工代表大会或者全体职工讨论通过。集体合同由工会代表企业职工一方与用人单位订立；尚未建立工会的用人单位，由上级工会指导劳动者推举的代表与用人单位订立。 ——用人单位有下列情形之一的，由劳动行政部门责令限期支付劳动报酬、加班费或者经济补偿；劳动报酬低于当地最低工资标准的，应当支付其差额部分；逾期不支付的，责令用人单位按应付金额百分之五十以上百分之一百以下的标准向劳动者加付赔偿金： ●未按照劳动合同的约定或者国家规定及时足额支付劳动者劳动报酬的； ●低于当地最低工资标准支付劳动者工资的； ●安排加班不支付加班费的； ●解除或者终止劳动合同，未依照本法规定向劳动者支付经济补偿的。

(续)

GB/T 28951－2012 指标体系	验证方法
3.3.3.2 采取多种形式，鼓励职工参与森林经营决策。	同3.3.3.1，重点核查职工参与森林经营决策的机制、实施及职工意见的反馈与落实情况。
3.3.4 不得侵犯当地居民对林木和其他资源所享有的法定权利	
3.3.4.1 森林经营单位承认当地社区依法拥有使用和经营土地或资源的权利。	与管理人员访谈或查阅相关文件，了解受审核方所认可的当地居民对林木和其他资源所享有的法定权利，如房屋、农田、农地、私有林、自留山等。
3.3.4.2 采取适当措施，防止森林经营直接或间接地破坏当地居民(尤其是少数民族)的林木及其他资源，以及影响其对这些资源的使用权。	1. 查阅受审核方制定的保护当地居民的林木及其他资源所享有的法定权利的措施与规定； 2. 现场核查及与当地居民访谈，了解保护措施的落实与上述资源和权利的保护情况。
3.3.4.3 当地居民自愿把资源经营权委托给森林经营单位时，双方应签订明确的协议或合同。	1. 与原权利所有人访谈并现场核查，了解资源委托经营的过程、现状及意见，确认有无受迫的情况，特别是林权的转让； 2. 如发生资源经营权的转让，查阅受审核方与原权利所有人签署的协议或合同。
3.3.5 在需要划定和保护对当地居民具有特定文化、生态、经济或宗教意义的林地时，应与当地居民协商	
3.3.5.1 在需要划定对当地居民(尤其是在少数民族)具有特定文化、生态、经济或宗教意义的林地时，森林经营单位应与当地居民协商并达成共识。	查阅相关文件及与管理人员和当地居民访谈，核查受审核方所判定的对当地居民(尤其是在少数民族)具有特定文化、生态、经济或宗教意义的林地及判定过程。
3.3.5.2 采取措施对上述林地进行保护。	1. 查阅受审核方制定的对具有特定文化、生态、经济或宗教意义的林地判定、保护政策和措施； 2. 现场核查及与当地居民访谈，核实有关保护措施的执行及现地的保护情况。
3.3.6 在保障森林经营单位合法权益的前提下，尊重和维护当地居民传统的或经许可进入和利用森林的权利	
3.3.6.1 在不影响森林生态系统的完整性和森林经营目标的前提下，森林经营单位应尊重和维护当地居民(尤其是少数民族)传统的或经许可进入或利用森林的权利，如非木质林产品的采集、森林游憩、通行、环境教育等。	1. 查阅有关文件，并与管理人员访谈，核查受审核方所认可或保护的当地居民传统的或经许可进入和利用森林的权利及相关的措施，包括非木质林产品的采集、森林游憩、通行、环境教育等； 2. 现场核查及与当地居民访谈，核实有关保护措施的执行及这些权利的保护情况。
3.3.6.2 对某些只能在特殊情况下或特定时间内才可以进入和利用的森林，森林经营单位应做出明确规定并公布于众(尤其是在少数民族地区)。	1. 查阅在特殊情况下或特定时间内才可以进入和利用森林的公告或通告文件，如抚育、采伐时期限制进入、森林防火期等； 2. 与管理者和当地居民访谈，了解通告的途径，以及规定的执行情况。
3.3.7 在森林经营对当地居民的法定权利、财产、资源和生活造成损失或危害时，森林经营单位应与当地居民协商解决，并给予合理的赔偿	
3.3.7.1 森林经营单位应采取适当措施，防止森林经营对当地居民(尤其是少数民族)的权利、财产、资源和生活造成损失或危害。	查阅有关文件或与管理者访谈，核查有关防止森林经营活动对当地居民权利等造成损失或危害的措施，以及出现损害时的补偿制度或规定。

（续）

GB/T 28951－2012 指标体系	验证方法
3.3.7.2　在造成损失时，主动与当地居民（尤其是少数民族）协商，依法给予合理的赔偿。	1. 与争议方核实损害及赔偿的情况； 2. 核查有关赔偿的记录。
3.3.8　尊重和有偿使用当地居民的传统知识	
3.3.8.1　森林经营单位在森林经营中尊重和合理利用当地居民（尤其是少数民族）的传统知识。	与管理者和当地居民访谈，核查受审核方使用当地居民传统知识的情况，如森林资源的演替、造林营林经验、水文地质等。
3.3.8.2　适当保障当地居民（尤其是少数民族）能够参与森林经营规划的权利。	与管理人员和当地居民访谈，核查当地居民，包括少数民族参与森林经营方案编制或森林经营活动的途径及相关文件或记录。
3.3.9　根据社会影响评估结果调整森林经营活动，并建立与当地社区（尤其是少数民族地区）的协商机制	
3.3.9.1　森林经营单位根据森林经营的方式和规模，评估森林经营的社会影响。	1. 与管理人员访谈，查阅开展社会影响评估的记录或报告，核查受森林经营活动影响的主要利益方、主要意见及影响的内容、采取的主要规避措施等； 2. 与利益方访谈，了解森林经营活动对其权益的影响。
3.3.9.2　在森林经营方案和作业计划中考虑社会影响的评估结果。	查阅相关文件，并与利益方访谈，核查评估结果和改进建议在森林经营活动中的落实与改进情况。
3.3.9.3　建立与当地社区和有关各方（尤其是少数民族）沟通与协商的机制。	1. 与管理者访谈或查看有关文件，核查与当地社区（尤其是少数民族地区）的沟通协商机制； 2. 与当地社区和利益方访谈，核实与当地居民的沟通情况及效果。

7.4　森林经营方案

对“森林经营方案”有关指标宜按照表 4 中所列的验证方法进行审核。

表 4

GB/T 28951－2012 指标体系	验证方法
3.4.1　根据上级林业主管部门制定的林业长期规划以及当地条件，编制森林经营方案	
3.4.1.1　森林经营单位具有适时、有效、科学的森林经营方案。	核查受审核方森林经营方案编制单位的资质或能力，所依据资料与信息的真实有效性，内容的科学规范以及适用时间的有效期。
3.4.1.2　森林经营方案的编制过程中应广泛征求管理部门、经营单位、当地社区和其他利益方的意见。	通过查阅有关利益方意见记录、专家论证意见及批准文件等，并与森林管理者和利益方访谈，核查经营方案的编制过程及各方参与的广泛性、代表性、有效性等。
3.4.1.3　森林经营方案的编制建立在翔实、准确的森林资源信息基础上，包括及时更新的森林资源档案、有效的森林资源二类调查成果和专业技术档案等信息。同时，也要吸纳最新科研成果，确保其具有科学性。	1. 查阅编制森林经营方案所依据的森林资源档案、近期森林资源二类调查成果和专业技术档案等信息，确认这些信息的真实性和时效性； 2. 核查有关科研成果的应用情况及经营方案内容的科学性。

（续）

GB/T 28951－2012 指标体系	验证方法
3.4.1.4　森林经营方案内容应符合森林经营方案编制的有关规定，宜包括以下内容： ——自然社会经济状况，包括森林资源、环境限制因素、土地利用及所有权状况、社会经济条件、社会发展与主导需求、森林经营沿革等； ——森林资源经营评价； ——森林经营方针与经营目标； ——森林功能区划、森林分类与经营类型； ——森林培育和营林，包括种苗生产、更新造林、抚育间伐、林分改造等； ——森林采伐和更新，包括年采伐面积、采伐量、采伐强度、出材量、采伐方式、伐区配置和更新作业等； ——非木质资源经营； ——森林健康和森林保护，包括林业有害生物防控、森林防火、林地生产力维护、森林集水区管理、生物多样性保护等； ——野生动植物保护，特别是珍贵、稀有、濒危物种的保护； ——森林经营基础设施建设与维护； ——投资估算和效益分析； ——森林经营的生态与社会影响评估； ——方案实施的保障措施； ——与森林经营活动有关的必要图表。	核查森林经营方案及其附属文件内容与所要求内容的完整性及与相关规定的符合性。
3.4.1.5　在信息许可的前提下，向当地社区或上一级行政区的利益方公告森林经营方案的主要内容，包括森林经营的范围和规模、主要的森林经营措施等信息。	1. 与管理人员访谈，核查森林经营方案概要及主要森林经营活动(如采伐)公告或公示的方式和内容； 2. 核查有关森林经营方案摘要文本及公开公示的记录； 3. 与利益方访谈，核查其获取森林经营方案概要和主要营林活动的途径。
3.4.2　根据森林经营方案开展森林经营活动	
3.4.2.1　森林经营单位应明确实施森林经营方案的职责分工。	查阅森林经营方案相关内容，及与相关管理人员访谈，核查森林经营方案实施的保障体系、各经营活动的负责部门及职责分工等。
3.4.2.2　根据森林经营方案，制定年度作业计划。	查阅所编制的年度作业计划，确认其内容已涵盖了抚育、采伐、森林保护与森林防火等主要经营活动，并与经营方案一致。
3.4.2.3　积极开展科研活动或者支持其他机构开展科学研究。	核查所开展科研活动情况、成果资料及科研基地的情况。
3.4.3　适时修订森林经营方案	
3.4.3.1　森林经营单位及时了解与森林经营相关的林业科技动态及政策信息。	与管理人员访谈，并查阅相关记录、文件，核查受审核方了解、掌握或参与最新相关科技信息、政策动态的途径及现状。

（续）

GB/T 28951 －2012 指标体系	验证方法
3.4.3.2　根据森林资源的监测结果、最新科技动态及政策信息（包括与木材、非木质林产品和与森林服务有关的最新的市场和经济活动），以及环境、社会和经济条件的变化，适时（不超过10年）修订森林经营方案。	1. 查阅森林经营方案修订的计划及相关制度，包括编制或修订的机构、人员等； 2. 核查有效期内最新调整的森林经营方案内容或记录及其合理性，反映最新监测结果、科技动态与政策信息的情况； 3. 查阅森林经营方案的修订要求及修订期限（不超过10年）。
3.4.4　对林业职工进行必要的培训和指导，使他们具备正确实施作业的能力	
3.4.4.1　森林经营单位应制定林业职工培训制度。	与管理人员访谈，并查阅有关文件，核查现有的针对职工的培训制度，包括培训的部门和人员、培训对象、培训计划和培训内容等。
3.4.4.2　林业职工受到良好培训，了解并掌握作业要求。	1. 查阅相关的培训记录、培训教材、考核档案或重要工种和专业技术人员的操作证、技能证书等； 2. 与管理人员及员工访谈，核查培训制度的执行情况、培训效果及完整性，以及对作业要求的掌握情况； 3. 现场核查作业工人的作业与相关法规、规程或标准的符合性。
3.4.4.3　林业职工在野外作业时，专业技术人员对其提供必要的技术指导。	1. 核查野外作业专业技术指导人员名单、作业指导内容或相关记录； 2. 与现场指导人员和作业工人访谈，核查有关培训及了解作业技术规程情况； 3. 现地核查已配备野外作业的培训指导人员。

7.5　森林资源培育和利用

对“森林资源培育和利用”有关指标宜按照表5中所列的验证方法进行审核。

表5

GB/T 28951 －2012 指标体系	验证方法
3.5.1　应按作业设计开展森林经营活动	
3.5.1.1　森林经营单位根据经营方案和年度作业计划，编制作业设计，按批准的作业设计开展作业活动。	1. 查阅受审核方编制的作业设计资料、图表，作业实施、检查记录、验收报告或验收表以及工作工作总结等，核查作业设计及其实施与经营方案、作业计划的一致性； 2. 与管理人员或员工访谈及现场审核，核查森林作业设计（如伐区作业设计资料）的执行情况。
3.5.1.2　在保证经营活动更有利于实现经营目标和确保森林生态系统完整性的前提下，可对作业设计进行适当调整。	与管理者访谈及查阅作业设计文本，核查调整的依据和调整的内容。
3.5.1.3　作业设计的调整内容要备案。	核查调整后的作业设计存档文件。
3.5.2　森林经营活动要有明确的资金投入，并确保投入的规模与经营需求相适应	
3.5.2.1　森林经营充分考虑经营成本和管理运行成本的承受能力。	与财务人员访谈，查阅年度决算报告、财务分析报告、当年财务预算等文件，了解森林经营活动资金投入的种类和金额、成本效益以及与经营需求相适应的情况。

(续)

GB/T 28951－2012 指标体系	验证方法
3.5.2.2　保证对森林可持续经营的合理投资规模和投资结构。	查阅近几年有关收入、支出、利润、投资结构、投资规模(如造林、森林抚育、病虫害防治、森林防火等)等财务文件或报告，核查在森林经营及环境保护、社会利益等方面支出情况及其合理性。
3.5.3　开展林区多种经营，促进当地经济发展	
3.5.3.1　森林经营单位积极开展林区多种经营，可持续利用多种木材和非木质林产品，如林果、油料、食品、饮料、药材和化工原料等。	1. 与管理人员访谈，核查林区开展多种经营的情况，包括木材和非木质林产品开发的数量、规模、收入、成本效益及多种经营收入所占的比重等； 2. 核查有关木材和多种经营生产的相关记录及产量变化趋势； 3. 与利益方访谈，核查重要非木质林产品的可持续利用情况； 4. 现场核查林区开展多种经营的情况。
3.5.3.2　制定主要非木质林产品的经营规划，包括培育、保护和利用的措施。	查阅主要非木质林产品利用或多种资源开发利用规划(或森林经营方案的相关内容)，包括开发利用的非木质林产品或多种资源的调查资料、保护措施、规模、收益等方面的文件。
3.5.3.3　在适宜立地条件下，鼓励发展能形成特定生态系统的传统经营模式，如萌芽林或矮林经营。	现场核查特定生态系统(如萌芽林或矮林)的形成条件及经营模式。
3.5.4　种子和苗木的引进、生产及经营应遵守国家或地方相关法律法规的要求，保证种子和苗木的质量	
3.5.4.1　森林经营单位对林木种子和苗木的引进、生产及经营符合国家和地方相关法律法规的要求。	1. 与管理者和员工访谈，核查受审核方引进、生产和经营种子和苗木的情况； 2. 查阅相关法律法规文本及引进、生产、经营种子、苗木的记录或报告； 3. 与管理人员或员工访谈及现场核查，核查种子、苗木的引进、生产和经营情况与国家或地方相关法律法规要求的符合性。
3.5.4.2　从事林木种苗生产、经营的单位，应持有县级以上林业行政主管部门核发的“林木种子生产许可证”和“林木种子经营许可证”，并按许可证的规定进行生产和经营。	1. 核查林木种苗生产、经营的单位提供的林业行政主管部门核发的“林木种子经营许可证”、“林木种子生产许可证”及生产经营档案； 2. 现场审核并与员工访谈，核查有关种苗生产经营与许可经营范围的符合性。
3.5.4.3　在种苗调拨和出圃前，按国家或地方有关标准进行质量检验，并填写种子、苗木质量检验检疫证书。	1. 查阅种苗质量检验检疫单、台账及发出的检验检疫证书副本等记录； 2. 现场核查种苗的质量及种苗调拨的过程。
3.5.4.4　从国外引进林木种子、苗木及其他繁殖材料，应具有林业行政主管部门进口审批文件和检疫文件。	1. 与管理者访谈，核查受审核方从国外引进林木种子、苗木及其他繁殖材料的情况； 2. 查阅引进林木种子、苗木及其他繁殖材料的审批文件、检疫文件及过程记录。
3.5.5　按照经营目标因地制宜选择造林树种，优先考虑乡土树种，慎用外来树种	
3.5.5.1　森林经营单位根据经营目标和适地适树的原则选择造林树种。	1. 与管理人员和员工访谈或查阅相关文件，核查所选择树种的种类及其依据，树种选择与经营目标和立地条件的符合性； 2. 现场核查所营造林树种的立地条件及适生性。

（续）

GB/T 28951－2012 指标体系	验证方法
3.5.5.2　优先选择乡土树种造林，且尽量减少营造纯林。	1. 查阅造林树种造林清单、更新造林统计报表、造林设计及验收记录，核查树种来源和营造方式； 2. 现场核查造林树种的种类及营造方式。
3.5.5.3　根据需要，可引进不具入侵性、不影响当地植物生长，并能带来环境、经济效益的外来树种。	1. 与管理人员访谈，核查使用或引进外来树种的种类及依据； 2. 查阅所引进的外来树种及相关的适应性文献、审批文件及过程记录(包括种类、数量清单等)； 3. 现场核查外来树种产生的环境和经济影响。
3.5.5.4　用外来树种造林后，应认真监测其造林生长情况及其生态影响。	1. 查阅外来树种的造林记录，有关生长、成活率、保存率、病虫害和环境影响等方面的监测记录； 2. 现场核查外来树种的生态影响； 3. 与科研单位等利益方访谈，确认外来树种引进的安全性。
3.5.5.5　不得使用转基因树种。	核查造林树种清单、相关证明及现场核查所营造林树种，确定未使用转基因树种。
3.5.6　无林地(包括无立木林地和宜林地)的造林设计和作业符合当地的立地条件和经营目标，并有利于提高森林的效益和稳定性	
3.5.6.1　森林经营单位造林设计和作业的编制应符合国家和地方相关技术标准和规定。	与管理人员及相关技术人员访谈，并查阅相关技术标准和规定及造林作业设计文件，核查作业设计及其编制过程与相关标准或规程的符合性。
3.5.6.2　造林设计符合经营目标的要求，并制定合理的造林、抚育、间伐、主伐和更新计划。	与管理人员及相关技术人员访谈，并查阅有关造林、抚育、间伐、主伐等作业计划和设计资料，确定其符合经营目标的情况。
3.5.6.3　采取措施，促进林分结构多样化和增强林分的稳定性。	1. 与管理人员访谈，并查阅作业设计等相关文件，核查受审核方采取的促进林分结构多样化和增加林分稳定性的措施； 2. 现场核查采取的措施及效果。
3.5.6.4　根据森林经营的规模和野生动物的迁徙规律，建立野生动物走廊。	1. 查阅有关建立野生动物廊道的设计及图件等文件； 2. 现场核查野生动物廊道设置的科学性与合理性。
3.5.6.5　造林布局和规划有利于维持和提高自然景观的价值和特性，保持生态连贯性。	1. 查阅有关造林设计资料、现场核查或利益方访谈，确定造林布局和规划对自然景观价值及特性评价的影响； 2. 现场核查造林布局对自然景观的影响。
3.5.6.6　应考虑促进荒废土地和无立木林地向有林地的转化。	1. 查阅有关文件及与管理人员访谈，确定林区内存在的荒废土地和无立木林地类型、面积及相关恢复计划； 2. 现场核查这些林地的转化或恢复情况。
3.5.7　依法进行森林采伐和更新，木材和非木质林产品消耗率不得高于资源的再生能力	
3.5.7.1　森林经营单位根据森林资源消耗量低于生长量、合理经营和可持续利用的原则，确定年度采伐量。	1. 与管理人员或相关技术人员访谈，并查阅森林经营方案等文件，核查年度合理采伐量计算的依据及其合理性； 2. 查阅主管部门批准的年度采伐计划文件及本单位的年度生产计划，与年度合理采伐量进行比较，确认不高于年度合理采伐量。

(续)

GB/T 28951－2012 指标体系	验证方法
3.5.7.2　采伐林木具有采伐许可证，按许可证的规定进行采伐。	1. 查阅采伐许可证、采伐记录和采伐验收报告等文件； 2. 现场核查实际采伐情况与采伐许可证的符合性。
3.5.7.3　保存年度木材采伐量和采伐地点的记录。	查阅山场采伐作业表、检尺野账及统计表等有关采伐记录。
3.5.7.4　森林采伐和更新符合《森林采伐更新管理办法》和《森林采伐作业规程》的要求。	1. 查阅相关规程及森林采伐更新作业设计、检查验收报告或上级检查验收结果等文件或记录； 2. 现场核查并与利益方访谈，确认采伐更新作业与法规的符合性。
3.5.7.5　木材和非木质林产品的利用未超过其可持续利用所允许的水平。	1. 与管理人员访谈，并查阅木材和非木质林产品资源统计表、资源消耗统计表、资源消长监测数据及产量统计表等记录，确认木材实际采伐量未超过采伐许可量； 2. 查阅有关记录或利益方访谈，核查非木质林产品资源及产量的变化趋势，确定其生产的可持续性。
3.5.8　森林经营应有利于天然林的保护与更新	
3.5.8.1　森林经营单位采取有效措施促进天然林的恢复和保护。	1. 与管理人员访谈，并查阅有关文件，确认受审核方采取的促进天然林的保护与更新的措施，如低强度择伐、封山育林、林冠下造林、人工促进天然更新等； 2. 现场核查并与利益方访谈，确认这些措施的有效性及天然林的恢复和保护情况。
3.5.8.2　除非满足以下条件，否则不得将森林转化为其他土地使用类型(包括由天然林转化为人工林)： ——符合国家和当地有关土地利用及森林经营的法律法规和政策，得到政府部门批准，并与有关利益方进行直接协商； ——转化的比例很小； ——不对下述方面造成负面影响： ●受威胁的森林生态系统； ●具有文化及社会重要意义的区域； ●受威胁物种的重要分布区； ●其他受保护区域； ——有利于实现长期的生态、经济和社会效益，如低产次生林的改造。	1. 同3.1.3.2、3.1.3.3。如发生林地用途改变，核查受审核方林地征用和占用记录，以及改变林地用途的情况，核查有关利益方的同意书、申报文件和相关部门的审批文件； 2. 现场核查及与员工或利益方访谈，核查受审核方林地使用与法律法规和审批文件的符合性，并已与有关利益方协商； 3. 文件查阅和现场审核，核查征占用林地和林地转化的地点、规模和性质，确定对森林生态系统的完整性、具有社会文化意义场所、受威胁物种及其他保护区域、森林破碎化的现地影响。
3.5.8.3　在遭到破坏的天然林(含天然次生林)林地上营造的人工林，根据其规模和经营目标，划出一定面积的林地使其逐步向天然林转化。	1. 与管理人员访谈，并查阅有关文件或资料，核查受审核方采取的促进天然林恢复的措施，特别是针对生态公益林内的人工林； 2. 现场核查所划定的地块及转化的效果。
3.5.8.4　在天然林毗邻地区营造的以生态功能为主的人工林，积极诱导其景观和结构向天然林转化，并有利于天然林的保护。	1. 与管理人员访谈，并查阅有关文件或资料，核查有关诱导以生态功能为主的人工林向天然林转化采取的措施及相关证据； 2. 现场核查有关人工林转化的情况和效果。
3.5.9　森林经营应减少对资源的浪费和负面影响	

（续）

GB/T 28951－2012 指标体系	验证方法
3.5.9.1　森林经营单位采用对环境影响小的森林经营作业方式，以减少对森林资源和环境的负面影响，最大限度地降低森林生态系统退化的风险。	1. 与管理人员访谈，查阅采伐作业设计及采伐作业等文件，确认有关确保尽量减少或避免对森林资源的浪费或造成负面影响的措施，与最佳森林作业规程的符合性； 2. 现场核查森林经营作业对森林资源和环境的影响，包括育苗、造林、采伐、更新、修路、运输等。
3.5.9.2　避免林木采伐和造材过程中的木材浪费和木材等级下降。	1. 查阅有关规程、措施或指南文件，伐区验收单及造材野账、台账等； 2. 现场核查林木采伐和造材过程中有无造成木材浪费或木材等级下降情况，包括采伐设计的技术避免原木折损、木材降级和对林分的破坏，采伐作业产生的废材减至最低，清林方式合理，留下足够的剩余物保存土壤肥力等。
3.5.10　鼓励木材和非木质林产品的最佳利用和深加工	
3.5.10.1　森林经营单位制定并执行各种促进木材和非木质林产品最佳利用的措施。	1. 与管理人员访谈，查阅有关文件，核查受审核方采取的鼓励木材和非木质林产品的最佳利用和深加工的措施； 2. 现场核查具体措施的落实情况。
3.5.10.2　鼓励对木材和非木质林产品进行深加工，提高产品附加值。	1. 与管理人员访谈，查阅有关记录，核查有关深加工利用规划、计划及加工利用效益情况； 2. 现场核查开展木材和非木质林产品深加工的情况。
3.5.11　规划、建立和维护足够的基础设施，最大限度地减少对环境的负面影响	
3.5.11.1　森林经营单位应规划、建立充足的基础设施，如林道、集材道、桥梁、排水设施等，并维护这些设施的有效性。	1. 核查受审核方所制定的有关基础设施的规划及其合理性； 2. 现场核查基础设施的建设情况。
3.5.11.2　基础设施的设计、建立和维护对环境的负面影响最小。	1. 查阅有关项目建设环境影响评价报告文本或说明、采取的规避负面环境影响的措施； 2. 现场核查基础设施建设的环境影响。

7.6　生物多样性保护

对“森林生物多样性保护”有关指标宜按照表 6 中所列的验证方法进行审核。

表 6

GB/T 28951－2012 指标体系	验证方法
3.6.1　存在珍贵、稀有、濒危动植物种时，应建立与森林经营范围和规模以及所保护资源特性相适应的保护区域，并制定相应保护措施	
3.6.1.1　森林经营单位备有相关的参考文件，如《濒危野生动植物种国际贸易公约》附录Ⅰ、Ⅱ、Ⅲ和《国家重点保护植物名录》等。	查阅受审核方收集的相关文件，包括《濒危野生动植物种国际贸易公约》、《国家重点保护野生植物名录》、《国家重点保护野生动物名录》等。
3.6.1.2　确定本地区需要保护的珍贵、稀有、濒危动植物种及其分布区，并在地图上标注。	1. 核查本地区需要保护的珍贵、稀有、濒危动植物种名录、本地区需要保护的珍贵、稀有、濒危动植物种分布图等文件及其判定的依据； 2. 与有关管理人员交谈，确认其对本地区需要保护的或受审核方经营范围内分布的珍贵、稀有、濒危动植物种的熟悉情况。

(续)

GB/T 28951 -2012 指标体系	验证方法
3.6.1.3 根据具体情况，划出一定的保护区域和生物走廊带，作为珍贵、稀有、濒危动植物种的分布区。若不能明确划出保护区域或生物走廊带时，则在每种森林类型中保留足够的面积。同时，上述区域的划分要考虑到野生动物在森林中的迁徙。	1. 查阅有关划定保护区域的资料或报告，以及划定的保护区域的地图，确定经营区内保护区域的面积、类型等信息及划定的依据； 2. 现场核查划定的保护区域，确定有明显的边界标志； 3. 与相关管理人员访谈，核查管理区内划定的保护区域的分布情况及其划定的充分性与合理性。
3.6.1.4 制定针对保护区、保护物种及其生境的具体保护措施，并在森林经营活动中得到有效实施。	1. 与管理人员访谈，查阅有关保护区域的文件和记录，核查受审核方采取的具体保护措施和保护措施实施的记录，如巡查记录等； 2. 现场核查划定的保护区域，确定有明显的边界标志；核查保护措施的落实及效果，例如不存在生产性采伐、没有过多的人为活动等； 3. 与管理人员和野外作业人员访谈，确认了解保护区域内实施的保护措施以及保护效果。
3.6.1.5 未开发和利用国家和地方相关法律法规或相关国际公约明令禁止的物种。	1. 与管理人员和其他利益方访谈，确认没有开发和利用国家和地方相关法律法规或相关国际公约明令禁止的物种； 2. 现场核查未发现使用和利用禁止的物种。
3.6.2 限制未经许可的狩猎、诱捕及采集活动	
3.6.2.1 森林经营单位的狩猎、诱捕和采集符合有关野生动植物保护方面的法规，依法申请狩猎证和采集证。	1. 查阅有关狩猎、诱捕和采集的管理规定和相关文件，有关申请记录和证件以及有关巡查、处罚和采集量登记的记录； 2. 现场审核，确认不存在狩猎、诱捕及过量的采集活动及违法行为； 3. 与管理人员和当地社区访谈，核查关于狩猎、诱捕、采集的规定或政策及执行情况。
3.6.2.2 狩猎、诱捕及采集符合国家有关猎捕量和非木质林产品采集量的限额管理政策。	同3.6.2.1，重点核查符合国家限额管理政策的情况。
3.6.3 保护典型、珍稀、脆弱的森林生态系统，保持其自然状态	
3.6.3.1 森林经营单位通过调查确定其经营范围内典型、稀有、脆弱的森林生态系统。	1. 与管理人员及相关技术人员访谈，确认经营区内已划定的典型生态系统及其划定依据； 2. 查阅有关划定典型、稀有、脆弱森林生态系统的调查资料和报告，划定的典型森林生态系统的地图； 3. 现场核查划定的典型森林生态系统。
3.6.3.2 制定保护典型、稀有、脆弱的生态系统的措施。	1. 核查有关典型生态系统保护措施的文件； 2. 与管理人员和野外作业人员访谈，确认所采取的保护措施； 3. 现场核查所采取的保护措施及效果。
3.6.3.3 实施保护措施，维持和提高典型、稀有、脆弱的生态系统的自然状态。	同3.6.3.2，重点核查保护措施的效果，以及典型、珍稀、脆弱的生态系统的自然状态的保护情况。
3.6.3.4 识别典型、稀有、脆弱的森林生态系统时，应考虑全球、区域、国家水平上具有重要意义的物种自然分布区和景观区域。	1. 与管理人员和有关技术人员，查阅有关划定典型、稀有、脆弱森林生态系统的资料或报告、划定的典型森林生态系统的地图，确认划定典型生态系统的依据和过程； 2. 现场核查重要的物种分布区和景观区域已得到划定和保护。
3.6.4 森林经营应采取措施恢复、保持和提高森林生物多样性	

（续）

GB/T 28951－2012 指标体系	验证方法
3.6.4.1　森林经营单位考虑采取下列措施保持和提高生物多样性： ——采用可降低负面影响的作业方式； ——森林经营体系有利于维持和提高当地森林生态系统的结构、功能和多样性； ——保持和提高森林的天然特性。	1. 与管理人员和相关技术人员访谈，并查阅森林经营单位关于采伐方式、采伐强度、采伐季节、集材方式、整地方式等的作业管理规定或指南，造林、抚育和采伐的作业设计，确认有关避免或减少作业的负面影响、保护生物多样性功能和结构以及促进森林天然特性的措施； 2. 现场审核，确认这些措施的有效性及作业方式的实际影响，如查看造林、抚育和采伐现场，确认不存在负面影响较大的作业方式；查看不存在砍伐天然林，种植人工纯林或经济林的现象等； 3. 与管理人员和野外作业人员访谈，核查关于造林、抚育和采伐等作业活动的作业方式、强度、使用的机械设备及其影响。
3.6.4.2　考虑对森林健康和稳定性以及对周边生态系统的潜在影响，应尽可能保留一定数量且分布合理的枯立木、枯倒木、空心树、老龄树及稀有树种，以维持生物多样性。	1. 查阅关于处理枯立木、枯倒木、空心树、老龄树及稀有树种的管理规定或作业规程；查看经营方案或作业设计等相关文件，确认已贯彻了这些要求； 2. 现场核查林地中的枯立木、枯倒木、空心树、老龄树及稀有树种的保留情况及与规定或指南的符合性； 3. 与管理人员和野外作业人员访谈，确认其了解关于枯立木、枯倒木、空心树、老龄树及稀有树种的要求及保留情况。

7.7　环境影响

对“环境影响”有关指标宜按照表 7 中所列的验证方法进行审核。

表 7

GB/T 28951－2012 指标体系	验证方法
3.7.1　考虑森林经营作业对森林生态环境的影响	
3.7.1.1　森林经营单位根据森林经营的规模、强度及资源特性，分析森林经营活动对环境的潜在影响。	1. 查阅对森林经营活动潜在环境影响的基本分析报告或相关文件，如森林采伐、抚育、造林、清林、炼山、基础设施建设、多种经营、病虫害防治、防火带等； 2. 与管理人员或技术人员访谈，核查森林经营活动对环境的潜在影响，确认上述报告或文件的依据和分析过程。
3.7.1.2　根据分析结果，采用特定方式或方法，调整或改进森林作业方式，减少森林经营活动（包括使用化肥）对环境的影响，避免导致森林生态系统的退化和破坏。	1. 查阅关于减少潜在环境影响措施的文件；查阅造林、抚育和采伐作业设计，确认在作业设计中贯彻了上述措施； 2. 与管理人员或野外作业人员访谈，确认对上述措施的了解程度及实施情况； 3. 现场核查所采取措施的落实情况及效果，以及森林经营活动对环境和森林生态系统所造成的实际影响。
3.7.1.3　对改进的经营措施进行记录和监测，以确保改进效果。	1. 查阅造林、抚育、采伐作业的验收文件，验收中发现问题的整改记录等； 2. 现场核查造林、抚育、采伐作业现场，确认实施了相关改进措施； 3. 与管理人员及验收人员访谈，确认改进措施的记录和监测制度以及整改措施的落实情况。
3.7.2　森林经营作业应采取各种保护措施，维护林地的自然特性，保护水资源，防止地力衰退	

（续）

GB/T 28951－2012 指标体系	验证方法
3.7.2.1　森林经营单位在森林经营中，应采取有效措施最大限度地减少整地、造林、抚育、采伐、更新和道路建设等人为活动对林地的破坏，维护森林土壤的自然特性及其长期生产力。	1. 查阅有关整地、造林、抚育、采伐、更新和道路建设的作业规范或指南，核查受审核方所采取的避免环境影响的措施；上述作业活动的作业设计，确认贯彻了规范或指南中关于环境影响的措施； 2. 现场审核，查看整地、造林、抚育、采伐、更新和道路建设的作业现场，确认这些措施的实施和效果、森林经营活动对土壤产生的实际影响； 3. 与管理人员和作业人员访谈，确认有关减少作业活动所产生环境和土壤影响的措施及效果。
3.7.2.2　减少森林经营对水资源质量、数量的不良影响，控制水土流失，避免对森林集水区造成重大破坏。	1. 核查具有关于水资源保护的要求或指南中受审核方所采取的保护措施；森林经营范围内水资源分布的地图；临近水资源的作业地点的作业设计；如需要，查阅水质监测报告等文件； 2. 现场审核，查看水体周围的林地，确认保护措施的实施及有效性，以及森林经营活动对水土流失和水资源的实际影响； 3. 与管理人员和野外作业人员访谈，确认水资源和水土保持的要求、指南或措施的了解及实施情况及效果。
3.7.2.3　在溪河两侧和水体周围，建立足够宽的缓冲区，并在林相图或森林作业设计图中予以标注。	1. 核查有关建立缓冲区要求的文件或指南；森林经营范围内缓冲区分布的地图；确认作业设计中的地图标示出缓冲区； 2. 现场审核，查看在溪河两侧和水体周围，确认设置有足够宽的缓冲区，并且缓冲区受到严格保护； 3. 与管理人员和野外作业人员访谈，确认有关缓冲区的设置情况。
3.7.2.4　减少化肥使用，利用有机肥和生物肥料，增加土壤肥力。	1. 查阅使用的化肥的种类、数量和使用面积的文件以及化肥应用的规范或指南； 2. 现场审核所使用化肥的种类及对土壤的影响； 3. 与管理人员及野外作业人员访谈，确认化肥使用情况及相关要求。
3.7.2.5　通过营林或其他方法，恢复退化的森林生态系统。	1. 查阅恢复退化生态系统的方案或措施以及相关的作业设计； 2. 现场审核，确认实施了退化森林生态系统的恢复措施，以及产生的效果； 3. 与管理人员访谈，确认恢复措施或恢复计划的了解及实施情况。
3.7.3　严格控制使用化学品，最大限度地减少因使用化学品造成的环境影响	
3.7.3.1　森林经营单位应列出所有化学品(杀虫剂、除草剂、灭菌剂，灭鼠剂等)的最新清单和文件，内容包括品名、有效成分、使用方法等。	1. 与有关管理人员访谈，确认受审核方所使用的化学品种类及使用情况； 2. 查阅有关文件，如使用的化学品的种类、数量、使用面积及有效成分和使用方法清单；化学品使用的规范或指南；化学防治年度计划； 3. 与管理人员访谈并现场审核化学品仓库，确认实际的化学品与清单上所列的一致。
3.7.3.2　除非没有替代选择，否则禁止使用世界卫生组织1A和1B类杀虫剂，以及国家法规禁止的其他高剧毒杀虫剂。	1. 查阅相关文件，如世界卫生组织1A和1B类化学品名录；国家法律法规禁止使用的化学品名录；化学品使用记录，核查所使用的化学品不属上述禁止使用的种类； 2. 与管理人员访谈，并现场审核造林地、幼林抚育地，确认没有使用世界卫生组织1A和1B类杀虫剂，以及国家相关法律法规禁止的其他高剧毒杀虫剂或化学品。

（续）

GB/T 28951－2012 指标体系	验证方法
3.7.3.3　禁止使用氯化烃类化学品，以及其他可能在食物链中残留生物活性和沉积的其他杀虫剂。	1. 查阅化学品使用记录，确认使用的化学品非禁止使用的氯化烃类化学品； 2. 现场审核造林地、幼林抚育地，确认没有使用氯化烃类化学品的现象。
3.7.3.4　保存安全使用化学品的过程记录，并遵循化学品安全使用指南，采用恰当的设备并进行培训。	1. 查阅化学品使用规范或指南、化学品使用培训制度和记录、化学品使用记录； 2. 现场审核，确认使用化学品的工人配备了适当的设备； 3. 与管理人员及作业工人访谈，确认针对化学品操作的工人已接受培训，并了解使用的要求。
3.7.3.5　备有化学品的运输、储存、使用以及事故性溢出后的应急处理程序。	1. 查阅化学品存储、运输、使用指南及应急处理程序；化学品运输、储存的记录；查阅化学品事故记录； 2. 现场审核化学品仓库，确认化学品的储存及防溢出符合相关要求；确认化学品仓库有应对紧急事故的设施和设备，例如冲洗水槽等； 3. 与管理人员访谈，确认了解上述指南和应急处理程序；与化学品操作的工人交谈，确认其经过了相关培训并核查保存的化学品处理记录。
3.7.3.6　应确保以环境无害的方式处理无机垃圾和不可循环利用的垃圾。	1. 查阅处理垃圾的规定或指南以及垃圾处理记录； 2. 现场审核，到林地和管理区域内查看垃圾及处理方式，特别是苗圃、野外住宿点、林下经济种植点或养殖点； 3. 与管理人员访谈，确认垃圾的收集方式、时间、地点等。
3.7.3.7　提供适当的装备和技术培训，最大限度地减少因使用化学品而导致的环境污染和对人类健康的危害。	1. 查阅化学品使用培训记录以及化学品装备使用记录； 2. 现场审核，确认使用化学品的工人配备了适当的装备； 3. 与管理人员及作业工人访谈，确认针对化学品操作的工人已接受培训，并了解使用的要求，以及化学品使用对环境和工人健康的影响。
3.7.3.8　采用符合环保要求的方法及时处理化学品的废弃物和容器。	1. 查阅关于化学品废弃物和容器处理的管理规定或指南以及处理记录； 2. 现场审核，林地现场没有乱扔的化学品废弃物或容器，特别是在溪流边、森林中的农地等地点，以及化学品废弃物和容器的处理方式； 3. 与管理人员及作业工人访谈，确认化学品废弃物和容器的处理程序及要求以及处理方式。
3.7.3.9　开展森林经营活动时，应严格避免在林地上的漏油现象。	1. 查阅关于林地中油料管理的规范或指南； 2. 现场核查作业现场的漏油情况，特别是采伐、整地、运输作业现场； 3. 与作业人员访谈，确认有关油料管理的要求。
3.7.4　严格控制和监测外来物种的引进，防止外来入侵物种造成不良的生态后果	
3.7.4.1　森林经营单位应对外来物种严格检疫并评估其对生态环境的负面影响，在确保对环境和生物多样性不造成破坏的前提下，才能引进外来物种。	1. 查阅关于引进外来物种的规定和政策，包括国家和地方的法规、森林经营单位的规定，以及引进的相关审批文件、适应性文献或评估报告等； 2. 现场核查引进的外来物种情况及其对生态环境的影响； 3. 与管理人员访谈，确认所引进的外来物种及其要求和影响。
3.7.4.2　对外来物种的使用进行记录，并监测其生态影响。	1. 查阅外来物种引进的审批文件和监测记录； 2. 现场审核，确认对外来物种进行了监测，并且没有不良的生态影响。

(续)

GB/T 28951－2012 指标体系	验证方法
3.7.4.3　制定并执行控制有害外来入侵物种的措施。	1. 查阅有关文件中控制有害生物的措施； 2. 现场审核，如有入侵物种，现地查看所采取的措施及其有效性； 3. 与管理人员访谈，确认所采取的措施。
3.7.5　维护和提高森林的环境服务功能	
3.7.5.1　森林经营单位了解并确定经营区内森林的环境服务功能。	1. 查阅关于经营区内森林环境服务功能描述的文件或报告及其确定的依据； 2. 与管理人员访谈，确认其了解其经营区所具有的森林环境服务功能。
3.7.5.2　采取措施维护和提高这些森林的环境服务功能。	1. 查阅有关文件中受审核方所采取的维持和提高经营区内森林环境服务功能的措施； 2. 现场审核，确认这些措施的有效性，确认森林的环境服务功能没有因经营遭到破坏，特别是开矿、养殖、放牧等人为活动，或已得到维护和提高； 3. 与管理人员访谈，确认所采取的措施及效果。
3.7.6　尽可能减少动物种群和放牧对森林的影响	
3.7.6.1　森林经营单位应采取措施尽可能减少动物种群对森林更新、生长和生物多样性的影响。	1. 与管理人员访谈，并查阅有关文件，确定受审核方所采取的有关减少动物种群和放牧对森林的影响的措施，如供加强对新造林地、更新地的放牧管理，减少动物种群和放牧对新植苗、幼树生长和生物多样性影响的证据等； 2. 现场核查这些措施的执行情况及效果。
3.7.6.2　采取措施尽可能减少过度放牧对森林更新、生长和生物多样性的影响。	同3.7.6.1。

7.8　森林保护

对“森林保护”有关指标宜按照表8中所列的验证方法进行审核。

表8

GB/T 28951－2012 指标体系	验证方法
3.8.1　制定林业有害生物防治计划，应以营林措施为基础，采取有利于环境的生物、化学和物理措施，进行林业有害生物综合防治	
3.8.1.1　森林经营单位的林业有害生物防治，应符合《森林病虫害防治条例》的要求。	1. 与管理人员及作业工人访谈，确认林区存在的有害生物及其防治制度和措施，包括防治机构、人员和具体措施及实施情况； 2. 查阅病虫害防治条例以及有害生物防治计划和森林病虫害防治计划，确认其符合性； 3. 现场审核相关的有害生物防治设备和防治措施与法规的符合性。
3.8.1.2　开展林业有害生物的预测预报，评估潜在的林业有害生物影响，制定相应的防治计划。	同3.8.1.1。查阅有害生物预测预报制度、预测预报的人员和设备配置以及预测预报的相关记录。
3.8.1.3　采取营林措施为主，生物、化学和物理防治相结合的林业有害生物综合治理措施。	同3.8.1.1，确认防治方法的科学性和有效性。

（续）

GB/T 28951－2012 指标体系	验证方法
3.8.1.4　采取有效措施，保护森林内的各种有益生物，提高森林自身抵御林业有害生物的能力。	1. 与管理人员及作业工人访谈，确认林区内的有益生物及保护措施； 2. 查阅保护有益生物的措施以及相关记录； 3. 现场审核确认措施的实施和有效性。
3.8.2　建立健全的森林防火制度，制定并实施防火措施	
3.8.2.1　根据《森林防火条例》，森林经营单位应建立森林防火制度。	与管理人员访谈并查阅相关文件，确认受审核方建立的防火制度，包括防火机构、人员、设备、有关规定、预案、培训等，确认其与森林防火条例的符合性。
3.8.2.2　划定森林火险等级区，建立火灾预警机制。	1. 查看森林火险等级区划分方案或计算机管理系统以及火灾预警机制； 2. 现场核查并与管理人员访谈，确认建立的火险等级区划分及相关的预警机制的运行。
3.8.2.3　制定和实施森林火情监测和防火措施。	1. 查阅森林火情监测制度、防火措施、防火预案、监测记录以及培训记录； 2. 与管理人员和防火作业人员访谈，确认相关监测制度和防火措施； 3. 现场审核，确认有关监测设施及措施的运行和有效性，如防火指挥中心或瞭望塔按要求进行监测执勤等。
3.8.2.4　建设森林防火设施，建立防火组织，制定防火预案，组织本单位的森林防火和扑救工作。	同3.8.2.3。重点核查所制定的防火组织以及建设的防火措施和防火组织。
3.8.2.5　进行森林火灾统计，建立火灾档案。	1. 查阅森林火灾统计记录及火灾档案； 2. 与管理人员交谈，确认火灾统计的要求和规定。
3.8.2.6　林区避免使用除生产性用火外的一切明火。	1. 查阅林区用火的管理规定、林区用火检查记录； 2. 现场审核，确认有检查人员对野外用火进行监督和检查； 3. 与管理人员访谈，确认有关野外用火规定和要求的了解与实施情况。
3.8.3　建立健全自然灾害应急措施	
3.8.3.1　根据当地自然和气候条件，森林经营单位应制定自然灾害应急预案。	1. 与管理人员访谈，确认自然灾害发生的类型及应急措施； 2. 查阅受审核方的自然灾害应急预案。
3.8.3.2　采取有效措施，最大程度减少自然灾害的影响。	1. 查阅有关自然灾害应急预案和有关文件或记录中所采取的措施； 2. 现场审核，确认为减少自然灾害采取措施的有效性； 3. 与管理人员交谈，确认相关措施。

7.9　森林监测和档案管理

对“森林监测和档案管理”有关指标宜按照表9中所列的验证方法进行审核。

表 9

GB/T 28951－2012 指标体系	验证方法
3.9.1　建立森林监测体系，对森林资源进行适时监测	
3.9.1.1　根据上级林业主管部门的统一安排，开展森林资源调查，森林经营单位应建立森林资源档案制度。	1. 与管理人员及有关技术人员访谈，核查受审核方所建立的森林资源调查和森林资源档案制度； 2. 查阅森林资源档案以及森林资源调查资料。
3.9.1.2　根据森林经营活动的规模和强度以及当地条件，确定森林监测的内容和指标，建立适宜的监测制度和监测程序，确定森林监测的方式、频度和强度。	1. 与管理人员访谈，确认受审核方开展森林监测的制度，包括机构、人员、监测设施、监测内容、监测程序以及监测的方式、频度和强度等内容； 2. 查阅森林监测方案、监测记录以及监测结果的分析研究报告； 3. 现场审核监测样地，确认监测制度的运行、监测活动的开展及其有效性。
3.9.1.3　在信息许可的前提下，定期向公众公布森林监测结果概要。	1. 与管理人员访谈，核查森林监测结果概要公布的方式和内容； 2. 查阅森林监测结果的公布资料(照片、网站信息等)； 3. 与利益方访谈，确认森林监测结果概要公布或获取的途径。
3.9.1.4　在编制或修订森林经营方案和作业计划中体现森林监测的结果。	1. 与管理人员和技术人员访谈，核查森林监测结果在编制相关经营方案或作业计划中的应用情况； 2. 查阅森林经营方案、作业设计以及森林监测结果分析研究报告。
3.9.2　森林监测应包括资源状况、森林经营及其社会和环境影响等内容	
3.9.2.1　森林经营单位的森林监测，宜关注以下内容： ——主要林产品的储量、产量和资源消耗量； ——森林结构、生长、更新及健康状况； ——动植物(特别是珍稀、稀有、受威胁和濒危物种)的种类及其数量变化趋势； ——林业有害生物和林火的发生动态和趋势； ——森林采伐及其他经营活动对环境和社会的影响； ——森林经营的成本和效益； ——气候因素和空气污染对林木生长的影响； ——人类活动情况，例如过度放牧或过度畜养； ——年度作业计划的执行情况。	1. 与管理人员访谈，确认森林经营单位所开展监测的内容； 2. 查阅森林监测方案、监测记录、森林资源档案以及年度作业计划执行情况总结等； 3. 现场核查有关森林监测的实施情况。
3.9.2.2　按照监测制度连续或定期地开展各项监测活动，并保存监测记录。	1. 查阅监测记录、培训记录； 2. 与管理人员访谈，确认相关监测活动的开展。
3.9.2.3　对监测结果进行比较、分析和评估。	1. 查阅森林监测结果分析报告； 2. 与管理人员或技术人员访谈，核查其对监测结果进行分析研究的过程和结果。
3.9.3　建立档案管理系统，保存相关记录	
3.9.3.1　森林经营单位应建立森林资源档案管理系统。	1. 查阅森林资源档案管理系统； 2. 与管理人员访谈，确认档案管理系统的管理制度，包括负责人、数据更新、核查等。
3.9.3.2　建立森林经营活动档案系统。	1. 查阅森林经营活动档案系统； 2. 与管理人员访谈，确认档案管理系统的管理制度，包括负责人、数据更新、核查等。

（续）

GB/T 28951－2012 指标体系	验证方法
3.9.3.3　建立木材跟踪管理系统，对木材从采伐、运输、加工到销售整个过程进行跟踪、记录和标识，确保能追溯到林产品的源头。	1. 查阅木材跟踪管理程序，采伐、运输、加工、储存、销售各个环节的记录、统计日报表、月报表和年报表； 2. 现场审核，确认相关程序的实施情况，包括木材检查站、贮木场等； 3. 现场审核，确认已对认证木材和非认证木材进行明确的区分和标识； 4. 与管理人员访谈，确认相关制度、记录的落实情况。

附录 A

（资料性附录）

森林经营认证审核报告提纲

公共摘要信息

认证证书编号			
森林经营单位名称			
网址			
地址			
联系人		电　话	
电子邮件		传　真	

证书编号		证书类型	
发证日期		有效期	

审核日期			
审核范围			
面积			
林地所有权			
纬度/经度			
森林群落类型			
森林类型			
森林组成			
主要树种			
人工林树种			
实际年产量		年允许采伐量	
森林产品			

认证机构联系人			
地址			
电话/手机			
传真			
电子邮件			
报告撰写人		日期	
报告批准人		日期	
标签批准人		日期	

1 概述

1.1 审核范围

介绍审核的目的，即评价受审核方的森林经营活动是否达到审核准则的要求。

审核范围包括描述认证证书范围内的森林类型、权属、林地面积、地理位置(经纬度)等方面信息，以及不包括在认证审核范围内的林地信息及原因。

1.2 受审核方概况

主要描述受审核森林经营单位的所有权、主要营林目标(分社会、环境和经济三个方面)、历史、组织架构、土地使用情况等。

1.3 森林经营体系

1.3.1 地理环境

描述林地所处地理信息、气候特征、生态类型、土壤和水文条件等方面信息。

1.3.2 经营历史

对林地的使用历史和经营发展阶段的概括性描述。

1.3.3 规划过程

森林经营方案的目标，主要内容以及实施情况的介绍。

1.3.4 采伐和更新

介绍林地采伐更新遵循的原则、目前的蓄积量、生长量、采伐限额和实际采伐量等信息。

1.3.5 监测过程

介绍开展监测的情况，包括资源调查、作业监督、环境监测、社会影响监测等内容。

1.4 社会经济与环境

1.4.1 社会方面

对区域内人口、行政区划、劳动力、经济结构构成等方面进行介绍，其中还包括自有工人人数，外包工人人数，农业、林业工人的最低工资，工人中当地人的比例等几方面内容的数据统计。

1.4.2 环境方面

对所属区域的气候特征，环境影响因素等进行描述，并对林地在经营过程中遵循的环境保护要求和环境监测措施进行介绍。

1.4.3 规章制度

需列出与森林经营相关的经济、环境和社会方面的法律法规和政府规章。

2 审核程序

2.1 审核组及审核员资格

就所属单位、从事领域、资格及审核经验等方面对审核组的审核组长、各个审核员以及技术专家进行介绍。

2.2 同行评审专家

同行评审专家的姓名可以保密，不过在评审专家认可的情况下可以列出姓名和所属单位等信息，至少列出相关学历信息。

2.3 审核时间安排

可使用下表：

日期	地点/主要场所	主要活动

2.4　审核策略

描述包括预审在内的所有审核进程，以及审核组的抽样和审核方法，查阅的文件、对所选取样本的林地类型、面积、生物价值、使用程度等影响因素进行现场核查，所开展的利益方访谈等内容。

下面是主审团队所检查的森林经营方面的列表：

现地类型	所检查的现地数量	现地类型	所检查的现地数量
道路建设		非法定居点	
土壤排水		桥梁/溪流交汇点	
工厂		化学品储存	
苗圃		湿地	
采伐后造林地		陡坡/水土流失	
正在采伐地		河岸	
造好的原木		植苗造林	
整地		播种造林	
采伐迹地和造林地		杂草控制	
机械采伐		天然更新	
人工采伐		濒危物种	
集材		野生生物管理	
皆伐现场		自然保护区	
带状采伐		重要生境	
择伐		特殊经营区	
卫生伐		历史遗迹	
非商品性抚育间伐		游憩场所	
商品性抚育间伐		缓冲区	
伐木营地		当地社区	

2.5　利益相关者访谈程序

对利益方的访谈包括三个方面：①确保利益方知道本次审核的安排及目的；②帮助现场审核人员了解潜在问题；③针对审核发现，为利益方提供各种机会进行讨论。该程序不仅只通知利益方，还应尽可能与利益方就具体和深层次问题进行交流。

3　审核发现及结果

3.1　利益方的意见

可利用下表描述所收集的利益方的意见及认证机构的反馈情况。

认证原则	利益方意见	认证机构反馈
原则 1		
原则 2		
原则 3		
原则 4		
原则 5		
原则 6		
原则 7		
原则 8		
原则 9		

3.2 主要优点与缺点

可使用下列表格描述各原则的优缺点。

认证原则	主要优点	主要缺点
原则 1		
原则 2		
原则 3		
原则 4		
原则 5		
原则 6		
原则 7		
原则 8		
原则 9		

3.3 判定的不符合与纠正措施

可使用下列表格撰写审核中判定的不符合及纠正措施。

<table>
<tr><td colspan="2">不符合编号：</td><td>参考标准：</td></tr>
<tr><td colspan="2">不符合</td><td rowspan="2"></td></tr>
<tr><td>重 要</td><td>次 要</td></tr>
<tr><td colspan="2">改正期限：</td><td></td></tr>
<tr><td colspan="2">关闭不符合的证据：</td><td></td></tr>
<tr><td colspan="2">不符合状态：</td><td></td></tr>
<tr><td colspan="2">下一步行动（如果适用）：</td><td></td></tr>
</table>

3.4 观察项

可使用下表填写观察项报告。

<table>
<tr><td>观察项编号：</td><td>参考标准及要求：</td></tr>
<tr><td colspan="2">描述监测结果：</td></tr>
<tr><td colspan="2">观察项：</td></tr>
</table>

3.5　认证建议

通过现地检查、与利益方进行咨询、对管理文件进行分析和其他审核证据，审核小组提出认证建议。

推荐/维持认证	是(　　)否(　　)
有条件推荐/维持认证	是(　　)否(　　)
不予推荐/维持认证	是(　　)否(　　)
评议意见：	
建议证书的类型：	FM(　　　) FM/COC(　　　)

4　认证审核附录

4.1　附录1：森林经营方案概要(公开)

4.2　附录2：认证标准审核检查表(保密)

可使用下列格式。

原则、标准和指标号及内容	审核发现	符合情况
原则号及内容，如： 原则九：森林监测和档案管理		
标准号及内容，如		
3.9.1　建立森林监测体系，对森林资源进行适时监测		
指标号及内容，如： 3.9.1.1　根据上级林业主管部门的统一安排，开展森林资源调查，森林经营单位应建立森林资源档案制度。	审核发现：	审核结论： (　　)符合 (　　)严重不符合 (　　)轻微不符合 (　　)观察项

4.3　附录3：咨询的利益方列表(保密)

4.4　附录4：现场审核的地点列表(保密)

4.5　附录5：同行评审专家意见(保密)

4.6　附录6：森林资源分布图(保密)

附录 B

（规范性附录）

森林经营认证审核报告同行专家审查指南

同行专家审查报告必须遵照森林经营认证审核导则的要求，审查认证审核报告时，应重点审查以下主要方面：

——评价过程中的一些重大遗漏或不足；

——错误的技术假设；

——使认证信誉受到损害的结果。

同行专家应就下列方面的问题提出意见：

a） 审核小组的评估是否符合森林认证程序，审核报告是否客观、公正？

b） 审核小组是否有足够的技能和经验承担本次森林经营认证？

c） 根据经营规模和强度，本次审核的时间和深度是否足够？

d） 本次审核报告的结论是否存在重大问题？这些问题是否需要在报告中明确说明？

e） 本次审核报告是否规范？

f） 本次审核报告内容是否全面和符合审核要求？

g） 其他需要改进和说明的内容。

附录 3

FSC 体系森林认证标准(2001 版)解读

原则 1　遵守法律及 FSC 的原则

森林经营应遵守本国法律法规及本国签署的国际公约和协议，并遵守 FSC 所有的原则与标准。

标准 1.1　森林经营应尊重本国的所有法律和地方行政法规。

解释：森林经营单位的管理人员应通过学习法律文本或接受培训了解相关法律法规的内容，并且森林经营单位不存在明显的违法行为。

标准 1.2　应缴纳所有合理的法律规定的费用、特许费、税费以及其它费用。

解释：森林经营单位应提供有关票据或报告以证明按时缴纳了相关税费。

标准 1.3　尊重我国签署的所有具有约束力的国际协议(如《濒危野生动植物种国际贸易公约》、《国际劳工组织公约》、《国际热带木材协定》及《生物多样性公约》)中的有关条款。

解释：森林经营单位应通过学习相关文本或接受培训了解这些公约和协定的内容，并确保在管理和生产实践中满足这些国际公约和协定的要求。

标准 1.4　应围绕认证目的，由认证机构及参与或受影响的各方对相关法律、法规与 FSC 原则与标准之间的冲突之处进行逐项评估。

解释：森林经营单位如发现本标准的内容与国家或地方法律法规的规定有矛盾之处，应向认证机构说明，并协调解决。

标准 1.5　森林经营区应当避免非法采伐、定居及其它未经许可的活动。

解释：森林经营单位应主动采取预防和控制措施，避免在森林经营区内出现非法或未经允许的活动。

标准 1.6　森林经营者应承诺长期遵守 FSC 原则与标准。

解释：森林经营单位应以发布公开政策的方式，承诺其经营的所有林地长期遵守 FSC 的原则和标准。

原则 2　所有权、使用权及责任

对土地及森林资源的长期所有权和使用权应明确界定、建档并形成法律文件。

标准 2.1　有确凿证据证明拥有对土地和森林资源的长期使用权(如土地所有权、传统权利或特许协议)。

解释：森林经营单位应提供林权证或租赁合同或协议等证明文件，表明其对森林资源拥有长期(至少一个轮伐期)的使用权。

标准 2.2　拥有法定及传统所有权和使用权的当地社区应保持对森林作业的控制，某种程度上是出于对他们的权利和资源保护的需要，除非他们在知情的情况下自愿把控制权委托给其它机构。

解释：森林经营单位应对当地社区对森林所享有的法律的和传统的权利进行确认和保护，不得剥夺他们对森林应有的权利。

标准 2.3　要运用适当的机制来解决有关所有权及使用权方面的纠纷。在认证审核中，要考虑任何悬而未决纠纷的环境及事态。涉及到很多利益的大量纠纷通常会导致一项森林经营活动失去认证资格。

解释：森林经营单位应制定解决森林权属纠纷的办法，并及时妥善解决权属纠纷。如果存在大量的权属纠纷，可能将无法获得 FSC 认证。

原则 3　原住居民的权利

应当承认并尊重原住居民拥有、使用和经营其土地、领地及资源的法定及传统权利。

标准 3.1　原住居民应享有其领地范围内的森林经营的控制权，除非他们在知情的情况下自愿把控制权委托给其它机构。

解释：森林经营单位应了解并确认是否存在受其经营活动影响的原住民，并确认他们进入和使用森林资源的权利以及使用生态系统服务的权利。

标准 3.2　森林经营不能直接或间接地破坏当地的资源或削弱当地居民的使用权。

解释：森林经营单位应采取措施保护原住民的资源和使用权，并建立处理纠纷的机制。

标准 3.3　森林经营者要与当地居民合作，明确划出对其有特殊文化、生态、经济或宗教意义的场所，并加以确认和保护。

解释：森林经营单位应通过与原住民协商的方式，确认对原住民具有特殊意义的场所，在地图上标示，并对这些地点制定相应的保护措施。

标准 3.4　在森林树种的利用及森林作业的管理体系等方面利用当地居民的传统知识时，应对他们给予相应补偿。应当在森林经营活动开始以前，在当地居民自愿和知情的情况下，就这些补偿条件正式达成一致。

解释：森林经营单位如果在经营中将原住民的传统知识用于商业目的，应事先获得原住民的同意，并给予相应的补偿。

原则 4　社区关系与劳动者的权利

森林经营活动应维护或提高森林劳动者和当地社区的长期社会及经济利益。

标准 4.1　森林经营区及临近地区的社区群众均应享有就业、培训及其它服务的机会。

解释：森林经营单位应积极支持社区的发展和建设，为社区居民提供培训和就业机会。

标准 4.2　森林经营应满足或超过与职工及家庭健康和安全有关的所有适用法律和/或法规。

解释：森林经营单位应制定安全生产作业规程或指南，开展相关培训，为作业工人提供必要的食宿条件、安全防护装备和急救用品，保障职工的健康和安全。

标准 4.3　根据《国际劳工组织公约》(1987)和《国际劳工组织公约》(1998)的规定，要保证职工有建立组织及自发同雇主谈判的权利。

解释：森林经营单位应建立员工意见反馈和解决机制，听取员工的意见或建议，并通过与员工沟通协商的方式，积极地处理员工提出的意见和问题。

标准 4.4　应当把社会影响评价的结果结合到森林经营方案与实施中，并保持与受森林经营活动直接影响的个人及群体进行磋商。

解释：森林经营单位应确定受其经营活动影响的利益相关者，听取他们对森林经营的意见，对发现的或潜在的负面影响，应采取相应的措施予以纠正或预防。

标准4.5　如果森林经营造成的损失和破坏影响了当地人的法定或传统权利、财产、资源或生活，则应运用适当的机制加以解决，并提供合理的补偿。

解释：森林经营单位应制定适当的机制，以解决森林经营过程中对当地居民的资源和财产造成的损失和破坏，并给予合理的赔偿。解决的过程应采用平等协商的方式。

原则5　森林带来的收益

森林经营活动应鼓励有效利用森林的多种产品和服务，以确保森林的经济效益、广泛的社会效益及环境效益。

标准5.1　森林经营应力争实现经济效益，同时要全面考虑生产的环境、社会和运行成本，并确保维持森林生态系统生产力的必要投入。

解释：森林经营单位应制定财务预算，维持持续的投入和产出，促进森林的生产力。

标准5.2　森林经营及市场营销应鼓励多种林产品的最佳利用和就地加工。

解释：森林经营单位应根据森林资源的特点，发挥森林的多种功能和利用多样化的林产品，尽可能实现林产品就地加工。

标准5.3　森林经营应尽可能减少因采伐及就地加工造成的浪费，并避免破坏其它森林资源。

解释：森林经营单位制定和实施作业指南，或按照国家的有关操作指南，采伐和就地加工时避免造成木材的浪费，同时应避免采伐时对其它森林资源造成破坏。

标准5.4　森林经营应促进当地经济并使之多元化，避免依赖单一林产品。

解释：在可能的情况下，森林经营单位应积极开发利用非木质林产品。

标准5.5　森林经营活动应承认、保持并在适当的地方提高森林服务和资源(如流域及渔业区)的价值。

解释：森林经营单位应了解森林资源具有的森林生态功能和价值，并采取措施，使营林活动对森林的这些功能和价值的负面影响最小。

标准5.6　林产品的采伐率不得超过长期可持续利用所允许的水平。

解释：森林经营单位应根据科学的方法计算和制定采伐计划，采伐量不超过可持续利用的水平和有关部门规定的限额。

原则6　环境影响

森林经营应保护生物多样性以及相关的价值，如水资源、土壤以及独特和脆弱的生态系统与景观的价值，并以此来保持森林的生态功能及其完整性。

标准6.1　应当完成环境影响评估，评估应与森林经营的规模、强度及受其影响资源的独特性相适应，并应充分结合到森林经营体系中。评估应包括景观水平上的考虑以及就地加工设施的影响，应当在开展对林区有影响的活动之前进行环境影响评估。

解释：森林经营单位应在开展营林作业活动前对有可能出现的环境影响进行评估，这种评估应与森林经营单位的规模、经营的强度以及可能受到影响的物种的独特性相适应。简单的经营就采用简单的评估，对那些环境影响巨大的经营活动、有可能影响到珍稀物种的经营活动，甚至需要委托专门的环境影响评估机构进行评估。应根据评估的结果，采取纠正或减缓的措施，减轻或避免营林作业活动对环境的负面影响。

标准6.2　要有保护珍稀、受威胁和濒危物种及其栖息地(如筑巢区和进食地)的措施。应建立与森林经营范围和强度及所需保护资源的独特性相适应的保护区，并限制不适宜的狩猎、钓鱼、诱捕及采集活动。

解释：森林经营单位应明确了解经营区内的珍稀、受威胁和濒危物种的种类等基本情况，并针对这些物种制定相应的保护措施。如需要，还应划定专门的区域用于保护这些物种。森林经营单位应采取措施对打猎、钓鱼、诱捕和采集活动进行管理。

标准 6.3　应保持、提高或恢复生态功能及其价值，包括：森林更新与演替；基因、物种及生态系统的多样性；影响森林生态系统生产力的自然循环。

解释： 森林经营单位在森林经营方案及实际营林作业过程中，应采取措施从上述三个方面保持、提高或恢复森林的生态功能。比如在树种的选择、整地的方式、造林的方式、化学品的使用、病虫害的防治、主伐的方式、集材的方式、采伐剩余物的处理、修建林道等方面，应始终坚持保持、提高或恢复森林的生态系统功能，而非降低或破坏森林的自然状态和价值。

标准 6.4　应保护景观范围内现有的、具有代表性的生态系统样地的自然状态，并将其标记在地图上，典型样地应与森林经营活动的规模和强度以及受影响资源的独特性相适应。

解释： 森林经营单位应咨询林业管理部门、环保组织或有关专家，确定森林经营区域内的有代表性的典型样地，并在地图上标示出典型样地的分布区域，采取保护措施对这些区域进行保护。保护措施应以维护和保持其自然状态为主，避免人为过度干扰和破坏。

标准 6.5　应编制并实施书面指南，以控制侵蚀，最大限度地减少采伐、道路建设及所有其它机械干扰活动对森林的破坏，以及保护水资源。

解释： 森林经营单位应编写关于整地、造林、采伐、集材、使用化学品、修建林道等营林活动的操作指南，并在实际作业中贯彻执行，以防止水土流失，保护水资源。

标准 6.6　森林经营体系应促进开发和采用有利于环境的非化学方法进行病虫害治理，尽量避免使用化学杀虫剂。禁止使用世界卫生组织 1A、1B 类清单中列出的物质及碳氢氯化物杀虫剂，禁止使用长效、有毒及衍生物具有生物活性和在食物链中积累的杀虫剂，以及国际公约禁止使用的杀虫剂。如果使用化学品，应提供适当的设备和培训，最大限度地减少健康及环境风险。

解释： 森林经营单位应提供一份正在使用的化学品清单及使用记录。不能使用世界卫生组织禁止使用的化学药品。应制定化学品使用的操作指南，对操作人员开展培训，并提供必要的防护装备。

标准 6.7　任何化学品、容器、液体和无机固体废物（包括燃料和油料）都应在森林以外地区采用符合环境要求的方法进行处理。

解释： 森林经营单位应制定化学品、容器及废弃物处理的程序或指南，并严格执行。化学品、容器及废弃物不得丢弃在林地内或水体中。

标准 6.8　应依据国家法律和国际认可的科学议定书对生物控制剂的应用作记载，限制到最低量，并监督和严格控制其使用，禁止使用经过基因改良的生物。

解释： 森林经营单位在经营活动中如果使用生物控制剂，应严格依照法律法规的有关规定，并采取监测措施。

标准 6.9　谨慎控制并主动监测外来物种的使用，避免引起不良的生态影响。

解释： 森林经营单位如引进外来物种，应符合国家有关引种的法律法规，确保不会对环境产生不利影响。应对引进的外来物种进行监测。

标准 6.10　除以下情况外，应避免将森林转换为人工林或非林地用地：仅涉及到森林经营单位中很小的部分；不发生在高保护价值林区；能保证在整个森林经营单位中产生明显的、重大的、额外的、可靠的和长期的保护效益。

解释： 森林经营单位不应将天然林砍伐后转化为人工林，或者将林业用地转化为非林业用地。除非这种转化属于上述三种情况。森林经营单位应有充足的证据表明这种转化的合理性，否则将影响认证的获得。

原则 7　经营方案

应当制定和执行与森林经营规模和强度相适应的森林经营方案，并随时进行修改。应清楚地阐述经营的长期目标以及实现这些目标的手段。

标准 7.1　经营方案及其相关文件应包括：经营目的；说明经营的森林资源、环境限制因素、土地利用及所有权状况、社会经济条件，以及临近土地的概况；根据所涉及森林的生态条件以及通过资源调查得到的信息，说明营林和/或其它经营体系；年采伐率及树种选择的理由；监测森林生长及动态的措施；建立在环境评估基础上的环境保护措施；确认保护珍稀、受威胁及濒危物种的计划；描述保护区、规划的经营活动及土地所有权等森林资源基本信息的图集；说明使用的采伐技术和设备，以及使用的理由。

解释：森林经营单位应具有有效的森林经营方案。森林经营方案应由有资质的林业规划设计单位在森林二类调查数据的基础上编制，并经林业管理部门批准。森林经营方案应涵盖上述基本内容。

标准7.2　结合监测结果或新的科技信息，以及变化的环境、社会和经济状况，定期修正森林经营方案。

解释：森林经营方案应定期修订。同时，森林经营方案应根据政策、社会经济状况等的变化，进行及时更新。

标准7.3　应对林业工人进行必要的培训和指导，确保他们正确实施森林经营方案。

解释：森林经营应制定培训计划，培训管理人员和作业工人，以使他们能够按照法律法规、各种操作指南和森林经营方案的要求开展营林活动。

标准7.4　在尊重信息保密的同时，森林经营者应向公众提供森林经营方案的要素总结，包括标准7.1中列出的内容。

解释：森林经营单位应向当地公众公布森林经营方案的概要，包括经营目标、重大的经营活动和环境保护措施等。公布的方式可以采用印发宣传材料、张贴公告、互联网发布等。

原则8　监测与评估

应按照森林经营的规模和强度进行监测，以评估森林状况、林产品产量、产销监管链、经营活动及其社会与环境影响。

标准8.1　应根据森林经营活动的规模和强度，以及受影响环境的相对复杂程度及脆弱性来确定监测的频率和强度。监测程序应是不间断的并能够重复，以便监测结果具有可比性，以评估变化情况。

解释：森林经营单位应建立适合其规模的监测制度，确定监测内容、监测方法和监测频率，记录监测结果。

标准8.2　森林经营应包括监测所需要的科学研究及数据采集，至少要有以下指标：能收获的所有林产品的产量；生长率、更新率及森林状况；动植物区系的组成及观察到的变化；采伐及其它活动的环境与社会影响；森林经营的成本、生产率及效率。

解释：森林经营单位的监测内容应包括上述内容，监测的方法或频率应依据其经营规模或森林资源的特性确定。

标准8.3　森林经营者应提供文件，使监测机构和认证机构能够追踪到每一种林产品的源头，这个过程就是所谓的“产销监管链”。

解释：森林经营单位应建立木材跟踪管理档案，对于木材从采伐、运输、加工到销售的整个过程进行跟踪和记录，记录的信息应包括采伐地点、采伐日期、负责人、树种、体积、规格、编号等等。

标准8.4　应当在森林经营方案的实施和修订中体现监测结果。

解释：森林经营单位应对监测结果进行分析，并根据监测的结果，对营林方案和作业计划进行修订。

标准8.5　在尊重信息保密的同时，森林经营者应向公众提供监测指标结果的概括性总结，包括标准8.2中列出的内容。

解释：森林经营单位在不涉及机密的情况下，应将监测结果的概要向公众公布。

原则9　维护高保护价值森林

在高保护价值森林中进行经营活动，应维护或加强这些森林的特征，并始终要以预防的方法，来考虑关于高保护价值森林的各种决策。

标准9.1　按照森林经营的规模及强度对确定高保护价值森林的特征表现进行的评估。

解释： 森林经营单位应在咨询专家、利益相关者的基础上，判定经营区域内是否具有高保护价值森林，具有哪种高保护价值森林，并在地图上标示出高保护价值森林的分布。判定高保护价值森林应首先确定判定标准，也就是什么样的森林可以被认为是高保护价值森林。在判定高保护价值森林时，森林经营单位应积极寻求有关科研机构、环保组织和专家的帮助。

标准 9.2　认证过程中的咨询部分应把重点放在确定保护特征，以及保持其特征的选择办法上。

解释： 森林经营单位应确定高保护价值森林的保护属性，并制定相应的经营和保护措施。

标准 9.3　经营方案应包括并采取与预防措施一致的、并能保持和加强适应性保护特征的特殊措施，在向公众提供的经营方案要点中应专门列出这些措施。

解释： 森林经营单位应将对高保护价值森林的经营和保护措施列入森林经营方案，并将这些措施的概要向公众公布。

标准 9.4　应当进行年度监测，以评估采取的措施在保护和加强这些适应性保护特征方面的效果。

解释： 森林经营单位应制定针对高保护价值森林的年度监测计划，以评估经营和保护措施的实际效果。

原则 10　人工林

应按照原则与标准 1 ~ 9 和原则 10 及其标准来规划和经营人工林，人工林可以提供一系列的社会和经济效益，并有助于满足全世界对林产品的需求，同时它对天然林形成一种补充，减轻对天然林的压力，并促进天然林的恢复和保护。

标准 10.1　应在森林经营方案中明确阐述人工林的经营目的，包括天然林的保护与恢复目标，并且在计划的实施过程中予以清楚地展示。

解释： 森林经营单位应在森林经营方案中确定人工林的经营目标、经营规划。同时，森林经营方案也应包括保护和恢复天然植被的目标。

标准 10.2　人工林的设计与布局应能促进天然林的保护、恢复与保持，而不是增加对天然林的压力。在人工林布局中，应采用与森林经营活动的规模相适应的野生动物走廊、溪河岸边缓冲区及不同林龄和不同轮伐期的林分组合。人工林地块的布局和规模应与自然景观中出现的林分类型相一致。

解释： 森林经营单位的人工林营造规划设计应有利于维护自然景观，通过设立野生动物廊道、缓冲区和不同轮伐期的林分镶嵌组合，使人工林的布局和规模与自然景观协调一致。

标准 10.3　最好在人工林的构成上实行多样化，以增强其经济、生态及社会的稳定性。这种多样性可能包括景观中经营单位的规模和空间分布、物种的数量及遗传成分、龄级及结构。

解释： 森林经营单位在营造人工林时，应考虑树种的多样性、林龄的多样性、结构的多样性、无性系的多样性等，避免大面积集中连片营造单一纯林。

标准 10.4　造林树种的选择，应基于对立地的适应性及对经营目的的适合性。为了加强对生物多样性的保护，在营造人工林和恢复退化的生态系统方面，应优先考虑使用乡土树种，而不是外来树种。只有当外来树种的表现比乡土树种更好时才可使用，而且应当对它们进行仔细的监测，以发现非正常的死亡率，或病虫害爆发以及不利的生态影响。

解释： 森林经营单位在选择人工林树种时，应考虑经营目标和适地适树的原则，优先选择乡土树种。如果引进外来物种大规模种植，应有充分的证据表明其表现更优，并确定不会引起负面的环境影响。

标准 10.5　要在整个森林经营范围内保留一定的面积(与造林地的规模相适应，面积的大小可根据当地标准来确定)，以恢复天然林覆盖率。

解释： 森林经营单位应在其经营区域内保留一定面积，保持天然植被。如经营区内全部是人工林，应划出一定面积恢复天然植被。

标准 10.6　应采取措施，保护并改善土壤结构、肥力和生物活动。采伐技术和采伐率、公路及林区道路的建设和维护以及树种的选择，从长远上都不应造成土壤退化，或对水质、水量产生不利的影响及溪流排水方式的重大改变。

解释：森林经营单位采取技术措施，在树种选择、林地清理、林木施肥、林木砍伐、林道修建等方面体现对土壤和水环境的保护。

标准 10.7　应采取措施防止或尽可能减少病虫害和火灾的发生，以及侵入性植物的进入。病虫害综合治理应成为经营方案的一个重要部分，主要依靠预防和生物防治措施，而不是化学杀虫剂和化肥。人工林经营应千方百计避免使用化学杀虫剂及化肥，包括不在苗圃中使用。标准6.6及6.7也涉及化学品的使用。

解释：森林经营单位应采取病虫害综合防治措施，采取措施预防火灾发生，尽量避免使用化学品和化肥。

标准 10.8　为适应森林经营的规模和多样化，除了原则8、原则6和原则4中提出的要素外，对人工林的监测，还应包括定期评估其内外的潜在生态和社会影响(如天然更新，对水资源及土壤肥力的影响，以及对地方及社会福利的影响)。除非当地的试验或实践证明某一树种在生态上很适合这一地区、不具有侵入性，同时对该地区的其它生态系统没有重大的负面生态影响，否则不得大规模种植该树种。要特别重视人工林征地的社会问题，尤其是对当地人所有权、使用权及进入权的保护。

解释：森林经营单位应对人工林进行监测，特别是人工林对土壤、水资源的影响，以及对生态环境的其他影响。要监测人工林的社会影响，尤其是对当地人的林地所有权和使用权，及进入森林的权利的保护。

标准 10.9　1994年11月以后在天然林采伐迹地营造的人工林一般不具备认证条件。人工林的经营者或所有者如果能提供足够的证据说明他们对这种土地利用方式的转变没有直接或间接的责任，在这种情形下认证机构也许会允许其进行认证。

解释：1994年11月之后，由天然林转化而来的人工林不能进行FSC认证。该日期之前由天然林转化而来的人工林不受限制，可以申请FSC认证。森林经营单位应提供有关文件，证明其人工林的真实起源。

附录4

FSC 体系森林认证标准(2009 版)

目前，FSC 仍在使用2001 版的森林认证标准，2009 版的新标准做了较大修订，已经由 FSC 会员大会正式批准。在 FSC 为新标准制定完成国际通用指标(IGI)后，预计新标准将于 2015 年正式投入使用。

原则1　遵守法律

组织应遵守所有适用的法律、法规和国家批准的国际条约、公约和协定。

标准 1.1　组织应是一个合法的实体，具有清晰的、文件化的、没有争议的合法注册，具有相关部门对其活动的书面批准。

标准 1.2　组织应证明经营单位的法律地位，包括所有权和使用权，并且经营单位的边界是被清楚划定的。

标准 1.3　组织应具有在经营单位内经营的合法权利，并与组织和经营单位的法律地位相符合，应遵守国家和地方的适用的法律、法规和管理要求的相关法律义务。应具有在经营单位内收获产品和/或提供生态系统服务的合法权利。组织应支付与这些权利和义务相关的合法的规定的费用。

标准 1.4　组织应制定和采取措施，和/或应与管理机构建立关系，系统地保护经营单位避免未经授权的或非法的资源利用、定居和其它非法活动。

标准 1.5　组织应在森林经营单位内和从森林经营单位到首次销售的过程中，遵守适用的国家的、地方的法律、国家批准的国际公约以及与林产品运输和贸易相关的作业规程。

标准 1.6　组织应确定、预防和解决成文法和惯例法的争议，通过和受影响的利益相关方适时达成庭外和解。

标准 1.7　组织应公开承诺，不提供或接受金钱贿赂或任何形式的腐败，并须遵守现有的反腐败立法。在没有反腐败立法的情况下，组织应采取与其经营活动的规模和强度和腐败风险相适应的其他的反腐败措施

标准 1.8 组织应证明在经营单位对坚持FSC原则和标准、和相关的FSC政策和标准的长期承诺，这个承诺的声明应包含在一个公开的、可自由得到的文件中。

原则2 工人的权利和雇佣条件

组织应维持和提高工人的社会和经济福利。

标准 2.1 组织在工作中应坚持基于ILO8个核心劳工公约上的ILO基本原则和权利宣言中定义的原则和权利。

标准 2.2 组织应在就业、培训机会、签订合同、聘用过程、和经营活动中促进性别平等。

标准 2.3 组织应执行健康和安全措施以保护工人，避免职业安全和健康危害。这些措施应适应于经营活动的规模、强度和风险，符合或超过ILO关于林业工作安全和健康规程的建议。

标准 2.4 组织支付的工资应达到或超过最低的林业标准或其他的公认的林业工资协议或生活工资，应高于法定的最低工资。如果没有规定最低工资，组织应与工人协商，制定确定生活工资的机制。

标准 2.5 组织应证明工人有专门的工作培训和监督安全和执行经营方案和所有经营活动的有效性。

标准 2.6 组织应通过与工人协商，制定机制以解决投诉和由于为组织工作，造成的工人的财产损失或损害、职业病、或职业伤害提供公平补偿。

原则3 原住民的权利

组织应确认和维护原住民对受经营活动影响的土地、领土和资源的法律的和传统的所有权、使用权和经营权。

标准 3.1 组织应确认经营单位中存在的或受经营活动影响的原住民。组织应通过与这些原住民接触，确认他们在经营单位内的使用权，他们进入和使用森林资源和生态系统服务的权利，他们的传统权利和法定的权利和义务。组织也应确认上述权利存在争议的区域。

标准 3.2 组织应承认和维护原住民在经营单位中或与经营单位相关的控制经营活动的法律的和传统的权利到必要的程度，以保护他们的权利、资源、土地和领土。原住民委托第三方控制经营活动需要在自愿和知情同意的情况下。

标准 3.3 如果委托控制经营活动，在组织与原住民之间应通过自愿和知情同意的方式达成有约束力的协议。协议应规定持续时间、重新谈判、更新、终止、经济条件和其他条款和条件的规定。协议应考虑到原住民对组织遵守条款和规定的监督。

标准 3.4 组织应承认和维护联合国关于原住民权利的宣言(2007)和ILO169号公约(1989)中规定的原住民的权利、传统和文化。

标准 3.5 组织通过与原住民接触，应确定具有特殊文化、生态、经济、宗教或精神意义的地点。原住民对此有法律的或传统的权利。这些地点应被组织认可，并且这些地点的经营或保护应通过协商获得原住民的同意。

标准 3.6 组织应维护原住民保护和利用他们的传统知识的权利，并应为使用这些知识和他们的知识产权给予原住民补偿。应在使用这些知识之前，通过自愿和知情同意的方式，按照标准3.3在组织和原住民之间达成一个有约束力的协议，并与知识产权保护一致。

原则4 社区关系

组织应致力于维持和提高当地社区的社会和经济福利。

标准 4.1 组织应确认经营单位内存在的和受经营活动影响的当地社区。组织应通过与这些当地社区接触，确认他们的使用权，他们进入和利用森林资源和生态系统服务的权利，他们在经营单位内的传统权利和法律的权利和义务。

标准 4.2 组织应承认和维护当地社区在经营单位中或与经营单位相关的控制经营活动的法律的和传统的权利到必要的程度，以保护他们的权利、资源、土地和领土。当地社区委托第三方控制经营活动需要在自愿和知情同意的情况下。

标准 4.3 组织应按照经营活动的规模和强度给当地社区、承包商和供应商提供合理的就业、培训和其他服务的机会。

标准 4.4 组织应通过与当地社区接触，按照经营活动的规模、强度和社会经济影响，开展额外的活动，致力于当地社区的社会和经济发展。

标准 4.5 组织应通过与当地社区接触，采取行动确认、避免和减轻其经营活动队受影响社区的大的、负面的社会、环境和经济影响。采取的行动应依据经营活动和负面影响的规模、强度和风险。

标准 4.6 组织应通过与当地社区接触，建立机制以解决投诉和为当地社区和个人由于组织的经营活动受到的影响提供公平的补偿。

标准 4.7 组织通过与当地社区接触，应确定具有特殊文化、生态、经济、宗教或精神意义的地点。当地社区对此有法律的或传统的权利。这些地点应被组织认可，并且这些地点的经营和或保护应通过协商获得这些当地社区的同意。

标准 4.8 组织应维护当地社区保护和利用他们的传统知识的权利，并应为使用这些知识和他们的知识产权给予当地社区补偿。应在使用这些知识之前，通过自愿和知情同意的方式，按照标准 3.3 在组织和当地社区之间达成一个有约束力的协议，并与知识产权保护一致。

原则 5　来自森林的收益

组织应有效地经营其各种产品和服务以维持和提高长期的经济可行性和环境社会效益。

标准 5.1 组织应按照其经营活动的规模和强度，基于经营单位的各种资源和生态系统服务，判定、生产或使能够产生多样化的效益或产品，使当地经济得到加强和多样化。

标准 5.2 组织应在长期可持续的水平上，或低于该收获量的水平上正常地从经营单位收获产品和服务。

标准 5.3 组织应证明其森林经营方案中各种活动的正面的和负面的外部效应。

标准 5.4 组织应按照规模、强度和风险，利用当地的加工、服务和增值以满足组织的要求，如果当地无法提供这些服务，组织应作出合理的尝试以帮助建立这些服务。

标准 5.5 组织应按照规模、强度和风险，通过其计划和支出，证明其对长期经济可行性的承诺。

原则 6　环境价值和影响

组织应维持、保护和恢复经营单位的生态系统服务和环境价值，并应避免、纠正或减轻负面的环境影响。

标准 6.1 组织应评估经营单位的环境价值和经营单位之外潜在地受经营活动影响的价值。采取的评估应在复杂程度、规模和频率方面符合经营活动的规模、强度和风险，并且足以满足决定必要的保护措施及发现和监测这些活动可能的负面影响的目的。

标准 6.2 在开始对现场有干扰的活动之前，组织应判定和评估经营活动对确定的环境价值的潜在的规模、强度和风险。

标准 6.3 组织应确定和执行有效的行动以防止经营活动对环境价值的负面影响，并按照这些影响的规模、强度和风险，减轻和纠正这些影响。

标准 6.4 组织应在森林经营单位内通过保护区，保护区域，连通性和或(在必要的情况下)其它的针对它们生存和发育的直接措施，保护稀有的物种和受威胁的物种及其栖息地，这些措施应符合经营活动的规模、强度和风险以及珍稀和受威胁物种的保护状况和生态要求。当在经营单位采取了确定的措施，组织也应考虑珍稀和受威胁物种在经营单位边界外的地理范围和生态要求。

标准 6.5 组织应判定和保护天然生态系统的代表性区域和使其恢复到更自然的状态。如果不存在代表性区域，组织应使经营单位的一定比例恢复到更自然的状态。为了保护和恢复，这些区域和采取的措施应在景观水平上符合生态系统的保护状态和价值，并应符合经营活动的规模、强度和风险。

标准 6.6 组织应有效地维持天然物种和基因多样性的持续存在，并防止生物多样性的损失，特别是通过在经营单位内进行栖息地管理。组织应证明采取了有效措施管理和控制狩猎、钓鱼、诱捕和采集。

标准6.7　组织应保护或恢复自然水道、水体、河岸区域及其连通性。组织应避免对水质和水量的负面影响，并减轻和纠正出现的负面影响。

标准6.8　组织应管护森林经营单位内的景观，基于这些区域的景观价值，维持和恢复物种、面积、年龄、空间规模和更新周期的镶嵌分布，并增强环境和经济的恢复力。

标准6.9　组织不应将天然林转化为人工林，或将天然林和人工林转化为其他土地利用形式，除非这种转化是：

a)只影响经营单位非常有限的区域，和

b)将在经营单位产生清晰的、大量的、额外的、稳定的长期的保护效益，和

c)既不破坏或威胁高保护价值，也不破坏任何对维持和提高高保护价值所必需的地点和资源。

标准6.10　包含有在1994年11月之后从天然林转化而建立的人工林的经营单位，应没有资格认证，除非：a)清晰的和充分的证据表明组织不直接或间接对这种转化负责，或b)转化只影响经营单位非常有限的区域，并且这种转化正在经营单位内产生清晰的、大量的、额外的、稳定的长期的保护效益。.

原则7　经营方案

组织应具有与其政策和目标相一致的经营方案，并适应于其经营活动的规模、强度和风险。经营方案应被执行，并基于监测的信息进行更新，以促进适宜的经营。经营方案和程序性文件应能足以指导员工，通知受影响的利益相关者和感兴趣的利益相关者，并为经营决定提供依据。

标准7.1　组织应按照其经营活动的规模、强度和风险，制定环境良好的、社会受益的、经济可行的经营政策(愿景和价值)和目标。这些政策和目标的摘要应被纳入经营方案，并公布。

标准7.2　组织应具有并执行与按照标准7.1制定的政策和目标相一致的经营方案。经营方案应描述经营单位存在内的自然资源，并解释经营方案将如何满足FSC认证的要求。经营方案应按照计划的活动的规模、强度和风险，涵盖森林经营计划和社会经营计划。

标准7.3　经营方案应包括可验证的目标，通过这些目标，经营目标的进展可以被评估。

标准7.4　组织应定期更新和修订经营方案和程序性文件，以纳入监测和评估的结果、利益相关者协商或新的科学和技术信息，并反应变化的环境、社会和经济情况。

标准7.5　组织应将经营方案向公众免费公布，除了机密的信息，经营方案的其他相关部分应按要求并成本可承受的情况下向受影响的利益相关者公布。

标准7.6　组织应依据经营活动的规模、强度和风险，在其经营规划和监测过程中，主动地、透明地与受影响的利益相关者交流，并应按要求与感兴趣的利益相关者交流。

原则8　监测和评估

标准8.1　组织应监测经营方案的执行，包括监测其政策和目标的执行，计划的活动的进展以及可检验的目标的完成情况。

标准8.2　组织应监测和评估经营单位内开展的活动的环境和社会影响，以及环境状况的变化。

标准8.3　组织应分析监测和评估结果，并将这些分析的结果反馈到规划进程中。

标准8.4　除了机密的信息，组织应将监测结果的摘要向公众免费公布。

标准8.5　组织应根据其经营活动的规模、强度和风险，具有和执行追踪体系，以证明经营单位生产的、作为FSC认证产品销售的木材的来源，以及每年实际的产量与计划的产量相符。

原则9　高保护价值

组织应通过预防的方法维持或增强经营单位内的高保护价值。

标准9.1　组织应通过与受影响的利益相关者、感兴趣的利益相关者和接触，以及其他方法和来源，按照经营活动影响的规模、强度和风险，以及高保护价值存在的可能性，评估和记录经

营单位内下列高保护价值的存在和状况：

高保护价值1－物种多样性。生物多样性聚集，包括地方特有种，在全球、区域或国家水平上的珍稀、濒危或受威胁物种。

高保护价值2－景观水平的生态系统和镶嵌分布。在全球、区域和国家水平上大的景观水平的生态系统和生态系统的镶嵌分布，其中的种群大部分是以天然方式分布的天然出现的物种。

高保护价值3－生态系统和栖息地。珍稀、受威胁、濒危的生态系统、栖息地或避难所。

高保护价值4－关键性的生态系统服务。在紧急的情况下的基本的生态系统服务，包括保护集水区和控制脆弱的土壤和山坡的侵蚀。

高保护价值5－社区的需要。通过与当地社区和原住民接触判定的，对满足他们的基本必需品(生机、健康、营养、水等)有基础作用的地点和资源。

高保护价值6－文化价值。通过与当地社区或原住民接触判定的，具有全球或国家文化、考古或历史意义，或对他们的传统文化具有关键的文化、生态、经济或宗教价值的地点、资源、栖息地和景观。

标准9.2　组织应通过与受影响的利益相关者、感兴趣的利益相关者和专家接触，制定有效的战略以维持和提高已判定的高保护价值。

标准9.3　组织应执行战略和行动以维持和提高判定的高保护价值。这些战略和行动应采取预防的方法，并按照经营活动的规模、强度和风险。

标准9.4　组织应证明进行了定期的监测以评估高保护价值的状况变化，并应适应其经营战略，以确保有效的保护。监测应按照经营活动的规模、强度和风险，并应包括与受影响的利益相关者、感兴趣的利益相关者和专家接触。

原则10　经营活动的执行

由组织开展的或为组织开展的经营活动，应是与组织的经济、环境和社会政策和目标一致，并遵守所有原则和标准的基础上被选择和执行的。

标准10.1　在采伐后，或按照经营方案，组织应通过天然火人工更新的方法，及时使植被恢复到采伐前或更天然的状态。

标准10.2　组织在更新时应使用那些从生态角度适应林地和经营目标的树种。组织应使用天然物种和当地基因型的物种更新，除非有清晰的和令人信服的理由才能使用其他物种。

标准10.3　组织应只在知识和经验表明，任何侵略性的影响可以被控制和具有有效的减缓措施的情况下，才能使用外来物种。

标准10.4　组织不应在经营单位中使用转基因生物。

标准10.5　组织应使用生态上适应于植被、物种、林地和经营目标的经营活动。

标准10.6　组织应避免，或致力于排除使用化肥，当化肥被使用，组织应预防、减轻和或修复对环境价值的破坏。

标准10.7　组织应使用综合的病虫害治理和营林体系，以避免或致力于排除使用化学杀虫剂。组织不应使用任何FSC政策禁止的化学杀虫剂。当使用杀虫剂时，组织应预防、减轻和或修复对环境价值和人类健康的破坏。

标准10.8　组织应按照国际接受的科学协议，使生物控制剂的使用最小化，并得到监测和严格的控制。如果使用了生物控制剂，组织应预防、减轻和或修复对环境价值的破坏。

标准10.9　组织应暗中规模、强度和风险，评估风险并实施行动以减少自然灾害的负面影响。

标准10.10　组织应管理基础建设、运输活动和营林，以便水资源和土壤得到保护，并且对珍稀、受威胁物种、栖息地、生态系统和景观价值的干扰和破坏被预防、减轻和或修复。

标准10.11　组织应管理与采伐、集材和非木质林产品采集相关的活动，以使环境价值得到保护，减少对有利用价值的林产品的浪费，并避免对其他产品和服务的破坏。

标准10.12　组织应以环保的方式处理废物材料。

附录 5

FSC 产销监管链认证标准

范围和概述

A 适用范围

本标准规定了产销监管链控制中的有关原料、商标和 FSC 认证产品销售的管理和生产要求，并提供了 FSC 声明所采用的三种体系。

本标准适用于整个产销监管链的运作过程，如木制品和非木制品从原始原料和/或再回收原料的贸易、加工或生产过程，主要包括：

- 初级加工单位（采伐和预处理）
- 废料回收现场
- 次级加工单位（初次和二次加工）
- 三级加工（贸易、批发、零售和印刷服务）

本标准定义并解释了 COC 管理体系中的一些基本要素：

- 质量管理：职责、程序和记录
- 产品范围：产品组的定义和外包安排
- 原料来源：原料明细表
- 原料的接收和储存：鉴定和分类
- 生产过程控制：产量控制和 FSC 声明
- 销售和运输：运输文件和发票
- 标签：产品上 FSC 标签的须用和使用标签的产品数量。

本标准规定了成功得到该认证的企业可以销售认证产品并根据不同的声明体系在产品上贴上“FSC 100%”、“FSC Mix”或“FSC Recycled”或销售 FSC Controlled Wood 的原料。

B 现状和生效日期

B. 1 现状本标准经政策与标准部门批准，自出版日生效。

B. 2 生效日期

本标准将于 2011 年 10 月 1 日生效。新申请认证的组织到 2011 年 10 月 1 日须按照本标准来进行认证。

已经通过认证的企业须在 2012 年 10 月 1 日以后执行本标准。

B. 3 被本标准取代的标准如下：

标准号	日期	标准名
FSC – MAN – 20 – 001 第 3. 6 部分	2002	FSC 认可指南：“产销监管链认证标准”
FSC – ADV – 40 – 010	2005	FSC 对外包产品的要求
FSC – ADV – 40 – 012	2007	COC 认证的印刷和标签要求
FSC – POL – 40 – 001	2000	FSC 对百分比声明的政策要求
FSC – POL – 40 – 005	2001	FSC 对代理人的政策要求
FSC – POL – 40 – 006	2001	FSC 对印刷和出版的政策要求
FSC – STD – 40 – 004v1	2004	FSC 对提供和生产经 FSC 认证的产品的企业的产销监管链标准
FSC – STD – 40 – 004b	2007	FSC Species terminology（Addendum to FSC – STD – 40 – 004）

C 引用标准

标准号	标准名
FSC – PRO – 40 – 004	微量元素的申请标准
FSC – STD – 40 – 004a	FSC 产品分类(标准 FSC – STD – 40 – 004 的附录)
FSC – STD – 40 – 004b	FSC 认证中树种术语(标准 FSC – STD – 40 – 004 的附录)
FSC – STD – 40 – 005	FSC 受控木材的企业认证标准
FSC – STD – 40 – 007	在 FSC 认证产品组合认证项目中可回收原料使用标准
FSC – STD – 50 – 001	认证企业使用 FSC 商标的要求

D 术语和定义

下列术语和定义适用于本标准。

组装产品

由两个或两个以上的实木和/或刨花板和纤维板部件组合而成的产品。例如：家具、木架、乐器、胶合板、细木工板、单板层积材、层压木地板、层压刨花板和不同纸制原料的印刷品。

声明期

企业为了对某一产品组做出特定的 FSC 声明而确定的时间期限。

产销监管链

指原料、加工原料、成品和副产品所经历的从森林到消费者或者(可回收/回收原料或包含可回收/回收原料的产品)从回收地到消费者的整个过程。包括加工、转换、制造、储存和运输等。在运输过程中会伴随着原料和产品所有权的转移。

产销监管链的操作　个人、公司或其它合法实体操纵管理森林产品供货链的每一阶段中的一个或多个工厂或场所，并为附有 FSC 声明的产品或原料开具发票，以供消费者判定为经过认证的产品或进行宣传。

刨花和纤维产品　使用已经刨切为刨花或磨制成纤维作为投入原料的所有产品。例如：纸浆、纸张(包括印刷原料)纸板、刨花板、纤维板和定向刨花板。

副产品　主产品的初次加工过程中产生的另外一种同材质的产品。依据本标准，此种原料被定义为消费前回收原料。

成分

一个组合产品中可区别于其它的独立的组成部分(微量成分)。

受控原料

非FSC认证的森林或人工林提供的根据FSC－STD－40－005标准鉴定的原料。

转换系数

认证产品所使用的原料的投入和产出之间的比值。

信用账户

企业基于信用体系对认证产品的产出和售出的数量进行记录，目的是为了销售FSC信用声明的产品。

信用声明

是一种对FSC混合和FSC可回收产品的声明。声明该产品所使用的原料是经过FSC认证或消费后可回收的FSC认证原料。

信用体系

是一种产销监管链体系，须用该体系可以声明根据投入的FSC和可回收原料计算出可采用信用声明售出的产品的数量。根据有效的转换系数、投入的FSC和消费后回收原料计算得出一个FSC信用额度，进而添加到一个信用账户中。交货文件：货物运输的文件，包括对运输货物的描述、等级和质量。交货文件通常叫做交货说明、运输文件等。

合格投入

根据原料的类型，可以将投入的原料和可回收原料归为一个具体的FSC产品组中，如下所示：

原料类型	产品组
FSC 100%	FSC 100%，FSC Mix
FSC Mix	FSC Mix
FSC可回收	FSC混合，FSC可回收
FSC受控木材	FSC混合，FSC受控木材
受控木材	FSC混合，FSC受控木材
消费后可回收	FSC混合，FSC可回收
消费前可回收	FSC混合，FSC可回收

成品

在最终使用前不需要按照工艺进行进一步的加工或包装的产品。

森林合格性评估计划

按照一定的标准对林产品的贸易和生产进行森林认证和评估的一项计划。

FSC认证原料

经FSC认证机构审核达到FSC森林经营管理和/或产销监管链认证标准要求的企业所提供的带有FSC声明的原料，包括：FSC 100%，FSC混合或FSC可回收原料。

FSC认证产品

是指一种FSC认证原料，允许使用FSC标签或使用FSC商标进行促销。

FSC声明

对FSC认证原料或FSC受控木材在发票(并给出原料种类)上进行的声明，FSC Mix和FSC可回收产品的声明，以及相关的百分比和信用声明。每个产品组对须的声明和产销监管链控制体系如下：

产品组	控制体系	FSC 声明
FSC 100%	转换体系	“FSC 100%”
FSC 混合	百分比体系	“FSC 混合 X%”
FSC 混合	信用体系	“FSC 混合 信用”
FSC 可回收	百分比体系	“FSC 可回收 X%”
FSC 可回收	信用体系	“FSC 可回收 信用”
FSC 受控木材	转换体系	“FSC 受控木材”

FSC 受控木材

来源于非 FSC 认证的森林或人工林，按照 FSC 产销监管链或 FSC 受控木材标准（FSC－STD－40－005 或 FSC－STD－30－010）要求得到了 FSC 认证机构的认可，得到了 FSC 声明的木材。

FSC 信用额度

可以使用信用体系售出的产品的数量(体积或重量)。只有使用信用体系时才适用。FSC 投入一个产品组中根据投入百分比或 FSC 信用额度，计算投入的 FSC 原料，如下：

FSC 100% 的原料	依据供须商发票上注明的数量计算
FSC 混合百分比声明的原料	依据供须商发票上注明百分比数量计算
FSC 混合信用声明的原料	依据供须商发票上注明的数量计算

FSC 100%

是指来源于 FSC 认证的森林或人工林的原料，不掺杂其他类型的原料。FSC 100% 的原料使用于 FSC100% 或 FSC 混合产品组中。

FSC 混合

在百分比或信用体系下，将 FSC 认证的、受控的或可回收原料作为投入的 FSC 认证原料。该原料只适用于 FSC 混合产品组。

FSC 可回收

在百分比或信用体系下，只使用可回收的原料作为认证的回收原料。该原料适用于 FSC 混合或 FSC 可回收产品组中。

投入

在特定的产品组范围内，由组织购买或生产的原料、半成品或成品用于生产加工或贸易中。

投入百分比

对于一个特定的声明期，一种产品组的 FSC 和/或消费后投入原料的比例，只能在百分比体系下使用。

原料种类

原料或可回收原料的分类，用于 FSC 产品组：

—FSC 100% 原料

—FSC 混合原料

—FSC 可回收原料

—FSC 受控木材

—受控木材

—消费后可回收原料
—消费前可回收原料

微量成分

在FSC100%和混合组合产品中，体积/重量小于原料和可回收原料的5%的那部分木制成分。该微量成分不必按照FSC产销监管链的标准要求执行。

非木质林产品 除了木材以外的林产品，包括从树木上获得的其他原料如树叶、树脂，以及其他动植物产品。例如：种子、果实、坚果、蜂蜜、棕榈树、观赏植物和其他来源于森林的林产品。

非木质原料 来源于森林以外的原料。例如：非木材加工厂的纤维、合成或无机原料（如玻璃，金属，塑料，填充物，增白剂等等），但不包括非木质林产品或废木材。该类原料不需要符合FSC产销监管链的标准要求。

产品上适用于任何标签、包装或标记赋予产品上的术语。产品上标签或标记的实例包括产品悬挂物，模板，热烙印，零售包装小散装产品（如铅笔），保护包装和塑料包裹。

组织

负责实施并执行该标准的个人、公司或其他合法实体单位。

产出

企业提供的带有FSC声明的原料、半成品或成品。

百分比声明

是对FSC混合或FSC可回收产品的一种FSC声明体系，分别指明FSC消费后投入原料的百分比。该产品的买主可以使用百分比声明计算随后的投入百分比或FSC信用额度。

百分比体系产销监管链体系的一种。须用该体系进行百分比声明，允许所有产品在特定的期间以该百分比进行出售。

消费后投入

一个产品组中根据投入百分比或FSC信用额度，计算投入的消费后再回收原料和FSC可回收原料，如下：

使用后可回收原料	依据供货商发票上注明的数量计算
FSC可回收百分比声明的原料	依据供货商发票上注明的百分比数
FSC可回收信用声明的原料	依据供货商发票上注明的数量计算

消费后可回收原料

从消费者手中回收的产品或是个人，家庭或商业的、工业的或组织的最终使用产品的回收原料。

消费前可回收原料

是指从二次加工企业或下游加工厂的生产加工过程中的副产品，该原料不适合终端使用，也不适合在生产地直接再次回收使用。

初加工

任何从原木到原料的加工过程。对于木屑和纤维，初加工包括纸浆加工厂和纸张加工阶段。

程序

执行一项活动的一个特别的方法。程序可以成文，也可以不成文。

产品组

企业特定的一个产品或产品群。它们具有相同的投入和产出特性，所以可以根据不同的FSC原料种类（FSC100%，FSC混合，FSC可回收或FSC可控木材）使用同一个产销监管链控制体系、百分比计算和标签。

产品类型

基于一个分类体系对输出产品的总体描述。根据FSC产品分类体系的产品类型实例，如：松木原木、木炭、化学木质纸浆、花园家具或刨花板。

促销

该术语用于所有产品陈述、声明、商标或类似产品宣传活动、服务或组织。

可回收原料

本须作为废物或能源再生处理的原料，将其收集作为投入原料进行再次使用、可回收利用或再次加工。可回收原料分为下列三种：FSC可回收原料、消费前可回收原料和消费后可回收原料。

销售文件

买家或卖家开具的纸质或电子版商业票据，常称为发票、销售单和销售合同，详细描述了贸易双方的信息，销售产品的信息以及销售日期、价格、发货和付款信息。

弃木

不以得到木材为目的的采伐木或以此为目的的采伐后失去或丢弃的木材。如：在运输过程中沉到河流或湖中的原木或锯材，果园清理过程中的木材，道路清理过程中的木材和城市采伐木。这些木材使用FSC产销监管链控制体系被用作原始原料时须该得到控制。

范围

产销监管链认证范围定义了在FSC认证机构评估过程中的企业地点、产品组类型和活动，并且包括审核所使用的标准。

场所

一个企业坐落在一个位置具有独立功能的单位个体或几个个体的总合。它在地理位置上是不同于同一个组织的其他单位个体。一个或多个分地址，如果只是总公司(不进行采购、生产或销售)的延伸部分，它们被认为是该总公司的一部分。

实木产品

仅包含一个实木块。如原木、梁或支架。

供货商

提供给企业产品或服务的个人、公司或其他法人实体。

转换体系

产销监管链体系的一种，其输出产品可以与原料种类具有相同的FSC声明。如果可以，也可采用相同的百分比或信用体系，每种原料的投入体积可以是最低的FSC或消费后可回收原料标准。

运输文件

包括所有类型的运输：国际船运文件和国内运输票据。

原始原料

来源于原始森林或人工林的最初的原料。下面四种原料类型的投入称为原始原料：

—FSC 100%

—FSC Mix

—FSC 受控木材

—受控原料

[再回收原料]

第一部分　通用要求

1　质量管理

1.1　职责

1.1.1　企业须指定一个管理者代表负责整个体系的管理以确保企业符合本标准的所有要求。

1.1.2　企业所有相关人员须了解企业运行程序并有能力执行企业产销监管链管理体系的各项要求。

1.2　程序

1.2.1　企业须根据其规模大小，来建立、实施并保持一定的工作程序和作业指导书来满足该标准的所有要求。

1.2.2　企业须指派负责人负责每个程序，并保证该负责人有能力胜任或给与一定的培训。

1.3　培训

1.3.1　企业须根据每个程序所要求的能力来建立和实施一定的培训计划。

1.3.2　企业须根据该标准的要求，对每次的培训进行记录。

1.4　记录

1.4.1　企业须保持满足该标准要求的所有完整和最新的记录。

1.4.2　企业须建立所有的记录和报告，包括采购和销售文件、培训记录、生产记录、产量、商标认可等，并至少保留 5 年。

1.5　FSC 承诺

1.5.1　企业须证明其承诺内容符合 FSC 的期望值(在 FSC－POL－01－004 标准中有明确定义)

1.5.2　企业须声明不会直接或间接卷入以下情形：a)非法采伐或贸易木材或林产品；b)森林经营侵犯了当地居民的传统权利；c)森林经营破坏了高保护价值；d)森林发生了重大转变，变为人工林或非林业用途的；e)森林经营中使用了转基因物种；f)违反了 ILO 世界劳工组织公约的规定。

1.6　职业健康和安全

1.6.1　企业须证明其在职业健康和安全方面的承诺。

2　产销监管链体系的须用范围

2.1　产品组

2.1.1　企业须对附有 FSC 声明的产品建立 FSC 产品组，并须保持一个最新的公开的 FSC 产品组目录，目录中包括以下信息：

a)对产品组进行分类说明：FSC 100%，FSC 混合，FSC 可回收或 FSC 可控木材。

b)根据 FSC 产品分类确定产品类型。

c)如果树种组成的信息常用于标注产品特性的话，要写出用于产品组中的树种包括学名和常用名。注：为确保树种的学名和常用名的正确书写，企业应参考 GRIN 胚质资源信息网树种分类数据库(http：//www.ars－grin.gov/cgi－bin/npgs/html/index.pl)

2.1.2　企业须对每个产品组进行详细说明，内容为：

①用于投入的原料清单；

②建立 FSC 声明体系：转换体系、百分比体系或信用体系；

③管理、生产、储存和销售等场所。

2.1.3　使用百分比或信用体系声明的产品组，在其声明期内，企业须确保所有产品须具有相似特性，如：

a)投入原料的质量。

b)出材率。

2.2 外包

2.2.1 企业须根据该标准第四部分12章节的要求进行外包活动。

3 原料采购

3.1 投入原料说明

3.1.1 企业须严格采用该标准中的投入原料的定义和分类。

3.1.2 企业须对FSC产品组中的投入原料进行分类并确保其有效使用。

3.2 供货商的确定

3.2.1 企业须建立和保持一份最新的供货商记录，包括以下信息：

—供货的产品种类。

—供货的原料的类别。

—如果可以的话，须记录供货商FSC产销监管链认证或FSC可控木材的编码。

3.2.2 企业须通过网站http：//info. fsc. org来确认供货商FSC认证的有效性和范围。

3.3 非认证原料的采购

3.3.1 对于受控原料的购买，企业须按照标准FSC－STD－40－005(FSC可控木材的评估标准的要求进行评估。

3.3.2 对于非认证的可回收原料的购买，企业须按照标准FSC－STD－40－007(用于FSC产品组或FSC认证项目中的可回收原料的标准)的要求进行评估。

3.4 现场产生的原料

3.4.1 企业对于在其现场产生的用于FSC产品组的原料须进行分类，如果可以的话，按照下列要求对其进行百分比声明或信用声明：

—在同一个投入原料中初次加工产生的原料须被视为同一种原料种类。

—在不是专门生产原料的场地进行二次加工或其他下游加工过程中产生的可循环原料，该原料不适合用于终端消费也不能在同一个加工过程中再次使用，可以视为同一种原料类型或作为消费后可回收原料。

3.4.2 企业须将不同的原料或可回收原料分开存放，如果不能很清楚地辨别不同投入原料的比例，如果可以的话，每次投入原料中须包括最低量的FSC或消费后的经百分比或信用体系声明的原料。

注意：企业须分清FSC认证原料、可控原料和/或可回收原料，如果不能确定不同投入原料的混合比例，须视为可控原料。

4 原料的接收和储存

4.1 投入原料的识别

4.1.1 原料的接收或再进一步使用和加工之前，企业须检查提供商的发票和运输文件确保下面的信息：

—原料的数量和质量与供货文件中一致。

—如果可以的话，对每个产品或整个产品进行相关的百分比或信用体系声明。

—附有FSC声明的产品须提供FSC产销监管链或FSC受控木材认证的编码。

4.2 隔离存放

4.2.1 企业须确定正确地识别用于FSC产品组的投入原料并隔离存放，如果识别出的投入原料用于多个产品组，须贴有联合的FSC声明。

4.3 对附有标签的原料的处理

4.3.1 对于那些已经带有FSC标签的原料，企业须确保下面的信息：

—对于那些需要进一步加工的原料，在出售前须将标签或隔离标志去除。

—对于那些直接出售的原料，除非企业对产品不具有真正的拥有权，否则企业须在出售前确保标签的正确使用。

4.3.2　对于其他森林评估系统的标签，企业在出售前使用 FSC 声明标签时须去除该标签。

5　量的控制

5.1　出材率

5.1.1　对于每一个产品组，企业须识别其主要的生产步骤，包括原料体积或重量的改变，并确定好每一个生产步骤的出材率。如果实现不了，须确定整个过程的出材率。

5.1.2　企业须使用特定的方法来计算出材率并及时更新。

5.2　原料的结算

5.2.1　企业须对每个产品组建立一个原料清单记录以确保在任何时间生产和销售带有 FSC 声明的产品数量与投入的原料数量一致。清单记录至少须包括下面信息：对于投入和产出：相应的发票和体积。对于投入：原料种类，如果可以的话，百分比声明或信用声明。

对于输出：FSC 声明；发票中产品条款信息；声明期货和工作订单。

5.2.2　企业须对每个产品组准备年度产量统计，包括每种原料的数量以及生产或售出的产品类型，如下：

①购买的总原料；

②已用于生产的原料；

③库存的原料；

④库存的成品；

⑤售出的成品。

5.3　FSC 声明的确定

5.3.1　企业须根据下面产品组的控制体系之一为每个产品组的声明期或生产订单确定适当的 FSC 声明：

①转换体系(第二部分，第七节)适用于所有产品组；

②百分比体系(第二部分，第八节)适用于 FSC 混合产品组和 FSC 可回收产品组；

③信用体系(第二部分，第九节)使用于 FSC 混合产品组和 FSC 可回收产品组。

注意：对于 FSC 100% 产品组，只有转换体系适合。

5.3.2　对于每个产品组，企业须在每个加工场地进行百分比计算(百分比体系)或信用额度计算(信用体系)

6　销售和运输

6.1　带有 FSC 声明的销售产品的识别

6.1.1　企业须确保带有 FSC 声明的产品售出时的发票须含有下面的信息：

①企业的名字和联系人的详细信息；

②客户的名字和地址；

③开票的日期；

④产品的描述；

⑤产品的售出量；

⑥企业 FSC 产销监管链或 FSC 可控木材认证编号；

⑦明确识别每个产品组或整个产品组的 FSC 声明：

ⅰ“FSC 100%”是对 FSC 100% 产品组的声明

ⅱ“FSC 混合 X%”是在百分比体系下对 FSC 混合产品组的声明

ⅲ“FSC　混合信用”是在信用体系下对 FSC 混合产品组的声明

ⅳ“FSC　可回收 X%”是在百分比体系下对 FSC 可回收产品组的声明

ⅴ“FSC　可回收信用”是在信用体系下对 FSC 可回收产品组的声明

ⅵ“FSC 受控木材”是对 FSC 受控木材产品组的声明或是对 FSC 混合或可回收产品组中不能作为 FSC 认证产品售出的那部分产品的声明

⑧如果存在独立的交货文件，其信息须与销售及相关文件中的信息相关联。

6.1.2 如果产品在运输过程中不包含销售文件，企业在运输文件中须包含上面 6.1.1 中相同的信息。

6.1.3 企业在售出带有 FSC 声明的半成品时须该提供销售和交货文件，另外如果产品中的微量成分(定义见)超过了总产品数量或重量的 1%，还须该提供微量成分的附加说明。

6.2 带有 FSC 声明的产品的标识

6.2.1 企业须确保售出的带有 FSC 标识的产品在它们的销售和运输文件中具有相须的 FSC 标识。

6.2.2 企业须确保售出的带有 FSC 标识的产品不再贴有其他森林体系认证的标识。

6.3 FSC 可控木材的提供

6.3.1 企业须确保售出的 FSC 可控木材须符合 FSC - STD - 40 - 005 标准。

第二部分 FSC 声明体系

第二部分介绍了产品的三种声明体系。企业须为每个 FSC 产品组选择下面三种声明体系中的其中一个：第七节 转换体系、第八节 百分比体系、第九节 信用体系。

7 转换体系

该体系用于成品贸易活动中，适用于 FSC 100%，也可以用于：

- 混合产品组——FSC - 100% 与 FSC - mix 混合投入生产或仅使用一种 FSC - mix 原料；
- FSC - recycled 产品组——单独使用 FSC - recycled 或消费后可回收原料；
- FSC 受控木材产品组。注：用于食物和药用目的的非木质林产品，受限于此转换体系。

7.1 声明期或订货单的说明

7.1.1 对于每一个产品组，企业须为一个 FSC 声明规定声明期或订货单。注意：声明期最长的时间是一个生产流程完成的时间，包括原料的接收、储存、加工、标识和成品的销售。

7.2 单一的 FSC 声明的投入原料

7.2.1 在声明期内，如果投入的原料属于同一种 FSC 声明的类型，企业须将其生产的产品标识为同一个 FSC 声明。

注意：如果投入原料 100% 为消费后可回收原料，而成品的 FSC 声明就是“FSC 可回收 100%”.

7.3 不同 FSC 声明的投入原料

7.3.1 对于那些含有不同类别的原料投入或已声明混合产品的原料及那些不能明确其百分比的原料，企业须使用最低的百分比进行声明。

注意：带有“FSC 混合信用”或“FSC 可回收信用”声明的投入原料被认为比“FSC 纯”或“FSC 可回收 100%”声明的原料等级低。

8 百分比体系

百分比体系用于 FSC 混合和 FSC 可回收产品组。它不适用于成品贸易阶段而只能用于一个独立存在的生产点(存储、发放、生产等)。

8.1 声明期或订货单的说明

8.1.1 对于每一个产品组，企业须为一个 FSC 百分比声明规定声明期或订货单。

8.2　FSC认证和消费后可回收的投入原料

8.2.1　对于FSC混合和FSC可回收原料，企业须按照发票上百分比体系或信用体系声明计算投入原料的数量。

注意：采用信用体系声明的原料须按照全部数量作为FSC或消费后可回收的原料投入。

8.3　投入百分比的计算

8.3.1　企业须对每个声明期计算并记录产品的投入百分比，公式如下：

$$\%_{input} = 100 * (Q_{FSC} + Q_{post-consumer}) / Q_{total}$$

$\%_{input}$ = 投入百分比

Q_{FSC} = FSC投入原料的数量

$Q_{post-consumer}$ = 消费后可回收原料的数量

Q_{total} = 总的投入原料的数量

8.3.2　对于每个产品组，企业须依据下面两种情况来计算投入百分比：

①相同的声明期的投入(单一百分比)。

②先前的不同声明期的投入(滚动平均百分比)。

注意：FSC滚动平均投入百分比是从先前的声明期完全结束后，从百分比体系下产品组的启动时算起。

8.3.3　百分比体系的声明期不能超过12个月，除非得到了贸易方的授权或得到FSC认证机构的同意。

8.4　输出产品的FSC声明

8.4.1　企业可以出售百分比体系中混合产品组的全部产品，此产品组的声明百分比可以等同或低于计算的投入百分比。

8.4.2　企业可以出售百分比体系中可回收产品组的全部产品，此产品组的声明百分比可以等同或低于计算的投入百分比。

8.4.3　对于声明周期内未售出的FSC百分比声明的产品，企业可以将其FSC受控木材售出。

8.5　产品的宣传

8.5.1　如果产品不满足该标准第三部分的要求，企业须确保FSC标识不能用于产品的宣传。

9　信用体系

信用体系适用于FSC混合和FSC可回收产品组。它既不须用于产品印刷过程也不须用于成品贸易中。信用体系只适用于独立存在的生产点(储存，分类和生产等)。

9.1　声明期的说明

9.1.1　对于每一个产品组，企业须建立并维持一个FSC信用帐户，每3个月进行一次统计。

9.2　FSC认证和消费后可回收的投入原料

9.2.1　对于FSC混合和FSC可回收原料，企业须按照发票上百分比体系或信用体系声明计算投入原料的数量。

注意：采用信用体系声明的原料须按照全部数量作为FSC投入或使用后可回收投入。

9.3　FSC信用额度的增加

9.3.1　企业须根据产品组每种成分的特定出材率计算后，向FSC信用账户中添加FSC和使用后投入的新的信用额度。

9.3.2　企业须在取得合法拥有权并确认原料种类之后，在原料投入生产前，在信用帐户中添加FSC信用额度。

9.4　FSC信用额度的支出

9.4.1　如果产品被售出或使用FSC混合或FSC可回收产品时，企业须从信用帐户中扣除信用额度。

9.5 信用账户的管理

9.5.1 企业须确保 FSC 信用帐户不被透支，现有的 FSC 信用额度对相关工作人员公开并保持及时更新。

9.5.2 企业不须计算

9.6 产品输出的 FSC 声明

9.6.1 如果企业的信用帐户中还有可用的信用额度，企业在任何时候都可以出售利用信用体系声明的 FSC 混合产品。

9.6.2 如果企业的信用帐户中还有可用的信用额度，企业在任何时候都可以出售利用信用体系声明的 FSC 可回收产品。

9.6.3 如果有部分产品不能以 FSC 混合或可回收售出，企业可以以 FSC 受控木材的声明售出。

第三部分 标签

第三部分规定了产品上 FSC 标签的要求及百分比的限值

10 标签的通用要求

10.1 FSC 标签的申请

10.1.1 **企业申请使用 FSC 标签须确保：**

①如果产品符合该标准的要求，它只能使用 FSC 标签。

②产品标签的使用须满足相关的标准要求。

11 标签的有效性

11.1 “FSC‘100%’”标签

11.1.1 对于 FSC 100% 的产品组都可以贴“FSC 100%”标签。

11.2 “FSC Mix”标签

11.2.1 对于 FSC 混合产品组的产品在转换体系下声明百分比超过了 70% 或“FSC 混合信用”声明，可以贴“FSC Mix”标签。

11.2.2 对于 FSC 混合产品组的产品在百分比体系下如果经 FSC 认证的投入原料的百分比必须超过或等于 70%，可以贴“FSC Mix”标签。

注：请注意 FSC－DIR－40－004 中第 3 条建议，关于刨花和纤维产品的标签阈值降至 50% 的终止时期。

11.2.3 对于 FSC 混合产品组的产品在信用体系下，只要企业的信用账户中的信用额度存在，就可以贴“FSC Mix”标签。

注意：一旦产品贴上 FSC 信用标签后必须从信用帐户中扣除相当的信用额度。

11.3 “FSC Recycled”标签

11.3.1 对于 FSC 可回收产品组的产品在转换体系下声明百分比超过了 85% 或“FSC 可回收信用”声明，可以贴“FSC Recycled”标签。

11.3.2 对于 FSC 可回收产品组的产品在百分比体系下如果经 FSC 认证的投入原料的百分比必须超过或等于 85%，可以贴“FSC Recycled”标签。

11.3.3 对于 FSC 可回收产品组的产品在信用体系下，只要企业的信用帐户中的信用额度存在，就可以贴“FSC Recycled”标签。

注意：一旦产品贴上 FSC 信用标签后必须从信用帐户中扣除相须的信用额度。

第四部分　附加要求

第四部分 规定了 COC 产销监管链控制系统的附加要求，包括企业外包活动或产品中使用了微量成分。

12　外包

注意：企业可以在 FSC 产销监管链的范围内，将一些工作外包给其他承包人。

12.1　外包的前提条件

12.1.1　企业在进行外包活动前，须确保以下几个方面：

①企业具有外包生产中的所有投入原料的合法拥有权。

②企业在外包活动期间不得放弃原料的合法拥有权。

③企业须与承包商针对一切外包活中达成一致或签订合同。

④企业须对外包活动中的一些复杂程序建立一个文件控制系统，并与相关承包商共享。

12.2　可追溯性

12.2.1　企业须对外包活动制定以下控制系统：

①用于生产 FSC 认证产品的原料可以追踪和控制的，在外包活动中，不能和其他原料混合在一起或被其他原料混淆。

②在外包活动期间，承包商须保存一切有关 FSC 认证原料的投入、输出和运输文件的纪录。

12.3　记录

12.3.1　企业须记录承包商的名字和联系人的详细资料。

12.3.2　企业须将承包商的名字和联系人的详细资料告知认证机构。

12.4　发票

12.4.1　企业须对外包产品提供发票，并在发票上写明 FSC 产品监管链的认证编号。

注意：如果企业还没有对外包的产品开具最终发票，而原料不能作为 FSC 声明产品售出。

12.5　标签

12.5.1　企业须确保承包商仅使用外包合同中规定的 FSC 标签。

12.6　宣传

12.6.1　企业须确保承包商不使用 FSC 商标进行任何宣传促销活动。

12.7　禁止承包商再次转包

12.7.1　企业须确保承包商不可自行转包给下一级承包商。

13　微量成分

注意：在理由充分的情况下，企业可以使用不被确认为符合要求的原料作为投入原料，以便制造出 FSC100% 或 FSC 混合组合产品的微量成分。

13.1　说明和量的控制

13.1.1　对于 FSC　100% 或 FSC 混合产品，企业须对那些不需要符合 FSC 产销监管链控制和标签要求的微量成分进行详细说明。

13.1.2　下面两种情况不能视为微量成分：

—硬木单板用于其它原料的可见表面。

—在 CITES 附件 I，II 或 III 中出现的树种。

13.1.3　企业须声明，用于不需要符合 FSC 产销监管链控制和标签要求的微量成分不超过产品中原始和再回收原料的重量或体积的 5% 。

13.1.4　如果有些产品中包含多于一种微量组分的话，他们的总量（重量或体积）不得超过产品的 5% 。

13.2 基本原理和实施计划

13.2.1 对于不超过原始和可回收原料的重量或体积的1%的微量成分，企业须提供一个确切并最新的理由说明，说明这些原料为什么不能从FSC认证、受控或可回收原料中购买。

13.2.2 对于用量在原始和可回收原料的重量或体积的1%～5%的微量成分，企业须按照标准FSC-PRO-40-004：微量成分损益申请。

注意：如果企业使用在数量或体积上超过原始或可回收原料的1%微量成分，但并没有一个有效的损益，企业将不能进行FSC产销监管链的认证。如果企业已经通过了认证，将直接导致证书的吊销。

参考文献

草心. 论国际绿色贸易壁垒及对我国出口的影响及其对策[J]. 西昌师范高等专科学校学报, 2003, 15(3): 34－37.

陈剑英, 李基平. 林业标准化基础知识——标准和标准化[J]. 云南林业, 2013 (3): 28－29.

崔一梅,刘燕,田明华. 森林认证与林产品国际贸易关系初探[A]. 中国林业经济学会技术经济专业委员会、北京林业大学经济管理学院、中国技术经济研究会林业技术经济专业委员会. 中国林业技术经济理论与实践[C]. 中国林业经济学会技术经济专业委员会、北京林业大学经济管理学院、中国技术经济研究会林业技术经济专业委员会:,2006:7.

邓志高. 中国森林认证研究综述[J]. 林业经济问题, 2010 (005): 458－461.

郭峰濂. 关于我国发展绿色贸易的思考[J]. 国际贸易问题, 2005 (2): 29－33.

郝美彦. 国际绿色贸易壁垒分析与对策[J]. 生产力研究,2003,04:117－118＋140.

侯元兆. 林业可持续发展和森林可持续经营的框架理论(下)[J]. 世界林业研究, 2003, 16(2): 1－6.

黄东, 谢晨, 赵金成, 等. 澳大利亚多功能林业经营及其对我国的启示[J]. 林业经济, 2010 (002): 117－121.

李剑泉, 陈绍志, 李智勇. 国外多功能林业发展经验及启示[J]. 浙江林业科技, 2011, 31(5): 69－75.

李茜玲, 彭祚登. 国内外林业标准化研究进展述评[J]. 世界林业研究, 2012, 25(003): 6－11.

刘娟. 论森林可持续经营及森林认证[J]. 林业调查规划, 2005, 30(3): 62－67.

刘雙赫,裘奇龙,朱亮. 构建国际绿色贸易制度的探讨[J]. 福建论坛(社科教育版),2010,02:110－111.

刘思慧, 罗明灿, 刘季科, 等. 森林认证与系统思想[J]. 林业经济问题, 2003, 23(4): 187－190.

刘燕, 田明华, 李明志. 森林认证产品的国际竞争力分析[J]. 北京林业大学学报: 社会科学版, 2005, 4(3): 40－44.

陆文明. 森林认证与生态良好[J]. 世界林业研究, 2001, 14(6): 54－62.

陆元昌，栾慎强，张守攻，等．从法正林转向近自然林：德国多功能森林经营在国家，区域和经营单位层面的实践[J]．世界林业研究，2010（1）：1－11.
吕煜昕，卢捷，崔淑鸿，等．碳标签对家庭农场型企业的影响分析[J]．科协论坛：下半月，2013（10）：161－162.
孟杰．我国林业标准化体系建设现状及对策[J]．现代农业科技，2012（5）：232－234.
钱军，颜帅．国际贸易理论与森林认证关系初论[J]．北京林业大学学报：社会科学版，2004，2（2）：40－43.
付春玲．浅谈黑龙江省森林多功能理论应用的必要性[J]．科技与生活，2009，(24):4.
王俊峰．森林多功能经营研究综述[J]．林业调查规划，2013，38(4)：131－136.
王香奕，马阿滨．森林认证的成本效益分析[J]．森林工程，2005，21(1)：64－66.
王学会，于磊．浅谈“森林认证”对实施森林可持续经营的影响[J]．河南林业科技，2002，22(2)：31－32.
王亚明，孙玉军．森林认证的影响分析[J]．森林工程，2005，21(4)：5－7.
王云凤．国际绿色贸易与国际绿色贸易教育[J]．农业与技术，2005，01:157－159.
朱春全，董珂等译．探路者——支持和促进多方制定森林认证标准工作组的系列工具．经济科学出版社．2005.
王虹，陆文明，凌林等译校．森林认证手册(第二版)//Ruth Nussbaum，MarkkuSimula，et al. 中国林业出版社．2010.
肖雅，刘思含．试论碳税对我国民生工程发展方向的影响[J]．武汉商业服务学院学报，2013，27（4）：25－27.
于玲，颜帅，谢家禄．森林认证体系的内涵与基本特征[J]．北京林业大学学报：社会科学版，2005，3(4)：48－52.
战立强．FSC 认证对我国林产品出口的影响与对策[J]．中国林业企业，2004（2）：25－27.
张梅．绿色发展：全球态势与中国的出路[J]．国际问题研究，2013（5）：93－102.
中国绿色时报．国家林业局将推进林业标准化建设．2011－09－16. http://www. gdcct. gov. cn/politics/policy/201109/t20110916_588284. html.
中国绿色时报．森林认证为林产品颁发国际“绿色通行证”. 2014－02－20. http://www. cfcs. org. cn/zh/news－view/96. action
朱江梅．基于绿色贸易壁垒视域的中国林产品出口贸易研究[D]．东北林业大学，2012.
徐斌．森林认证对森林可持续经营的影响研究．博士论文，2010. 7
徐斌．森林认证对森林可持续经营的影响研究．林业经济，2012(2):28－32
徐斌，陈绍志，付博．中国林业企业开展森林经营认证的动力与经济效益分析[J]．林业经济问题，2014，01:78－83.
张岩，徐斌，陆文明，陈珂．森林认证的动力机制与相关鼓励和推广政策．世界林业研究，2007. 20（2）：27－31
赵劼，陆文明．森林认证的现状与发展趋势．世界林业研究，2004，17(1)：1－4
李小勇，陈晓倩，侯方森，谢屹．新西兰的林产品绿色政府采购政策．世界林业研究，2008，21(3)：69－71.
北京林业大学经济管理学院．中国与发达国家林产品政府采购政策比较研究[研究报告]. 2007.
Handstanger R，Schantl J，Schwarz R. Zeitgemaesse Waldwirtschaft（5. Autlag 2004）[J]. 2004.
UNECE. Forest Products Annual Market Review 2008－2009. United Nations，2009：111－124
UNECE. Forest Products Annual Market Review 2009－2010. United Nations，2010：113－124
UNECE. Forest Products Annual Market Review 2011－2012. United Nations，2012：107－116
http://www. fsc. org. vm－fsc－entw. tops. net/ppp－ni. html? &L＝8
https://ic. fsc. org/national－standards. 247. htm；https://ic. fsc. org/updates. 364. htm

http://www. accreditation - services. com/archives/standards/fsc
Developing a National Forest Certification System: Your Toolkit ; http://pefc. org/resources/brochures/1432 - developing - a - national - forest - certification - system - your - toolkit
PEFC_Membership_List_June_2013
http://www. sfiprogram. org/community - conservation/sfi - implementation - committees/
http://www. sfiprogram. org/sfi - standard/introduction - to - the - standard/; Section2_sfi_requirements_2010 - 2014
http://en. wikipedia. org/wiki/Sustainable_Forestry_Initiative
http://www. sfiprogram. org/sfi - standard/pefc/
Report: PEFC Global Statistics
PEFC Global Statistics Annual Report 2012, 10 - 17
Global FSC certificates
http://www. lei. or. id/jenis - standar - lei
http://www. lei. or. id/lembaga - sertifikasi - lei
http://www. lei. or. id/lei - certified - forests; http://www. lei. or. id/sertifikasi - coc
http://www. pefc. org/component/pefcnationalmembers/? view = pefcnationalmembers&Itemid = 48/31 - Brazil
http://www. forestrystandard. org. au//get - certified/certification - bodies
http://www. daff. gov. au/forestry/australias - forests/certification
The UK Woodland Assurance Standard: Second Edition